陕西气候资源开发与优质苹果生产

主　编：王景红

副主编：梁　轶　李艳莉

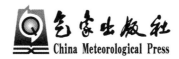

气象出版社
China Meteorological Press

内 容 简 介

本书是广大气象科技工作者在气候资源开发利用及气候变化对陕西优质苹果生产影响方面多年实践经验和创新成果的总结。从概述苹果产业发展入手，分析苹果生长发育与光、温、水的关系，以翔实的资料分析并揭示陕西苹果各产区的气候资源及气象灾害变化规律，以及气候资源变化对陕西苹果产业的影响和苹果产业对气候变化的适应。同时，对陕西苹果产区与国内外优势苹果产区的气候资源作了简要对比。全面总结了苹果气候适宜性及气象灾害风险区划技术方法及成果，以及陕西苹果气象服务技术体系在产业中推广应用实例。该书为苹果气象服务技术水平的提高和服务效果的提升提供了理论和技术支撑，可供农业、林业、农业气象等领域从事科研、教育、生产的科技人员和果园种植户参考。

图书在版编目(CIP)数据

陕西气候资源开发与优质苹果生产/王景红主编.
北京：气象出版社，2014.12
　ISBN 978-7-5029-6061-2

　Ⅰ.①陕…　Ⅱ.①王…　Ⅲ.①农业气象-气候资源-
研究-陕西省②苹果-果树园艺　Ⅳ.①S162.224.1
②S661.1

中国版本图书馆 CIP 数据核字(2014)第 279460 号

Shanxi Qihou Ziyuan Kaifa yu Youzhi Pingguo Shengchan

陕西气候资源开发与优质苹果生产

王景红　主编

出版发行：气象出版社
地　　址：北京市海淀区中关村南大街 46 号　　　　邮政编码：100081
总 编 室：010-68407112　　　　　　　　　　　　发 行 部：010-68409198
网　　址：http://www.qxcbs.com　　　　　　　　E-mail：qxcbs@cma.gov.cn
责任编辑：隋珂珂　　　　　　　　　　　　　　　终　审：黄润恒
封面设计：博雅思企划　　　　　　　　　　　　　责任技编：吴庭芳
印　　刷：北京中新伟业印刷有限公司
开　　本：787 mm×1092 mm　1/16　　　　　　　印　张：12
字　　数：310 千字　　　　　　　　　　　　　　彩　插：4
版　　次：2014 年 12 月第 1 版　　　　　　　　　印　次：2014 年 12 月第 1 次印刷
定　　价：36.00 元

本书编写组

主　　编：王景红

副主编：梁　轶　李艳莉

成　　员：柏秦凤　刘　璐　柴　芊　张　焘
　　　　　高　峰　郭　新　屈振江　张　勇

序

　　陕西苹果在改革开放中崛起、发展,是新中国成立 60 年来果业发展变化中引人注目的"后起之秀",陕西苹果生产实现了面积、产量、品质全国第一。2012 年,陕西苹果栽种总面积达 645.68 千公顷,总产量 965.09 万吨。陕西苹果在中国乃至世界苹果生产格局中占据重要地位,已成为全国最大、世界著名的苹果生产加工基地,"陕西苹果"成为地理标志保护产品。苹果产业是陕西经济的支柱产业之一,成为本省经济增长的一大优势和亮点。优越的自然条件和良好的基地建设,加上先进技术和优良品种的大面积推广,创出了越来越多的名牌优质果品。

　　陕西苹果种植区地处黄土高原腹地,海拔高度适宜,光照充足,雨热同季,昼夜温差大,具有苹果生产的明显气候区域优势,同时也存在气象灾害多、发生频繁、危害重的特点。陕西苹果产区的气候变化,也为陕西苹果产业的发展带来了新的机遇和挑战。

　　陕西省经济作物气象服务台,从事经济林果气象服务,为了开发陕西苹果气候资源和服务于优质苹果生产的需要、普及气象与苹果产业的科学知识,编写了本书。本书概述了苹果产业发展,较详细地讨论了光、温、水、气象灾害、病虫害与苹果生产的关系,力求在理论上深入探索气象气候条件对优质苹果生产的影响,在苹果气象服务上力求实践性、可操作性和综合性,较为详细地介绍了苹果气象业务服务体系。

　　本书以与时俱进的观念,根据陕西气候及气候变化态势,以及陕西苹果产业发展与气象苹果产业服务的需求,较为系统全面地阐述了陕西苹果产业气象服务内涵、任务及业务体系,具有较高的科学和实用价值。本书的出版将推动陕西苹果气象服务的深入开展,对全国苹果气象服务也有较高的参考价值,将推动苹果气象服务上一个新台阶。

李克序

2014. 9. 28

前　言

　　苹果是世界性果品,其生态适应性较强,果品营养价值高,是众多国家大力推荐的消费果品。目前,中国苹果栽培面积、总产量、人均占有量及出口量均居世界第一,已经成为世界上最大的苹果生产和消费国。陕西渭北旱塬是符合苹果生态适宜指标的最佳区域,苹果生产面积、产量均为全国第一,"陕西苹果"色泽鲜艳,口感浓郁,甜度高已成为地理标志保护产品。优质苹果生产离不开气候资源的开发利用,陕西苹果产业的崛起和迅速发展,迫切需要气象服务为苹果生产提供全方位、多层次、系列化的科技支撑。

　　陕西省经济作物气象服务台自成立之日起,就将苹果产业气象服务放在首位,在苹果气象的科学研究、业务服务、成果推广中不断探索、积极实践,经过十余年的积累,编著了《陕西气候资源开发与优质苹果生产》一书。希望这本书对苹果生产、管理、经销等各方面人员了解和掌握苹果生产与气候资源的关系有所裨益,同时对各级苹果气象服务人员有所启迪和帮助。

　　《陕西气候资源开发与优质苹果生产》一书共分为7章。第1章,陕西苹果产业发展概述,介绍了苹果产业发展与变化;第2章,苹果生长发育与气象条件,详述了光、温、水等气候资源与苹果生长发育的关系,力求在理论上阐明苹果生长发育对气象条件的需求;第3章,苹果产区气候资源及变化,以翔实的资料分析并揭示陕西苹果各产区的气候变化规律,以及气候变化对陕西苹果产业的影响和苹果产业对气候变化的适应,同时对陕西苹果产区与国内外优势苹果产区的气候资源作了简要对比;第4章,苹果气候适宜性区划技术,本章采用最新30年的气象资料和地理信息等数据,基于GIS技术,利用较为精细气候资源的空间插值方法,完成陕西苹果气候适宜性区划成果并在产业发展中推广应用;第5章,影响苹果生产的气象灾害及防御,阐述了影响陕西苹果生产的干旱、霜冻、高温、大风、冰雹、雨涝、雷灾等7种灾害的发生规律、影响危害与预警,以及较为全面和实用的防御措施;第6章,苹果气象灾害风险区划技术,本章是陕西省经济作物气象服务台近期研究成果的总结,重点针对苹果主要灾害,通过大规模调查与试验研究灾害机理、确定灾害指标与风险评估模型,基于GIS技术,完成省级和精细到乡镇级的陕西苹果气象灾害风险区划成果并在苹果产业防灾减灾中推广应用;第7章,苹果气象服务技术体系,本章较为详尽地阐述了陕西省经济作物气象服务台在苹果气象服务中的业务建设、技术支撑、工作流程和内容,以及服务流程和方法等。

　　本书在编著过程中得到了陕西省气象局领导的大力支持,陕西省果业局郭民主研究员、陕西省气象局刘耀武研究员和颜胜安高级工程师审阅全书,并提出了宝贵意见,在此一并致谢。

　　希望本书能为陕西苹果提质增效和可持续发展有所贡献,能为苹果生产和服务人员提供帮助,成为他们工作获益的参考。由于水平有限,书中不妥之处,敬请阅读者指正。

作者

2014 年 5 月

目 录

第 1 章 陕西苹果产业发展概述

1.1 苹果栽培历史

1.1.1 中国苹果栽培简史

苹果是人类栽培历史最久的一种果树,距今约有 5000 多年的历史。栽培经古希腊人和古罗马人传给了西欧各民族,主要栽培集中在寺庙内,到了 16 世纪后方才得到广泛发展。而美洲的苹果栽培是 300 多年前由西欧输入的,随着西欧品种引入和 19 世纪中叶以来新品种大量出现,极大促进了美国苹果的栽培。我国苹果至少已有 2000 多年的栽培历史,相传夏禹吃过的"紫奈",可能是红色苹果。"奈"作为文字纪录,最早见于西汉司马相如的《上林苑》中"楟奈厚朴"。多数学者认为栽植的奈(已有三个品种)就是后来的绵苹果,即中国苹果的古称。《齐民要术》中有关于奈的繁殖技术和加工方法的记载,还有林檎栽培技术的记载。由此可见在1400 多年前,我国西北、特别是甘肃的河西走廊已是奈和林檎的栽培中心。

"苹果"一词在明朝后期已经出现,万历年间王象晋(1621)《群芳谱·果谱》记载有:"……苹果,出北地,燕赵者尤佳,接用林檎体,树身耸直,叶青似林檎而大,果如梨而圆滑。生青,熟则半红半白,或全红。光洁,可爱,香闻数步,味甘松,未熟者食如棉絮,过熟又沙烂不堪食,唯八、九分熟者最美"。但在清朝它仍与"频婆(果)"、"苹婆(果)"等名称混用,抑或写作"频果"。清代的《植物名实图考》(吴其睿,1769—1847)记载:"奈即苹果"、"林檎即沙果"。到晚清,随着西洋苹果的广泛种植,"苹果"之名逐渐取代了"苹婆"等名称。清末民初徐珂辑《清稗类钞·植物类》的苹果为落叶亚乔木,干高丈余,叶椭圆,锯齿甚细,春日开淡红花,实圆略扁,径二寸许,生青,熟半红半白,或全红。夏秋之交成熟,味甘松。苹果名称自此逐渐被确定,沿用至今。

绵苹果是我国北方自古以来成行栽培的大苹果品种,至今在我国的河西走廊、山西的阳高、河北的怀来仍有一定量的栽培。而林檎的名称至今在我国一些地区仍然沿用,如陕西华县一带的甜林檎、笨林檎和青海的花檎等,它们都是沙果。我国各苹果产区,除原有苹果属种外,作为经济栽培的品种绝大部分都是由欧、美、日、前苏联等国引入的,称为"西洋苹果"。

中国早期西洋苹果引种的途径是多方位的,其中以山东烟台最早。据烟台地方史志记载,1861 年美国长老会成员约翰·倪维思(John L. Nevius)受长老会派遣,由上海来山东登州(今蓬莱市)。因倪妻患病,1864 年返美。1871 年倪氏夫妇重返烟台时,带来西洋苹果、洋梨、美洲葡萄、欧洲李及甜樱桃等果树品种苗木,在烟台毓璜顶东南山麓建园栽植,取名"广兴果园"。1898 年前后,青岛由德、日引进苗木,开始苹果栽培,品种有:红魁、黄魁、伏花皮等,后来引入的有:国光、红玉、倭锦、青香蕉等,1933 年又从美国引入红星、金冠等品种。20 世纪前半期,辽宁、山东苹果发展较快。1902 年前由旧俄引入在大连市栽培,至 1909 年旅顺最大一处苹果园

（后改为旅顺农场）中有国光 96 株、倭锦 550 株。1910 年日本侵占旅顺后，引入金冠、元帅等品种，后传至辽南各地，并在熊岳建立苗圃（1913 年改为农事试验场）。辽南地区成为我国最大的老苹果生产基地。新疆伊犁地区引入苹果栽培历史亦较久，主要引入前苏联品种，如阿波特、安托诺夫卡、夏立蒙、金塔干等。

1949 年，我国苹果栽培面积不足 50 万亩*，产量仅 5 万余吨。新中国成立后国家采取了一系列休养生息政策，扶持农业生产，对果树生产发放无息贷款，减免果业税收，同时还在重点果区建立果树技术指导机构，通过供销社组织果品运销，提高农民收入，促进了果树业的复苏。1955 年农业部提出了"以互助合作为中心，大力提高现有果树的产量和质量，有计划地积极向山区、荒山扩大垦辟新果园"，新建果园一律免征农业税，并相应改善购销工作，促进了苹果快速发展。

1966 年开始从日本引入富士苹果树苗，分别在辽宁省果树研究所（熊岳）和山东省果树研究所（泰安）试栽。1974 年后，辽宁省果树研究所、辽宁省果树农场和锦州果树农场向全国科研机构、农场和部分农村果园提供富士苹果接穗，扩大试种区域和规模。1979 年农业部组织了赴日果树考察团，1980 年 3 月，从日本引入着色系红富士如长富 2、长富 6、秋富 1 等苗木和接穗，分别在辽宁熊岳、山东烟台、河南郑州、河北农大、陕西礼泉、北京国营农场等 6 地进行试栽观察。随后，由农业部农业司牵头，组织辽宁、山东、河北、河南、安徽、江苏、陕西、山西、甘肃、北京、天津等 11 省（市）进行着色系富士苹果试验示范。1980 年开始陕西组织农业研究生赴日学习，1981 年陆续从日本引入津轻、千秋、王林、乔纳金、长富 1、长富 2、长富 6、青富 13、宫崎短富等品种接穗，分别在旬邑、礼泉、彬县、淳化、铜川、洛川、乾县等地试验、示范和推广。

据 1982 年统计，全国苹果栽培面积已达 72.08 万公顷，总产量为 242.96 万吨。其中山东 17.85 万公顷、辽宁 15.97 万公顷、河北 7.91 万公顷、河南 7.65 万公顷、陕西 5.09 万公顷；产量山东 92.78 万吨，占全国总产量 38.2%，辽宁 57.27 万吨，占全国总产量的 23.57%、河北 19.81 万吨，约占全国总产量的 8.15%。产量较多的还有河南、陕西和山西。陕西苹果面积和产量均居全国第五位。

"七五"到"八五"期间，是我国苹果栽培迅速发展时期，形成了环渤海湾和黄土高原两大栽培区，尤以黄土高原区的发展最为突出。黄土高原区又以陕西苹果发展最为迅捷，面积和产量迅速上升，后来者居上。1995 年陕西苹果面积已达 49.16 万公顷，产量 233.76 万吨，仅次于山东，跃居全国第二位。

1.1.2　陕西苹果栽培历史

陕西是我国农业主要发祥地，果树栽培历史悠长。据《陕西果树志》记载：陕西最早在 1928 年引进西洋苹果栽培，但栽培株数有限。1934 年，三原斗口农场、扶风聚粮寺农场和西北农林专科学校（现西北农林科技大学的前身）先后自山东青岛、烟台及日本等地引进苹果苗木开始建立较大果园，进行生产栽培。1944 年 8 月，西北农学院（现西北农林科技大学）副教授原芜洲到泾阳的西北仪祉农业学校任职，并在康桥马村建成西北地区第一个果园，并兼任康桥马园艺场技师。

1949—1956 年，陕西苹果生产处于起步阶段。1949 年，全省苹果栽培面积 222.2 公顷，产量 4100 吨。1955 年，前苏联果树专家华西列夫来陕考察，建议在秦岭北麓发展苹果。同年，

---

* 1 亩＝666.7 m^2。

陕西省农业厅成立了秦岭北麓宜园地勘察队,从3月到7月先后勘察了潼关、华阴、华县、渭南(今临渭区)、临潼、蓝田、长安、户县、周至、眉县、岐山、宝鸡(今陈仓区)等12县,当年在眉县横渠成立了果树试验站。1956—1957年进行调查规划,从1957年后期开始以周至、眉县为中心在秦岭北麓建立苹果林带。1958年,陕西省人民委员会做出建设"秦岭北麓苹果林带"的决定,同年在眉县的青化乡西寨村建立了陕西省果树研究所,这为陕西以后的园艺事业的发展奠定了基础。经过三年努力,全省苹果面积已达4666.7公顷。在1958年的"大跃进"中各地动员千军万马栽种苹果,声势浩大。由于急于求成,忽视果园建设质量,又没有合理安排粮果用地,加之1960年粮食歉收并遇三年经济困难时期,在"以粮为纲"的口号下,毁园种粮,苹果生产受到了严重影响,1959年全省苹果面积已达4666.7公顷,到1961年仅存2666.7公顷。

1962年以后,经过3年调整,到1965年陕西省苹果面积和产量基本恢复到"大跃进"前的水平。1978年以后,实行了以家庭为主的果园承包新态,苹果生产获得了更好的发展机遇。

1973年,国家外贸部、农林部、商业部和全国供销总社(即"三部一社")确定在洛川、铜川、淳化和凤县建立2000公顷红元帅、红星、红冠苹果外销出口基地。1974年,在外销基地苹果鉴评会上,洛川"红星"苹果有3项指标得分和总分均超过美国"蛇果"苹果,使全省为之振奋,又掀起了以"三红"为主的苹果发展高潮,苹果生产的重心也由秦岭北麓开始向渭北黄土高原转移。1975年,全省苹果面积发展到3.7044万公顷,产量达到3.5568万吨。后遇1977—1978年连续大旱,粮食严重减产,又导致毁园种粮,苹果减少。到1985年,全省苹果保存面积5.0132万公顷,产量14.0919万吨。十年仅发展苹果面积1.3088万公顷,但产量增加甚多。

20世纪80年代初,中国果树研究所在《全国苹果区划研究报告》中,通过对全国各苹果主产区的生态条件进行了全面分析后指出:陕西渭北旱塬是符合苹果生态适宜指标的最佳区域。1983年10月陕西省农牧厅组织有关专家、技术人员对渭北适宜苹果地区进行考察,科学论证了建立渭北百万亩优质苹果基地的可行性和实用性。1984年制定了《关于渭北旱塬百万亩苹果商品基地建设规划的意见》。1985年由陕西省人民政府上报农业部批准在渭北的洛川等18个县(市)建立百万亩优质苹果基地。陕西省委、省政府从发展大势出发,紧密结合本地自然优势,做出建设全国苹果大省、产业强省的决定。苹果的栽培迅速向渭北转移,此后又向陕北南部扩展。到1988年,全省苹果面积发展到16.713万公顷,产量增加到23.756万吨,比1978年分别提高了66.2%、55.4%。主栽品种秦冠、新红星、金帅,试栽品种红富士系、乔纳金、王林、千秋、津轻等,以乔砧木密植为主。

1990年,"渭北优质苹果基地建设"项目获陕西省科技进步一等奖。陕西苹果的种植面积迅速发展到19.83万公顷,产量也达到34.93万吨,开创了陕西苹果发展新纪元。1991年,陕西省委、省政府审时度势,及时召开了省、市、县党政一把手参加的"全省多种经营工作会"明确指出:因势利导,加大农业结构调整力度,鼓励支持渭北大力发展苹果产业。同时做出了《关于加快以苹果为主的果业产业化建设的决定》,并将渭北优质苹果基地建设列入全省"七五"多种经营发展计划的重点,积极扶植,陕西苹果由南向北转移,由零星发展向规模化过渡,迎来了陕西苹果快速成长,加之果品顺销价高,经济效益显著,极大地调动了渭北广大农民发展苹果的积极性,规模迅速扩张,产量、效益同步提高。到1995年,全省苹果面积达到49.16万公顷,产量233.76万吨,跃居全国第二位。

1996—2000年,随着全国水果总量迅速增加,果品已由短缺变为富有,市场由卖方转向买方,苹果效益逐年下滑,出现大量"卖果难",部分果区果农放松管理,又开始挖树种粮,苹果面积开始递减。为了引导苹果产业健康发展，根据国家相关产业政策，1998年陕西省政府制定下达了《陕西省苹果产业发展规划》（1998—2000年），全省苹果区域布局开始大调整阶段，非适宜区和次适宜区苹果逐步被淘汰，全省苹果栽培总面积由50.24万公顷下降到39.55万公顷，而产量由295.89万吨提高到388.57万吨。"八五"期间，陕西省先后将渭北优质苹果基地建设列入"八五"多种经营增收计划和《关于集中抓好10个农业多种经营重点项目的决定》中，加大资金扶持力度，苹果成为果区农民主要收入来源，也成为陕西一大支柱产业。

2000年9月25日，陕西省委、省政府发出《关于加快以苹果为主的果业产业化建设的决定》，并提出了陕西苹果"争中国第一、创世界名牌、出一流效益"的奋斗目标，使数百万果农终于从迷雾中明晰了苹果存在症结和发展方向，重新燃起了"再搏一次"的希望。2001年6月，陕西省果业产业化领导小组和全国第一个省级果业管理机构"陕西省果业管理局"成立。陕西省果业管理局充分发挥省委、省政府赋予的"综合协调与管理全省果业生产、加工、贮藏、流通与出口"的职能，在抓技术、抓质量的同时也加大了对果品基地的认证工作。同年11月份，由主管农业的王寿森副省长带领专业技术人员通过广泛深入调研，提出了优质苹果生产"大改形、强拉枝、巧施肥、无公害"关键技术，在渭北苹果产区掀起了一场生产技术革命。陕西苹果开始由数量扩张型向效益型转变，区域布局和品种结构优化，标准化生产快速推进，产业化配套不断完善。

2002年，温家宝总理对陕西在结构调整中发挥自然优势、建设苹果大省的做法给予了充分肯定。同年，国家农业部把陕西列入中国苹果优势产业带。陕西省第十次党代会提出"以果业产业化经营为突破口，加快农业和农村结构战略性调整"，把果业确定为国民经济六大优势特色产业之一。省人大十届一次会议把建设渭北300万亩绿色果品基地列入新时期陕西国民经济发展的四大基地之一，要求抓紧做好。

2003年，国家质量监督检疫总局发布2003年第47号公告，对"陕西苹果"实施地理标志保护，辖27县区140个乡镇420万亩，成为国内覆盖面积最大的地理标志保护产品，实现了品种经营向品牌经营的根本转变。2004年省政府下发了《关于加快渭北绿色果品基地建设的意见》，要求努力实现果业绿色化、产业化、市场化、现代化，把渭北建成全国最大最强的绿色果品基地。通过努力，渭北果区通过绿色食品认证的苹果面积达到18万公顷。2005年，"陕西苹果"加入欧瑞金组织，成为国际地理标志网络组织（Origin）。

到2005年，陕西省苹果发展到42.63万公顷，产量达到560.1万吨，优果率达到65%，平均亩产1398.4千克；果业增加值实现75.6亿元，占农业增加值18.1%；果农人均纯收入达到1467元，占农民人均纯收入70%左右；企业自营出口量达29.3万吨，创汇2亿美元，占全省农产品出口创汇的75.2%；2007年，陕西以浓缩苹果汁为主的出口突破7亿美元大关，已超过钼矿砂及精矿，成为陕西省第一大出口商品，占全球贸易量的四成以上，主要供应可口可乐、百事可乐、雀巢、亨氏、纯品、玛斯等国际知名饮品企业。以苹果为主的果业是改革开放以来陕西农村经济发展最快、效益最好的产业之一，更是农民增收的支柱产业和出口创汇的拳头产品，也是省委省政府确定的全省优势特色产业。果业的迅速崛起和长足发展，带动了农业结构调整，促进了产业化经营，推动了二、三产业发展，在全面建设小康社会中发挥着越来越重要的作用。

2008年，胡锦涛总书记在延安视察时就苹果产业发展指出：因地制宜发展苹果产业，既增加了收入，又保护生态，这是一条符合科学发展要求的致富路子。同时，希望陕西把苹果产业做大做强。同年4月，陕西省在比利时布鲁塞尔成功举办了中国（陕西）果品企业家圆桌会议，陕西苹果开始批量进入欧洲市场,欧洲人初步认识了陕西苹果。

到 2008 年底,陕西省经欧盟认证的有机果品基地和通过中国良好农业操作规范认证的果品基地面积 1.67 万公顷,年产有机苹果约 40 万吨,均处于全国前列;对东盟、欧盟、北美出口注册果园 646 个,注册面积 5.8 万公顷,产量约 170 万吨。陕西积极鼓励具备有机苹果开发潜力的陕北"山地优质苹果"发展。从 2008 年开始建设苹果生态示范乡 2 个、示范村 87 个,示范面积 1.02 万公顷。陕西苹果产业生产标准化、产后处理规范化、市场国际化水平迈上新台阶。

2009 年,陕西苹果的种植面积达 56.49 万公顷,居全国第一;年产量 805.2 万吨,占全国苹果总产量的三分之一,居全国第一,占世界苹果总产量的八分之一,为世界第一;陕西省又是全国最大的绿色果品认证省份;"陕西苹果"还是全国覆盖面积最大的地理标志保护产品;陕西省年加工浓缩果汁 75 万吨,是中国乃至世界最大的浓缩苹果汁加工基地。陕西苹果已实现历史性跨越,以苹果为主的陕西果业已成为优化农业、繁荣农村、富裕农民的支柱产业。

2010 年,苹果总面积达 60.15 万公顷,总产 856.01 万吨。2012 年,苹果总面积达 64.57 万公顷,总产 965.09 万吨。陕西苹果在中国乃至世界生产格局中占据重要地位,已成为全国最大、世界著名的苹果生产加工基地。

1.2　产业发展状况

苹果产业的发展与苹果基地建设密切相关,随着苹果基地建设的扩大,苹果产业也从逐步扩张到跨越式发展。

"苹果基地"一词最早出现在 1973 年。1973 年,受农林部、商业部、外贸部和供销合作总社的委托,陕西省革命委员会农林局组织陕西果树研究所果树专家原芜洲等人对秦岭西山地区和陕北高原苹果生产进行考察,写出了《陕北黄土高原苹果外销基地考察报告》。

1973 年 1 月,国家外贸部、商业部和农林部联合召开外销苹果生产基地会议,决定在陕西建立 2000 公顷苹果外销基地。同年 3 月陕西省果树研究所提出《陕西省外销苹果和生产基地建设总体规划意见》。6 月,经陕西省外销苹果生产基地管理小组批准实施,基地县为凤县、铜川、洛川、延安(今宝塔区)4 县(市)。陕西省外销苹果生产基地管理小组是苹果基地建设最早的政府管理机构。

1976 年,农林部、商业部、外贸部和供销合作总社决定,将陕西苹果外销基地县增加到 5 个,为凤县、铜川、洛川、延安(今宝塔区)、淳化 5 县(市)。

1982 年 9 月,省农林局向陕西省人民政府提出《关于在渭北旱塬地区建设百万亩苹果基地的设想》的报告。1984 年,制定了《关于渭北旱塬百万亩苹果商品基地建设规划的意见》。1985 年,陕西省人民政府上报国家农林部批准在渭北的洛川、礼泉、白水、淳化、铜川、宝鸡(今陈仓区)、澄城、合阳、陇县、千阳、麟游、彬县、长武、宜川、耀县、富县、蒲城、乾县、永寿、黄陵、宜君、旬邑、凤翔等 23 个县(市)建立百万亩苹果基地。

2003 年,国家质量监督检疫总局发布公告(2003 年第 47 号),陕西苹果生产基地为 27 个县(区),即宝塔区、富县、宜川、洛川、黄陵、印台区、耀州区、宜君、凤翔、白水、合阳、旬邑、永寿、长武、淳化的全部乡镇和陈仓区、岐山、扶风、陇县、千阳、蒲城、澄城、韩城、富平、礼泉、乾县、彬县的部分乡镇。

2005 年,陕西省果业局根据果业发展的形势,组织专家对申报的基地县考察论证并批准增加延长、延川、安塞 3 个苹果基地。

2009 年 1 月，陕西省农业厅在"果业提质增效工程规划（2009—2012 年）"中提出：在巩固原有 30 个基地县的基础上，适度向南北扩展，发展山地苹果。省果业管理局组织有关专家在对西进北扩县苹果生产区进行考察的基础上并论证、研究和批准，增加米脂、子洲、绥德、清涧、志丹、子长、甘泉、凤县、三原、临渭、大荔 11 个苹果基地县。至此，陕西的苹果基地县达到 41 个。

1.3　种植品种及规模的发展变化

陕西苹果商品性栽培始于 20 世纪 30 年代。1934 年，陕西三原斗口农场、扶风聚粮寺农场和西北农林专科学校（现西北农林科技大学的前身）先后自山东青岛、烟台等地引进苹果苗木建园，此期引进的主要品种有黄魁、早生旭、祝光、红玉、元帅、青香蕉、印度、倭锦、国光等。

新中国成立后，陕西苹果品种发展先后经历了以下几个重要时期，每个时期品种结构和区域布局都有很大的变化。

1949—1956 年，陕西苹果商品化生产处于起步阶段，到 1957 年，全省苹果产量仅 0.38 万吨。栽培品种主要为倭锦、红玉、国光和青香蕉，占 70% 以上。

20 世纪 50 年代中期到 60 年代，确定秦岭北麓为苹果适宜区，开始在秦岭北麓的眉县、周至等地建设万亩苹果林带，在原有品种的基础上增加了金冠、元帅、祝光等品种，品种结构逐渐趋于多样化。

70 年代起，国家确定在洛川、铜川、淳化等县区建立苹果外销出口基地，苹果生产的重心由秦岭北麓逐步向渭北黄土高原转移。这个时期元帅系和金冠品种得到迅速发展，上升到主栽品种地位。其中，重点推广"三红品种"（即红星、红元帅、红冠）占到了 70% 以上，倭锦、红玉、青香蕉等老品种被逐渐更新，陕西自育的秦冠、金光、延光、延风等品种试栽规模不断扩大。到改革开放初期的 1978 年，全省苹果面积发展到 5.3482 万公顷，总产达到 9.92 万吨。

80 年代中后期，国家农业产业结构调整步伐加快，渭北黄土高原优质苹果生产基地形成，陕西苹果进入了快速发展时期。这个时期，秦冠品种得到了迅猛发展，一些县区占到 90% 以上，确立了陕西当家品种地位，同时，元帅系、金冠等作为搭配品种也有相应发展；着色系富士、津轻、王林、乔纳金、千秋等新品种陆续引进试栽，其中着色系富士在新果区面积迅速扩大。1991 年全省苹果面积达 21.84 万公顷，总产量 50.52 万吨。

90 年代的后期，是陕西苹果大发展时期，在渭北 27 个优质苹果基地县中新栽品种主要为着色系富士（红富士），约占新建果园面积的 80%。元帅系短枝型（新红星为主）、秦冠同时作为搭配品种发展。这个时期北斗、乔纳金也有一定发展，同时引进了粉红女士、嘎拉、澳洲青苹、新世界、藤牧 1 号、红将军、美国八号、珊夏等多个苹果新品种。到 2000 年，苹果面积发展到 39.55 万公顷，总产量 388.57 万吨。

21 世纪，红富士、嘎拉、新红星、美国八号等已成为陕西栽培的主要品种。早中熟品种以皇家嘎拉、藤牧 1 号、美国八号为主，其中嘎啦占 7%，中熟品种以新红星为主，两者约占全省苹果总面积的 20% 左右；晚熟品种以红富士、秦冠、粉红女士为主，其中红富士占 65%，秦冠占 13%，粉红女士占 4.3%。一批新优品种如秦阳、粉红女士、玉华早富、密脆等正在扩大栽培区域。2012 年，苹果面积发展到 64.57 万公顷，总产 965.09 万吨。晚熟红富士占 73.5%，秦冠占 6%，粉红女士占 3%；中熟新红星占 1.5%，玉华早富占 3%；早熟嘎啦占 11%，其他 2%。

1.4　栽培技术的发展变化

苹果栽培管理技术的发展,是随着社会进步和科学技术的发展、生产制度的变革以及市场的变化而发展与进步的,也是随着人们认识自然与研究的不断深入而提高与完善的。

20 世纪 50 年代至 60 年代末,秦岭北麓苹果带中普遍栽植较稀,且多采用"主干疏散分层形""小弯曲半圆形""三主枝半圆形"树形和以冬剪为主注重短截、多回缩的整形修剪技术。这一时期由于苹果品种老、栽植稀、树冠大,成形晚、技术落后、管理粗放,导致结果迟、产量低、品质差。

70 年代至 80 年代初,随着苹果发展的重心由秦岭北麓逐步向渭北黄土高原转移,品种的更新和着色富士的引进,矮化密植苹果初试成功。陕西省果树研究所提出了"矮化密植、低干矮冠、早结果、早丰产"的技术路线。乔化苹果园普遍推广"小冠疏层形",矮化苹果园推广"自由纺锤形"和"细长纺锤形";苹果树的修剪转为冬剪与夏剪相结合。同时,要求加强肥水、疏花疏果、病虫防治。果园管理由常规化向规范化过渡。

"七五"期间,陕西渭北优质苹果基地迎来首次大发展时期,主推"秦冠"新品种、金帅、新红星等品种,搭配红富士、乔纳金等新品种。随着"矮化密植苹果丰产"新技术成功研究与应用和《苹果基地手册》出版发行,标志着渭北苹果基地科学建立和规范管理技术基本成熟,苹果栽培向"良种化、集约化、规范化、科学化"迈进,有力地促进了规模迅速扩张和产量持续增加。

90 年代,陕西苹果又迎来大发展时期。整形修剪技术推广"小冠疏层形"树形、"纺锤形"树形和刻芽、甩放、拉枝、环切等修剪技术。纺锤形包括:细长纺锤形、自由纺锤形、改良纺锤形及自由纺锤形演变的开心形。细长纺锤形适用于亩栽 83～111 株的矮化砧或短枝型果园,改良纺锤形、自由纺锤形适用于亩栽 44～56 株的乔化果园。

2001 年,陕西省果业管理局在分管副省长王寿森带领下,组织有关专家深入铜川、延安两市重点果区,针对 80 年代后期到 90 年代前中期陕西苹果园普遍存在栽植密度过大,果园严重密闭,树形不规范,大枝量过多,主干过低,通风透光性差,施肥不足,肥料质量差,大小年结果等问题,在洛川提出优质苹果生产"大改形、强拉枝、巧施肥、无公害"关键技术路线。实施间伐、提干、疏枝、开张角度等措施,推行"稀植、稀枝、稀果",随后又提出"形、势、度"发展新概念并不断细化、充实、完善,形成渭北苹果生产优质、安全、高效的核心技术,是现阶段苹果综合管理技术的集成优化和创新,显著地提升了生产水平,取得了显著的经济社会和生态效益。"陕西优质苹果生产四项关键技术研究与推广"项目于 2006 年 9 月 30 日通过省科技厅支持的成果鉴定,给予了"该项目在实践和理论上均有较大创新,达到了国际同类研究的先进水平"的较高评价。在"四项技术"示范推广的同时,四季修剪、提前疏蕾、以花定果、果实套袋、摘叶转果、铺设反光膜、综合防治病虫害等技术也大面积推广应用。这一时期,从幼树到成年挂果树,从苹果的萌芽到果实的采收,苹果栽培技术逐步配套完善,果园管理操作由规范化转向标准化。

从 21 世纪开始,随着国家农业部把陕西列入中国苹果优势产业带和国家质检总局批准对"陕西苹果"实施"原产地域保护产品"及陕西省委、政府决定建设 300 万亩绿色果品基地,渭北苹果又迎来一次发展机遇。国内国际市场的需求,科学化管理、标准化生产已成为共识。学习与借鉴欧美苹果生产标准的同时,国内的"绿色食品苹果标准生产技术""有机食品苹果标准生产技术""良好农业规范(GAP)体系苹果标准化生产""苹果标准化示范园生产技术"等相继出台,标志着苹果生产进入标准化时代。

第 2 章　苹果生长发育与气象条件

2.1　苹果生长发育与光

苹果原产于内陆,在其系统发育过程中形成了喜光性强的习性。光不仅是光合作用的能量来源,而且对苹果枝梢、叶片、花芽、果实的生长发育都有很大影响,从而直接影响到苹果的产量、品质及树的寿命。

2.1.1　不同波长光的生理作用

太阳辐射光谱由不同波长的辐射谱段组成,太阳辐射波长范围很大,能到达地球的波长在150～5300 纳米之间,其中波长小于 280 纳米的波段,在通过大气层后几乎全部为臭氧所吸收。太阳辐射光谱的能量分配,99％集中在 150～4000 纳米的范围内。到达地球的太阳辐射光谱,可分成可见光和不可见光的红外光、紫外光三个部分。现按波长论述它们对苹果树的不同生理作用。

(1)紫外光

紫外光波长小于 400 纳米,其中波长小于 280 纳米的短紫外光对苹果有伤害作用,但因大气的臭氧层对其大量吸收,一般不会到达地面。

波长 280～400 纳米的长紫外光对苹果果实着色效果最好,可见光只有微弱的作用,红外光则几乎无作用。长紫外光可以刺激苹果产生乙烯,促进叶绿素的消失和诱导苯丙酸氧化酶活性的提高,从而促进花青素的形成。陕北的山地和塬区因长紫外光多,温差大,不仅有利于果实着色、成熟,而且果实的蛋白质和维生素含量也较高,品质优良。

(2)红外光

红外光波长在 760～4000 纳米之间。苹果叶片的叶绿体不能直接吸收红外光,对苹果的生理过程没有实际作用,所以称为非生物辐射。红外光对苹果的影响主要反应在热效应上。被吸收的红外光,用于促进体内循环,通过蒸腾耗热与叶面辐射而全部损失掉。红外光为土壤、水分、空气和树体增热,其热效应对苹果萌芽和生长有刺激作用。

(3)可见光

可见光波长在 370～760 纳米之间。可见光对苹果的光化学反应和生理机能具有决定性作用。它既对苹果树产生热效应,还能够引起多种特殊生理、生化反应。可见光按其波长又可分为红、橙、黄、绿、青、蓝、紫七色光,不同光的生理效应是由不同颜色的光线来承担的。光合有效辐射所处的波段与可见光所处的波段基本一致。

①红光

红光波长所处范围 620～760 纳米。对果树有打破休眠、促使幼苗叶片展开、胚芽伸直与开花结果等作用。660 纳米左右的红光,叶绿素吸收强烈。叶绿素在红光下,形成碳水化合物较多,而较少形成蛋白质。

②黄、橙光

黄、橙光所处的波长范围 585～620 纳米。苹果叶绿素只吸收部分橙光,对黄光则吸收很少。

③绿光

绿光波长所处范围 505～585 纳米。绿光被反射和透射的较多,植物的叶子因此而呈绿色,叶绿素对绿光几乎不吸收。

④青、蓝、紫光

青光所处波长范围 485～505 纳米,蓝光所处波长范围 455～485 纳米,紫光所处的波长范围 370～455 纳米。苹果叶绿素强烈吸收蓝紫光,在蓝光下形成蛋白质、脂肪较多,而碳水化合物较少;蓝光有助于苹果生长物质的合成,并且还能抑制黄化素;气孔对蓝光有特殊的敏感性,气孔可以在低于光合补偿点的光强下通过它对蓝光的反应而正常开闭。

2.1.2　光质对苹果品质的影响

苹果果皮上的红色、浓红色及条红色纹,主要是由花青素呈现的,花青素与类胡萝卜素均为糖的代谢产物,糖又是花青素形成配糖体所必需的成分,故其含量与总含糖量之间具有高度的正相关,只有果实内的糖分达到一定浓度时方能着色。紫外线可促进花青素的形成,以波长 280～400 纳米的长紫外光对苹果果实着色效果最好;紫外线还能诱导内源乙烯的形成,乙烯能促进红色发育,同时乙烯对苹果淀粉的转化、糖酸比值的增加、风味的形成、挥发性芳香物质的形成都起着重要的作用;紫外线对苹果果实形成蜡层、增加硬度也有明显的作用。在海拔 800 米以上的地域,因光照充足,紫外光丰富,气温日较差大,不仅有利于苹果果实着色、成熟,而且蛋白质和维生素含量也较高。陕西苹果具有果实发育良好,形状美观,色泽艳丽,酸甜爽口,风味浓郁,果肉硬度大等特点,均受益于黄土高原优越的气候条件。

然而紫外线强度过大,会导致苹果果实组织坏死。高温季节,太阳光的紫外线过强,直射果实造成组织坏死,这是日灼危害的因素之一。

2.1.3　光强对苹果生长发育及品质的影响

(1)光强对苹果生长发育的影响

太阳光强常用两个物理量表示,一个是辐射强度,即表示辐射效应的物理量,指在单位时间内通过单位面积在某一方向上单位立体角内的辐射能量,包括太阳辐射的全部波长,单位为瓦/球面度。另一个是光照强度,简称照度,即表示光效应的物理量,反映物体被照亮的程度,指单位面积上所接受的光通量,是只包括可见光部分的波长,单位勒克斯(lx)。辐射强度与光照强度两者所包含的波长范围不同,数量上没有一定的联系,农业气象学用的光强是光照强度。

在一定范围内果树光合作用强度随光照强度的增加而提高。当光合作用强度不再随光照强度增加而提高时,光强达到光饱和点;当光照强度减弱到一定程度时,植物的光合作用制造的干物质被呼吸作用全部消耗,这时的光照强度称为光补偿点。苹果光补偿点在 150～1200 勒克斯之间,大多数品种是在 600～800 勒克斯之间;苹果光饱和点在 20000～70000 勒克斯之间,大多数品种是在 30000～43000 勒克斯之间。苹果的光补偿点和饱和点因品种、叶龄、叶片位置以及大气成分和温度的不同存在一定差异。

光强影响同化作用,从而对苹果树的生长产生直接影响。当光强不足时,苹果树枝叶生长纤细,抗逆性减弱,从而明显地抑制根的生长。光强适宜,苹果树的根与枝比值高。遮阴会使光强减弱,影响幼树根的生长,根与枝的比值下降。在一年的遮光处理中,相对光强为自然光强 43％时,苹果苗死亡 40％;相对光强为自然光强 23％时,苹果苗死亡 100％。光照过强,因含紫外光多,抑制苹果树枝梢的生长。

光强直接影响苹果花芽的形成和发育。苹果的花芽必须在大于 30％的自然光照,或 27％的光合有效辐射条件下才能形成,小于 30％的自然光照时基本上难以形成花芽。当苹果树花芽分化期遇持久连续性的阴天,则花芽分化减弱,导致花序小、花蕾少、花芽质量差,影响来年的开花坐果量。

(2)光强对苹果品质的影响

苹果的品质随光强的变化,在一定范围内,光强越强的地方果实品质越佳。果实中可溶性固形物含量伴随光强增大而增加,其含糖量、含酸量也随之增加,且含糖量增加比含酸量多,所以高光强下的苹果果实甜度大。含酸量的适当增加,使苹果酸甜可口,风味浓郁。

光强与苹果果实的着色有密切关系。大多数苹果品种当光强相当于自然光强的 30％～50％时,就能满足着色的需求。李清田(1987)报道苹果着色面积％(S)与着色处的光强(H)间的经验公式:

$$S=0.58+1.36H$$

从公式中可见,苹果着色面积与光强成正相关,而且光强每增加 1000 勒克斯,果实着色面积增加 1.36％。

红富士苹果对光强反应敏感,适当的高光强可增加苹果的果实硬度、可溶性固形物、维生素 C、水溶性糖含量及着色指数等。当光强达到自然光强的 60％以上,果实着色较好,可产出最佳果品。

2.2 苹果生长发育与温度

苹果喜凉爽干燥气候,适宜冬无严寒、夏无酷热,生长季节气温不宜过高且夜间有适度的低温,果实生育期气温日较差大的气候条件下栽培。温度不直接给苹果树的生命提供物质材料和能源,但对果树萌芽、生长、开花、果实膨大、种子形成以及休眠等生命活动都有显著的影响。

温度的生物学意义主要表现在苹果的一切生理活动、生化反应均需在一定温度条件下进行,而且温度变化还能引起苹果树周围环境中其他因子的系列变化。

2.2.1 苹果的温度周期现象

在自然条件下,气温呈周期性变化,植物长期生活在其一定自然条件下,适应了某种节律性变化规律,并遗传成为其生物学特征之一,将植物生长发育与温度变化的同步现象称为温周期现象。气温变化的基本特征是具有周期性,即遵循昼夜有冷暖、四季有寒暑的基本规律周而复始地变化着。苹果树在其系统发育的过程中,适应了这种节律性温度变化,并且成为它生长、开花、结果及产量形成不可缺少的条件。在适宜的温度交替变化情况下,萌芽、茎伸长、花发育、结果以及抗寒性的增强等生理过程都可获得较好的表现。

空气温度的日变化最主要的特征是有日最高温度和日最低温度,两者之差称之为空气温度日较差。空气温度的昼夜变化对苹果生长发育具有十分重要的意义。苹果的光合作用适宜温度要显著低于呼吸作用适宜温度,白昼适宜的高温可以促进苹果的光合作用;夜间温度低,有利于抑制苹果树的呼吸消耗,可以使有机物质积累较快。苹果的日周期现象,还表现在果实生长后期,要求较大的气温日较差。气温日较差大,果实水溶性糖含量多、着色指数大、含水率低、色泽艳丽、口感香甜、风味浓郁。

苹果树在一年中不同季节需要不同温度条件的现象称为年温周期现象。温度年变化的主要特征是有最冷月和最热月。苹果树在春夏温暖的季节生长发育,冬季寒冷时停止生长,进入休眠。冬季寒冷对于休眠的苹果树,不仅不造成危害,而且是其正常生长的必需条件。苹果树必须经受一定的冷凉气候的作用,完成其特定的发育阶段才能开花,如果生长在高温长日照条件下将保持休眠状态而不开花。苹果树进入休眠之后,对寒冷有明显的要求,称为需冷量。只有满足需冷量以后才能解除休眠,否则翌年发芽迟、花芽发育不良,易落花落果、坐果率低。据研究以 7.2℃的需冷时数和苹果芽活动的相关系数为 0.962,达到显著相关。苹果树进入自然休眠的低温起点多以 7.2℃为指标,北方苹果的需冷量为 1200～1500 小时。

2.2.2　温度对苹果生长发育的影响

(1)温度与生长

苹果树根系的垂直分布与砧木、土壤有关,一般矮化砧在 15～40 厘米,乔化砧在 20～60 厘米。根系水平分布为冠径的 2～3 倍以上,垂直根小于树高。主要吸收根分布于树冠外缘投影下附近,为根系的集中分布区。苹果的根系没有自然休眠期,只要温、湿条件适宜时都能生长。春季当地温上升到 0℃以上时根系开始活动,3～4℃开始发新根,7℃以上新根生长加快,超过 30℃停止生长。一年中有 2～3 次生长高峰,即萌芽—开花前、春梢停长—果实膨大前、采果—休眠前,与当年新梢生长交替进行。

苹果根生长比树上部芽萌动要早。曲泽洲等(1983)研究认为以山定子为砧木的苹果树根在土壤温度 3℃开始生长,随着温度的升高根尖细胞分化加快,20～24℃为最适生长温度,当土壤温度达到 30℃时,根的生长受到抑制。普通乔化砧木和矮化砧木的苹果根系,当土温在 6.7℃时发生新根,10℃以上时生长加快,18～24℃为最适生长温度,30℃时生长受抑制。陕西的渭北塬区和陕北,月平均土壤温度大部分都在 24℃以下,土温条件可使根系在整个生长期都处于不断生长状态。

越冬期休眠的苹果,当需冷量满足后开春开始芽的发育生长。苹果的生物学零度因品种不同差异较大,而且各种文献给出的观测地点不同,同一品种也存在着差异,总体范围是在 6.3～10.0℃之间。苹果春季萌芽的早晚与早春的气温高低相关,气温高萌芽早,反之萌芽晚。陕西的富士苹果,在不同年份间,芽萌动有近 10 天的差异。

(2)温度与开花

苹果的开花受多种因素影响,而决定因素是气温。花芽萌发和发育所需最适温度因品种不同有一定差异。一般认为苹果花芽在日平均气温稳定通过 5℃时开始萌动,当气温升到 10℃以上时开始开花。苹果开花期主要受开花前一定时期内的气温支配。虽然花前积温各地有差异,但花前积温与开花期呈负相关,即积温越多,花期越早;积温越少,花期越晚。如元帅苹果在华盛顿地区,若2月1日至4月1日积温430℃·d以上,盛花期在4月15日以前;积温325～390℃·d时,盛花期在4月18—20日;积温240～280℃·d时,盛花期在4月22—25日;积温170～220℃·d时,盛花期在4月27日—5月2日。随着积温的降低,盛花期向后推迟。

(3)温度与果实生长发育

不同的研究表明,苹果果实生长与温度关系密切,不同品种苹果果实生长日增加量与同期的气温均为显著或极显著的正相关,尤其国光、富士的果实生长日增加量对温度的要求更为明显。

苹果果实发育初期,果实的体积增长量与≥10℃积温呈指数函数关系,在一定积温范围内果实体积随积温的增加而增加。果实发育初期较高温度可刺激果肉细胞分裂,从而促进果实的加速发育。果实膨大期,是苹果果实迅速生长、果实体积增长的高峰期,凡在光合作用最适温度范围内,随温度的升高果实膨大加快。当平均气温达到27.3℃以上时,果实生长迅速下降,在高温干旱的综合影响下果实膨大会受到较大影响。也有报道苹果果实质量分数的增长快慢与日最高气温≥30～35℃的持续天数相关,最高气温≥30～35℃的天数越多,果实质量分数增加越大。苹果果实成熟期适宜温度为16～22℃,在此临界温度以下成熟过程终止,适当的高温可使果实提早成熟,而且品质良好。

(4)温度与产量和品质

①温度与产量

苹果从花芽分化到果实成熟,在产量形成过程中均受温度影响。一般认为在同样栽培条件下,生长期温度高产量也高,如英国生长季温度较低最高产量40000千克/公顷,而气候温暖的法国可达80000千克/公顷。但过高的温度可使苹果落果率增大,提前成熟,品质较差。

苹果从枝条发育、花芽分化到果实成熟需跨两个年度。苹果产量与前一年生长期(4—10月)≥5℃的积温呈线性相关。当(4—10月)≥5℃的积温达到2500℃·d才能形成产量,3000℃·d以上才能高产。分析天水苹果产量与6月上旬平均气温、8月上旬平均气温和当年≥20℃的积温均为正相关,且都达到显著水平。一般认为6—8月各月平均气温26℃以上的地区,苹果花芽分化不好,产量低。果实成熟期也受温度的支配,随着纬度的增高和海拔的上升而推迟。

②温度与品质

苹果果实品质与温度关系密切,温度的高低影响苹果的果形、硬度、着色、糖酸比等。苹果开花后到幼果期,是果实细胞纵向分裂期,温度如果较低,果形为长圆形。温暖地区的苹果,果实横向生长高于纵向生长,多为扁圆形;冷凉地区的苹果横向生长低于纵向生长,一般为长圆形。

果实糖酸比值大小与积温和平均气温关系密切。元帅系苹果发育期积温越多,平均气温越高,则糖酸比值越大。地区间虽然存在差异,但也遵循了这种规律,温暖地区均比冷凉地区果实糖酸比值大;苹果果实有机酸的形成与果实呼吸作用有关,一般在较高温度下含酸量低,在较低温度下含酸量增加;在苹果光合作用的适宜温度条件下,温度高,日较差大有利于糖的积累。

据宫下挠一(1958)对国光、红玉、旭、元帅4个品种的研究认为,温暖地区苹果果实发育好,但肉质松软,不耐贮存,冷凉地区的果实硬度大,耐储运,但有时果实发育不良。也有研究认为苹果果实硬度与 6—8 月平均气温及采摘前 30 天气温日较差相关,6—8 月平均气温高硬度小,反之硬度大;采摘前 30 天气温日较差与果实硬度呈正相关,日较差大,果实硬度大,反之则小。

苹果花青素形成的最适温度 15～20℃,30℃以上或 15℃以下形成受阻。高温不仅不利于苹果着色,而且连续 5 天以上≥35℃的高温天气,可使已着色的果实部分或全部褪色。夜温也影响着色,元帅系苹果夜温在 15℃的左右,有利于着色,但夜温过低,易引起水心病的发生。

2.2.3　积温与苹果生长发育

(1)积温学说与计算

研究温度对生物的影响,只考虑温度强度是不全面的,因为在同样温度强度下,温度作用的时间不同,产生的效应也有区别。因此在理论研究和实际应用中,既要注意温度的高低,还要考虑温度影响的持续时间,就产生了兼有两种作用的温度指标——积温。

早在 1735 年,法国人列奥默(Réaumur)提出每一种作物品种,从播种到成熟都要求一定量的日平均温度的累积。100 年后的 1837 年,鲍辛盖尔特(Boussingault)用基本相同的方法,计算了谷类作物从播种到成熟所需热量总值,并称这个时期的天数与相应日平均气温的乘积为"度·日"。1875 年蒂塞兰德修正了列奥默等人的假说,即关于作物发育速率因时间与温度而变化的思想。他认为,对植物生长发育具有贡献的是日平均温度与日出日落间时数的乘积,这是温光乘积的最初形式。1876 年哈贝兰德(Haberland)给出了大多数农作物的积温指标,为后来确定各种温度指标奠定了基础。1920 年 H·A·阿拉德(Allard)和 W·W·加纳(Garner)观测到光周期现象,就有了光温乘积形式的出现。1923 年 F·C·霍顿(Houghton)和 C·P·亚格洛(Yaglou)提出了有效温度概念,开始了对作物有效温度、生物学零度和有效积温的研究。

20 世纪 50 年代,积温概念才在我国广泛应用。根据多年研究,积温学说可归纳为三点:

①在其他条件得到满足的前提下,温度因子对生物的生长发育起着主导作用。

②生物生长发育要求一定的下限温度,也要求一定的上限温度,生物只有在上下限温度范围内才能正常生长发育。

③生物完成某一阶段的发育需要一定的温度积累即积温。

积温目前常用的有两种,一是活动积温,当一日的平均温度(t_i)在下限温度(也称生物学零度)以上时,则该温度为活动温度,在某一时段内的活动温度的总和,即为活动积温。另一种是有效积温,当一日的平均温度高于下限温度(B)时,高出部分的温度为有效温度,在某一时段内的有效温度的总和,即为有效积温。

积温计算式:

$$活动积温 = \sum_{i=1}^{n} t_i$$

$$有效积温 = \sum_{i=1}^{n} (t_i - B)$$

也有计算低于某一界限温度的累积,如负积温。

(2)积温与苹果生长发育和品质

按积温学说,苹果要完成年生育周期或某一生育阶段,都需要一定的积温。苹果在年生育周期中,从萌芽、开花、到果实成熟的每一生长发育期,均需要一定的积温。积温的多少对苹果的正常生长、发育和结果,以及果实膨大、成熟、有机物含量和着色都有影响。

苹果年生育周期,由于熟性不同,所需积温也不同,一般认为需要≥10℃的有效积温2000~3000℃,且早熟品种需积温少,晚熟品种则多。陕西红富士苹果主栽区≥10℃的有效积温在2000℃·d以上。

花期积温是花前某一下限以上温度的积累,积温的多少与苹果花期的早晚呈正相关。苹果萌芽期间气温高、积温多,则花期提前,反之推迟。当积温达不到某物候期发育的临界值时,苹果就不能正常进入相应物候。据竺可桢和宛敏渭在北京历时17年的观测,苹果开花需3℃以上有效积温214.3℃·d。由于地区间差异,温度的有效性是不同的,花期积温不是常数,不同地区积温差异较大。如2006年富士苹果的花期,陕西渭北东部的白水≥0℃积温523℃·d,花期是4月10日;而西部的旬邑≥0℃积温533.5℃·d,花期是4月21日。有研究表明,花期≥10℃的积温与苹果花序坐果率相关系数为0.9982,达到极显著水平,说明积温高则坐果率高,反之坐果率会显著下降。

2.2.4　土壤温度对苹果生长发育的影响

（1）土壤温度与气温

苹果园的土壤因树冠的遮蔽,获得的太阳辐射比冠层少,夜间园内的长波地面辐射比大气辐射冷却要弱。一般来说苹果园内土壤的最高温度比气温要低,最低温度比气温要高,日较差比气温要小。土壤温度的垂直变化也远小于地表,极值出现时间均较园外地表推迟,且越向深层日较差越小。冬季由于树叶脱落,园内土壤温度与气温的变化大致相同,差异不大。

（2）土壤温度对苹果的影响

苹果树根基本上没有休眠期,只要满足温度要求就能全年进行生命活动,但正常生长需要适宜的温度。苹果根系生长的最低土壤温度约为5℃,最适温度15~20℃,在30℃以上生长不良,在土壤结冻或近于结冻温度时会停止生长。

土壤温度对苹果根系吸水的影响很大。一般在适宜温度范围内,土壤温度愈高,根系吸水愈多;土壤温度愈低,根系吸水愈少。在土壤低温条件下,土壤吸水率低的机制表现为:低温导致根系生长停滞,导致水分从土壤向根系转移的速度降低;低温导致水的黏滞性增大(水的黏滞性在0℃下比在25℃时大1倍),导致原生质的黏滞性增大(一般原生质在0℃下黏滞性比在25℃时大好几倍);导致细胞的渗透性减弱(细胞对水的渗透性,一般随温度的降低而减弱)。土壤温度条件应视为苹果园栽培选择的重要生态因子,因此不宜在阴坡定植苹果园。若土壤温度超过一定范围,温度再升高,吸水率也会受到限制。因此温暖高温季节采用灌溉、覆盖等措施,可降低土壤温度,使根系生长旺盛,干重增加,促进地上部分的光合作用,提高产量。

2.3　苹果生长发育与水分

2.3.1　降水对苹果生长发育的影响

苹果在其系统生长发育过程中,形成了喜半干旱气候的特性。世界苹果主产区的年降水量大多在500~800 mm,4—10月生长期的降水量在350~600 mm。年降水量低于300 mm

的地区有灌溉条件也可栽培,但降水量大于 900 mm 的地区不适宜栽培。陕西苹果主产区
4—10 月的降水量在 450～500 mm,可满足苹果生长的需要。陕西春季雨水少、干旱频繁,有
利于苹果的开花坐果,但干旱时间过长、降水距平不足常年的 50% 时,要适当灌溉,防止缺水
对苹果生长造成不利影响。陕西降水大部分集中在夏季的 7—8 月,这一时期气温高,苹果蒸
腾作用强烈,水分充足有利于光合作用,这对苹果的果实膨大有利。同时这一时期也是苹果的
水分临界期,降水多,对苹果的花芽分化也非常有利。

2.3.2　土壤水分与苹果生长发育

土壤水分是苹果水分的主要来源。在一定条件下,土壤水分含量的变化,直接影响着苹果
树生长发育、产量的形成和品质优劣。

土壤水分的计算方法较多,常用的有土壤绝对含水量,也称土壤水质量分数、干土比;土壤
相对含水量,也称土壤相对湿度,是以土壤水质量分数占田间持水量的百分数表示的土壤湿
度。土壤绝对含水量度量方法简单,但在不同土壤间做比较时,往往土壤绝对含水量相同,而
水分的有效性有很大的差别。土壤相对湿度,因其与该土壤田间持水量做了比较,相对地显示
其有效性,故较有利于在不同土壤之间进行比较,目前在应用服务中多用土壤相对湿度。

苹果的新梢、叶片、果实含水量在 75%～80% 左右,适宜的水分是维持苹果树体健壮生长
的重要因素,一般认为苹果生长的适宜土壤相对湿度为 75% 左右。当土壤相对含水量高于
90% 和低于 50% 时,苹果叶片的光合强度比土壤相对湿度 70% 时下降 40%～60%;当土壤相
对湿度 30% 以下时,光合强度下降 86%～98%;当土壤相对湿度小于 20%,根系停止生长。
据方利英(1981)研究,苹果根系最活跃的土壤层在 40 厘米以上,当土壤绝对含水量保持在
13%～15% 左右,果实生长较正常,小于 7% 则对于果实生长极不利。

2.3.3　空气湿度与苹果生长发育

苹果对空气湿度的要求较低。花期遇到阴雨不利于开花授粉,坐果率低。阴雨不仅影响
授粉昆虫活力,而且由于温度降低,使从授粉到精卵融合的时间延长,影响的概率增大,从而致
使坐果率降低;在花芽分化期一般认为降水少、空气湿度小对苹果花芽分化有利;在果实成熟
期,空气湿度过大,苹果的果面光洁度、着色、香味、品质和耐贮性均受到影响。陕西旬邑、洛川
的年相对湿度在 65% 以下,礼泉为 70%,前者的苹果品质较后者优良;在相对湿度 75%～
85% 的潮湿空气下,有些霉菌的孢子就可以吸水而萌发,易引起花腐病、霉心病的发生。

第3章　苹果产区气候资源及变化

3.1　陕西苹果产区气候资源

陕西优质苹果区主要分布在渭北黄土高原区,地形复杂,沟壑纵横,气候差异明显。本章按照地形、海拔、苹果立地条件及气候相似性原理将陕西省 30 个苹果基地县分为延安、渭北西部、渭北东部和关中西部四个果区(表 3.1),采用 1961—2010 年气象资料进行相关的统计与分析。大部分表格选用陕西省 29 个果业基地县(黄陵县气象资料缺失较多,不参与统计)的统计资料予以显示,个别图表考虑图示效果原因仅选用 4 个代表站点,即每个果区各选 1 个代表站点。

表 3.1　陕西苹果基地县分布

果区　　　　基地县	苹　果　基　地　县			
延　安	安塞	延川	宝塔区	延长
	宜川	富县	洛川	黄陵
渭北西部	旬邑	长武	彬县	永寿
	淳化	宜君	千阳	陇县
渭北东部	印台区	韩城	合阳	澄城
	白水	蒲城	耀州区	富平
关中西部	凤翔	陈仓区	岐山	扶风
	乾县	礼泉		

3.1.1　光资源

光资源作为生态因子,对果树生产十分重要。光资源既包含光照强度又包含光照时间。果树在光的作用下,表现出光合效应、光形态效应和光周期效应,使果树能自身制造有机物而得以生存和正常生长发育。下面以太阳总辐射量和日照时数的时空分布规律为重点来阐述陕西果区光资源状况。

(1)太阳总辐射量

太阳辐射是指太阳向宇宙空间发射的电磁波和粒子流。它是果树生长的能量来源,在为果树提供热量、参与光化学反应及光形态的发生等方面起着重要作用。

①太阳总辐射量的计算方法

太阳总辐射量数据一般可采用直接观测和通过日照百分率计算获得,由于陕西苹果果区仅有延安、西安两个太阳辐射观测点,因此采用气候学中计算太阳总辐射的方法来计算陕西果

区各县太阳辐射:

$$Q = Q_0 (a + bS) \tag{3.1}$$

式中:Q 为地表受到的太阳总辐射;Q_0 为天文辐射;S 是日照百分率;a、b 为系数。

将延安、西安各月的太阳总辐射和日照百分率按公式(3.1)进行拟合,计算出各月的经验系数(a,b),并对各月的回归方程进行显著性检验,然后利用拟合方程计算各站月、年太阳总辐射量。

②太阳总辐射量的时空分布特征

陕西果区的太阳总辐射量总体呈现东部高于西部、北部高于南部的特征,年太阳总辐射量 4370~5133 兆焦/米²,最高值在澄城(5133 兆焦/米²),最低值在长武(4370 兆焦/米²)。

陕西果区的太阳总辐射具有明显的季节变化,夏季太阳总辐射量为四季之最,季太阳总辐射量 1533~1781 兆焦/米²,占全年的 34%~35%;春季次之,太阳总辐射量 1287~1521 兆焦/米²,占全年的 29%~31%;秋季太阳总辐射 858~1048 兆焦/米²,占全年的 20% 左右;冬季为四季中太阳总辐射量最少的季节,太阳总辐射量 689~846 兆焦/米²,仅占全年的 15%~17%(表 3.2)。从空间分布上看,夏、秋两季基本一致,高值区为渭北东部果区,低值区为渭北西部果区;冬季高值区仍出现在渭北东部果区,低值区与其他三季节差异较大,出现在延安果区;春季高值区为延安果区,低值区为渭北西部果区。

表 3.2 主要果区及基地县太阳总辐射量季节分布统计(单位:兆焦/米²)

果区	辐射 季节	春	夏	秋	冬	年
整个果区	辐射量	1287~1521	1533~1781	858~1048	689~846	4370~5133
	年百分率(%)	29~31	34~35	20	15~17	/
延安	安塞	1436	1637	934	689	4695
	延川	1458	1648	960	705	4771
	宝塔区	1521	1673	995	768	4956
	延长	1469	1655	986	747	4857
	宜川	1469	1620	981	750	4820
	富县	1449	1608	951	765	4773
	洛川	1456	1644	994	799	4893
渭北西部	旬邑	1410	1694	994	826	4924
	长武	1287	1533	858	692	4370
	彬县	1377	1659	912	774	4721
	永寿	1378	1630	944	810	4763
	淳化	1382	1659	963	802	4806
	宜君	1426	1597	965	775	4763
	千阳	1369	1624	923	775	4692
	陇县	1341	1555	893	754	4543
渭北东部	印台区	1408	1647	988	826	4869
	韩城	1411	1639	960	720	4729
	合阳	1454	1776	1044	827	5100
	澄城	1458	1781	1048	846	5133
	白水	1415	1682	997	826	4919
	蒲城	1392	1700	982	804	4877
	耀州区	1406	1688	984	804	4882
	富平	1426	1769	1011	813	5019

续表

辐射\季节\果区		春	夏	秋	冬	年
关中西部	凤翔	1352	1595	916	768	4630
	陈仓区	1327	1571	904	741	4542
	岐山	1341	1600	925	770	4636
	扶风	1353	1613	924	785	4674
	乾县	1330	1629	931	775	4665
	礼泉	1353	1652	937	774	4715

　　一年中太阳总辐射量高值多出现在苹果幼果—果实膨大期,对苹果产量和品质形成十分有利,但高值出现月份各果区有一定差异。延安果区月太阳总辐射量在5月份达到最大值,为563~608兆焦/米^2,占年太阳总辐射量的12%;渭北西部、渭北东部果区最大值多出现在7月,为509~581兆焦/米^2,占年的11%~12%;关中西部果区月太阳总辐射量变化呈双峰型,5月和7月出现两个峰值,其中7月为一年中最高值。各果区均以12月为低值点,12月以后太阳总辐射量呈直线迅速增加趋势,延安果区5月达到峰值,此后两个月太阳总辐射量呈缓慢减少趋势,8月以后,太阳总辐射量减少迅速;渭北西部、渭北东部果区5月以后太阳总辐射量缓慢增加,7月达到峰值,8月太阳总辐射量仍维持较高水平,此后太阳总辐射量呈直线迅速减少;关中西部果区5月达到第一个峰值,6月太阳总辐射量基本与5月持平,7月达到全年最高值,8月太阳总辐射量仍处于较高水平,8月以后迅速减少(图3.1)。

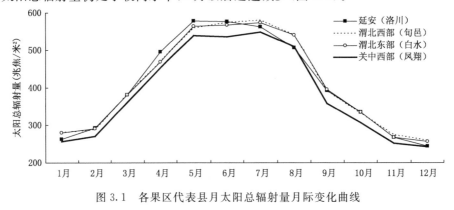

图3.1　各果区代表县月太阳总辐射量月际变化曲线

(2)日照时数

　　日照时数是指太阳每天在垂直其光线的平面上辐射强度≥120瓦/米^{2}的时间长度,利用日照时数分析光资源特征简洁、直观。苹果是喜光树种,光照对果树的生长、结果及果实的品质具有决定性作用,光照强,果实含糖量高,着色好,品质优。优质苹果生产一般要求年日照时数2200~2800小时,日照百分率为57%~64%,日照时数低于1500小时不利于果实生长,果实生长后期月平均日照时数小于150小时会明显影响果实品质。

　　陕西苹果产区年平均日照时数1921(陈仓区)~2530小时(洛川)。光资源分布特点是北部优于南部、东部优于西部。延安果区光资源优势明显,年日照时数达2380~2530小时,其次为渭北东部果区,年日照时数2278~2513小时,渭北西部果区日照时数明显少于渭北东部果区,年日照时数1942~2396小时,较延安果区和渭北东部果区偏少300小时左右,光照最少的是关中西部果区,年日照时数 1921～2100 小时,较延安和渭北东部果区偏少 400 小时左右(表 3.3)。

表 3.3　主要果区及基地县日照时数季节分布统计 (单位:小时)

果区	日照/季节	春	夏	秋	冬	年
整个果区	日照时数	527～681	565～738	434～614	404～594	1921～2530
	年百分率(%)	26～28	28～31	22～25	21～24	/
延　安	安塞	666	681	523	510	2380
	延川	681	693	547	521	2444
	宝塔区	675	691	554	569	2490
	延长	667	695	577	558	2478
	宜川	671	676	575	561	2456
	富县	665	680	557	566	2439
	洛川	674	705	588	594	2530
渭北西部	旬邑	612	664	536	525	2305
	长武	569	620	481	499	2139
	彬县	580	644	482	467	2128
	永寿	592	646	509	509	2220
	淳化	582	653	520	493	2205
	宜君	641	662	545	566	2396
	千阳	550	606	472	451	2043
	陇县	534	565	434	431	1942
渭北东部	印台区	616	658	541	530	2312
	韩城	627	682	569	520	2348
	合阳	662	738	614	540	2497
	澄城	667	737	607	557	2513
	白水	619	686	570	528	2364
	蒲城	599	685	555	497	2278
	耀州区	608	682	549	499	2287
	富平	623	728	583	501	2361
关中西部	凤翔	536	600	464	442	2005
	陈仓区	527	573	458	404	1921
	岐山	552	622	491	457	2072
	扶风	542	602	468	453	2029
	乾县	539	626	492	456	2066
	礼泉	550	648	510	452	2100

一年中果区日照时数的季节变化,以夏季日照时数最多,季日照时数为 660 小时左右,约占年日照时数的 29%;其次为春季,季日照时数 608 小时,占年日照时数的 27%;秋、冬季日照时数明显偏少,仅分别占年日照时数的 23% 和 22%。各果区在果树管理中,尤其应加强光照条件较好的春、夏果园管理,最大限度地提高光照资源的利用效率,促进果品提质增效。渭北东部果区苹果正常生长期、旺盛生长期和 6—8 月关键生长期光照资源均优于其他果区,在果园春季和夏季管理中,应重视协调营养生长和生殖生长的关系;关中西部果区果树正常生长阶段光照资源相对比较丰富,而旺盛生长期和 6—8 月果实膨大期光照资源相对较差,在春季和夏季果园管理中要树立"促"与"控"结合的技术思路;延安和渭北西部果区在春季和夏季管理中应树立"以促为主"的指导思想,狠抓水肥管理,使之尽快形成较大的果园叶面积系数,促进光照资源的转化。

从日照时数的月际分布来看,5—8月是全年日照较为充足时段,除延安果区外,各果区均以6月日照时数最多,月平均日照时数为230小时,约占年日照时数的10%~11%,延安果区5月日照略多于其他月份。在日照时数月际变化中有两个明显的低点,即2月和9月(图3.2)。2月主要与天数少有关(平年28天,闰年29天),且此时果树处于休眠状态,光照条件对果树生长影响较小。而9月正是苹果果实着色的关键时期,日照的多寡直接影响到苹果的正常着色成熟及品质形成、商品率、市场竞争力等。进入9月,日照偏少明显,月日照时数159小时,仅占年日照时数的6%~7%,较8月偏少达40~60小时。这除了日照时数自身随时间变化规律和9月份日数偏少1天外,主要与大气环流调整、副热带高压东退在黄土高原南部易形成低温连阴雨天气,受"华西秋雨"影响的缘故。各果区中,关中西部和渭北西部果区果实着色期受"阴雨低温寡照"天气影响较重,月日照时数仅130~160小时,雨日达11~13天,日照时数较延安和渭北东部果区偏少20~30小时,降雨日数偏多2天左右。各果区代表站8—10月日照时数、年百分比及降水日数统计详见表3.4。

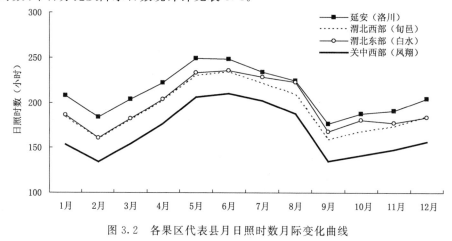

图3.2　各果区代表县月日照时数月际变化曲线

表3.4　主要果区及基地县8—10月日照时数统计

果区	站名	8月			9月			10月		
		日照时数(小时)	占年百分比(%)	降水日数(天)	日照时数(小时)	占年百分比(%)	降水日数(天)	日照时数(小时)	占年百分比(%)	降水日数(天)
延安	安塞	210	9	13.6	175	7	11.9	177	7	7.7
	延川	217	9	11.5	183	7	9.7	186	8	6.9
	宝塔	214	9	11.9	177	7	10.9	189	8	7.7
	延长	219	9	11.4	179	7	10.3	186	7	7.7
	宜川	213	9	11.8	177	7	11.1	185	8	8.3
	富县	214	9	12.1	166	7	11.5	176	7	8.4
	洛川	224	9	11.9	176	7	11.7	188	7	8.9
渭北西部	旬邑	209	9	12.1	159	7	12.4	168	7	9.6
	长武	195	9	11.6	136	6	12.5	147	7	10.1
	彬县	204	10	10.9	140	7	12.0	139	7	10.0
	永寿	205	9	11.1	148	7	12.3	156	7	10.5
	淳化	210	10	11.1	152	7	12.1	158	7	10.2
	宜君	206	9	12.5	164	7	12.1	175	7	9.7
	千阳	189	9	12.1	138	7	13.3	145	7	11.0
	陇县	170	9	12.1	128	7	12.6	136	7	10.4

续表

果区	站名	8月			9月			10月		
		日照时数（小时）	占年百分比（%）	降水日数（天）	日照时数（小时）	占年百分比（%）	降水日数（天）	日照时数（小时）	占年百分比（%）	降水日数（天）
渭北东部	印台区	209	9	11.4	161	7	11.9	171	7	9.3
	韩城	220	9	10.0	173	7	10.4	176	8	8.0
	合阳	241	10	9.8	183	7	10.7	189	8	8.1
	澄城	239	10	9.7	182	7	10.9	186	7	8.5
	白水	222	9	10.3	168	7	10.9	180	8	8.8
	蒲城	224	10	9.3	166	7	11.0	166	7	9.0
	耀州区	220	10	10.1	161	7	11.6	169	7	8.9
	富平	241	10	9.2	173	7	11.1	169	7	9.2
关中西部	凤翔	188	9	11.8	135	7	13.4	141	7	11.5
	陈仓区	182	9	12.1	137	7	13.1	139	7	10.7
	岐山	200	10	11.4	144	7	12.8	147	7	11.1
	扶风	190	9	10.6	136	7	12.5	141	7	10.3
	乾县	203	10	10.2	144	7	11.4	145	7	10.3
	礼泉	215	10	9.6	150	7	11.4	145	7	9.7

3.1.2　热量资源

热量是果树生长的重要条件之一,果树的各种生理活动、生化反应与生长结果等都必须在一定的温度条件下才能正常进行。同时温度的变化也可导致其他因子的一系列变化,如湿度、蒸发、土壤水分等,而受温度影响的因子又综合地作用于果树,从而间接影响果树的生长发育及产量、品质形成。

（1）平均气温

优质苹果生长的适宜温度范围为 8.0～12.0℃,陕西主要果区年平均气温 9.0(旬邑、安塞)～13.7℃(韩城),除关中西部、渭北东部果区部分县气温略偏高外,其余果区大部分基地县年平均气温均在生产优质苹果适宜温度范围内,空间分布特点是南高北低,东高西低。关中西部和渭北东部果区是果区中气温最高的地区,其中:韩城、蒲城、富平、耀州区、陈仓、扶风、乾县、礼泉等 8 县年平均气温 12.6～13.7℃,超过适宜温度上限指标,其他各县均在适宜温度范围内;渭北西部和延安果区各县年平均气温均在适宜温度范围内,为 9.1～11.3℃,对优质苹果生产非常有利(表 3.5)。

表 3.5　主要果区及基地县气温分布统计

果区	站名	年平均（℃）	多年极小值（℃）	出现时间	多年极大值（℃）	出现时间
延安	安塞	9.1	−25.5	2002.12.26	38.3	2005.6.22
	延川	10.7	−22.5	1998.1.19	41.5	2005.6.22
	宝塔区	10.0	−23.0	1991.12.28	39.3	2005.6.22
	延长	10.3	−23.0	2002.12.26	41.1	2005.6.22
	宜川	10.1	−23.3	2002.12.26	40.0	2002.7.15
	富县	9.3	−26.5	2009.1.24	38.8	2005.6.21/2006.6.17
	洛川	9.6	−23.0	2002.12.26	37.5	2006.6.17

续表

果区	站名	年平均（℃）	多年极小值（℃）	出现时间	多年极大值（℃）	出现时间
渭北西部	旬邑	9.0	−28.2	2002.12.26	36.3	1973.7.3
	长武	9.3	−26.2	2002.12.26	37.6	1997.7.21
	彬县	11.3	−22.5	1977.1.31	40.0	1966.6.19
	永寿	11.1	−19.0	1991.12.28	38.9	1966.6.19
	淳化	10.3	−21.0	1991.12.28	39.4	1973.8.4
	宜君	9.4	−19.7	1980.1.30 /2009.1.23	34.6	2006.6.17
	千阳	11.3	−20.7	1991.12.28	40.5	1966.6.19
	陇县	10.9	−20.4	1991.12.28	40.3	1966.6.19
渭北东部	印台区	10.7	−21.8	1991.12.28	37.7	1998.6.21 /2006.6.17
	韩城	13.7	−16.7	1991.12.28	42.6	1966.6.21
	合阳	11.9	−21.2	2002.12.25	40.1	1962.7.11
	澄城	12.4	−17.9	2002.12.26	40.3	1966.6.21
	白水	11.6	−18.4	1991.12.28	39.4	1966.6.21
	蒲城	13.6	−16.7	1991.12.28	41.8	1966.6.21
	耀州区	12.6	−17.9	1991.12.28	39.7	1972.6.11
	富平	13.3	−18.7	1991.12.28	41.8	2006.6.17
关中西部	凤翔	11.7	−19.2	1991.12.28	40.1	2006.6.17
	陈仓区	13.0	−18.4	1991.12.28	41.7	2006.6.17
	岐山	12.1	−20.6	1977.12.30	41.4	1966.6.19
	扶风	12.6	−21.7	1977.12.30	42.7	1966.6.19
	乾县	12.8	−17.4	1969.2.1	41.0	1966.6.19
	礼泉	12.8	−20.8	2002.12.26	41.6	1966.6.19

陕西主要果区气温月变化呈单峰型,7月为最热月,1月为最冷月,春季升温缓慢,秋季降温迅速。6—8月为相对高温时段,月平均温度均在20℃以上,有利于果树光合作用和果实生长。关中西部和渭北东部果区部分县夏季有高温热害发生,易引发苹果缩果、落果,甚至日灼等;12—2月为低温时段,月平均气温均0~−7℃,大部地区果树可安全越冬。延安和渭北西部果区部分县果树越冬期,幼树和新生枝条发生冻害、抽条等现象的概率较大。各果区代表县月平均气温月际变化见图3.3。

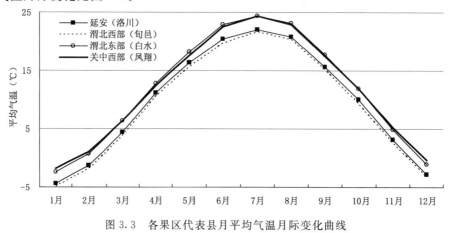

图3.3　各果区代表县月平均气温月际变化曲线

（2）极端温度

苹果树是喜低温干燥的温带落叶果树，要求冬无严寒，夏无酷暑。苹果生产极端温度的限制条件是指苹果产区的历史日最高和日最低气温条件，能从一定程度上反映当地的热量资源特征。

陕西果区年极端最低气温−16.7（韩城、蒲城1991）～−28.2℃（旬邑2002），一般多出现在12月下旬，基本呈纬向分布，纬度越高，气温越低。延安果区年极端最低气温基本在−20℃以下，为−22.5（延川）～−26.5℃（富县），是果区冬季气温低值区；渭北西部果区−19.0（永寿）～−28.2℃（旬邑）；渭北东部、关中西部果区−16.7（韩城、蒲城）～−21.8℃（印台区）（表3.5）。成龄苹果树越冬期可耐短时−20℃以下低温，幼树和新枝抗御低温能力弱，−20℃以下易发生冻害及抽条。延安果区最低气温≤−20℃的频次为0.2～2.2 d/a，冻害的风险明显高于其他果区，其次渭北西部的旬邑、长武冻害概率也较大，最低气温≤−20℃的频次分别为1.2 d/a、0.4 d/a。

陕西果区年极端最高气温34.6（宜君2006）～42.7℃（扶风1966），一般多出现在6月中下旬和7月中旬两个时段，扶风、韩城由于地形原因，热量不易散发，使之成为果区的两个温度高值区。延安果区年极端最高气温37.5（洛川）～41.5℃（延川）；渭北西部34.6（宜君）～40.5℃（千阳）；渭北东部37.7（印台区）～42.6℃（韩城）；关中西部40.1（凤翔）～42.7℃（扶风）（表3.5）。据高温热害试验和调查显示，最高气温大于35℃，果树光合产物合成和积累就会受到影响，最高气温超过38℃，果面即可出现轻度灼伤，最高气温40℃左右，便可造成果实严重灼伤，对苹果商品率产生明显影响。陕西苹果高温热害主要发生在关中西部、渭北东部及延安果区黄河沿岸部分县（区），而渭北西部和延安果区大部分县区高温热害不明显。

（3）积温

积温是研究作物生长、发育对热量需求和评价热量资源的一个重要指标。果树生长过程中，每个物候期的出现均需要一定量的温度积累，而不同生育期的积温多少对果树正常生长发育、开花结果和产量品质形成都有影响。

整个果区气温稳定通过0℃初日为2月6日—3月11日，其中关中西部和渭北东部果区多出现在2月上中旬，延安果区、渭北西部果区初日多集中在2月下旬—3月上旬，较关中西部、渭北东部果区推迟10～20天；气温稳定通过0℃终日为11月17日—12月14日，延安果区、渭北西部果区出现在11月下旬，关中西部、渭北东部果区大部出现在12月上旬，较上述两果区推迟10天左右。气温稳定通过0℃持续天数256～312天，其中关中西部和渭北东部果区较长，达280～310天，而延安和渭北西部较短，仅260～290天。果区0℃以上积温3600～5100℃·d，热量条件能够满足苹果生长的需要，其中渭北东部、关中西部果区积温达4100～5100℃·d。延安、渭北西部果区积温3600～4600℃·d，热量条件稍差于渭北东部和关中西部果区。

果区气温稳定通过5℃的初日为3月9日—4月1日，其中延安、渭北西部果区出现在3月中旬末—下旬，渭北东部、关中西部果区出现在3月上旬末—中旬；气温稳定通过5℃终日为10月26日—11月17日，延安、渭北西部果区出现在10月下旬末—11月上旬，渭北东部、关中西部多出现在11月中旬。气温稳定通过5℃持续天数212～253天，积温3420～4850℃·d，渭北东部、关中西部热量条件优于渭北西部和延安果区，积温大多在4000℃·d以上，较延安和渭北西部果区偏多300～700℃·d，持续天数偏多20天左右。

　　果区气温稳定通过 10℃积温 2900～4490℃·d,持续天数 160～213 天,初日为 3 月 30 日—4 月 28 日,终日为 10 月 4 日—10 月 28 日。延安、渭北西部果区的平均初日分别为 4 月 15 日和 4 月 19 日,渭北东部、关中西部果区较前两个果区提前 7～10 天,平均初日为 4 月 8 日;延安、渭北西部果区的平均终日为 10 月 11 日,渭北东部、关中西部果区的终日较晚,平均为 10 月 22 日。气温稳定通过 10℃持续天数延安、渭北西部果区 160～190 天,较渭北东部、关中西部果区偏少 20～30 天,积温 2900～3800℃·d;渭北东部、关中西部果区持续天数 190～210 天,大部分县积温 3700～4500℃。

　　果区气温稳定通过 15℃积温 2110～3780℃·d,初日为 4 月 26 日—5 月 25 日,终日为 9 月 7 日—10 月 4 日,持续天数 106～162 天。渭北东部果区热量最多,积温 2670～3780℃·d,其次为关中西部果区,积温 2970～3450℃·d,延安果区积温 2400～3230℃·d,较关中西部偏少 200～600℃·d,渭北西部果区热量最少,积温 2110～3000℃·d。整个果区气温稳定通过 15℃积温大于 3000℃·d 的果业县有 13 个县,占果区的 45%。

　　果区气温稳定通过 20℃积温均在 3000℃·d 以下,积温 586～2740℃·d,初日为 5 月 16 日—6 月 29 日,终日为 7 月 25 日—9 月 22 日,持续天数 27～108 天。除关中西部果区初、终日间隔较短外,其余三大果区时间跨度较大。关中西部、渭北东部果区的热量条件较好,积温 1360～2740℃·d,延安、渭北西部果区积温仅 590～2240℃·d,较关中西部、渭北东部偏少 500～1000℃·d。陕西主要果区及基地县热量资源状况见表 3.6。

　　各果区之间热量资源除空间分布有明显差异外,年际之间的分布也有显著差异。年际之间资源变率大,稳定性差是大陆性季风气候的特点之一,是果业生产管理上值得重视的一个突出问题。以洛川稳定通过 5℃、15℃初日、终日、持续天数和活动积温为例,可以看出,洛川气温稳定通过 5℃初日最早出现在 3 月 1 日,最晚出现在 4 月 19 日,最早和最晚出现日期相差达 50 天之久;终日最早出现在 10 月 2 日,最晚出现在 11 月 16 日,相差达 46 天;持续天数最少为 188 天,最多为 254 天,二者相差达 66 天(表 3.7)。5℃以上积温最少仅 3301℃·d,最多达 4094℃·d,相差达 793℃·d。而气温稳定通过 15℃的初日最早和最晚相差达 41 天,终日最早和最晚相差达 35 天,15℃以上积温最多与最少之间相差达 1050℃·d。

　　年际之间稳定通过不同界限温度初、终日期的早晚、持续天数的长短及积温多少等资源状况对果树生育期、生长状况、产量和品质的形成等都有明显影响。

　　(4)负积温

　　负积温是冬季低温强度和持续时间的综合反映,是衡量果树安全越冬和越冬冻害的主要指标。对于冬季休眠的果树而言,冬季的低温可以使果树进入自然休眠越冬状态,同时在休眠过程中通过一定量的低温累积则可以打破休眠进入生长阶段。苹果树通过自然休眠的需冷量一般以 7.2℃以下 250～700 小时为标准,低温量太少果树休眠进程难以结束,低温量太多则易发生果树越冬期冻害。受大陆性季风气候影响,陕西果区普遍存在冬季气温低、降水少的特点,冷冻与干旱的叠加效应,容易造成苹果幼树与新枝发生越冬冻害和抽条,延安和渭北西部果区这一影响相对较重。陕西主要果区负积温 −60～−480℃·d,负积温空间分布大致是由南向北、由东向西依次增加,延安果区是冬季的冷区,负积温 −330～−480℃·d,渭北西部果区次之,为 −160～−360℃·d,渭北东部果区负积温较渭北西部偏少 100℃以上,为 −100～−220℃·d,关中西部果区负积温最少,为 −60～−140℃·d(表 3.8)。

表 3.6 主要果区及基地县稳定通过不同界限温度统计（单位：积温：℃·d）

果区	内容	界限温度 0℃				5℃				10℃				15℃				20℃			
		初日	终日	天数	积温	初日	终日	天数	积温	初日	终日	天数	积温	初日	终日	天数	积温	初日	终日	天数	积温
延安	安塞	3.07	11.17	256	3779.6	3.26	10.26	217	3631.6	4.19	10.06	171	3217.3	5.13	9.13	124	2559.2	6.16	8.03	49	1111.2
	延川	2.26	11.21	269	4551.8	3.18	11.02	229	4415.2	4.10	10.16	190	4077.9	5.03	9.21	142	3225.5	5.22	8.18	89	2236.0
	宝塔区	2.28	11.22	269	4011.8	3.21	10.30	225	3847.8	4.15	10.10	179	3426.3	5.10	9.16	130	2733.3	6.12	8.12	62	1418.8
	延长	2.27	11.21	269	4140.9	3.19	10.30	227	3990.1	4.11	10.12	185	3615.5	5.05	9.19	138	2971.6	5.31	8.17	78	1829.6
	宜川	2.27	11.22	269	4053.2	3.21	10.31	226	3891.6	4.14	10.13	183	3498.1	5.10	9.19	133	2800.7	6.07	8.14	69	1583.6
	富县	3.03	11.19	263	3948.2	3.24	10.27	220	3789.4	4.19	10.06	172	3207.6	5.14	9.15	125	2687.8	6.19	8.07	50	1131.8
	洛川	3.04	11.22	265	3813.4	3.25	10.29	220	3629.2	4.22	10.07	170	3147.1	5.18	9.12	117	2396.3	6.24	7.31	38	860.1
	旬邑	3.07	11.20	259	3636.7	3.28	10.27	215	3457.0	4.25	10.06	165	2994.3	5.23	9.08	109	2200.5	6.27	7.30	34	769.3
	长武	3.05	11.21	263	3702.0	3.25	10.27	218	3529.7	4.23	10.06	168	3066.2	5.22	9.09	111	2260.6	6.27	8.03	37	844.1
渭北西部	彬县	2.19	11.29	284	4314.7	3.16	11.06	237	4141.7	4.12	10.16	188	3691.6	5.08	9.22	139	2997.2	6.02	8.17	77	1821.9
	永寿	2.26	11.30	278	4160.7	3.22	11.06	230	3966.3	4.18	10.14	181	3495.3	5.15	9.18	127	2726.5	6.12	8.11	61	1425.8
	淳化	3.01	11.26	271	3989.3	3.24	11.03	225	3807.6	4.19	10.12	177	3351.0	5.16	9.16	124	2590.7	6.19	8.08	50	1159.8
	宜君	3.11	11.23	257	3650.6	4.01	10.26	212	3420.2	4.28	10.04	160	2898.6	5.25	9.07	106	2104.8	6.29	7.25	27	586.0
	千阳	2.19	12.03	287	4324.0	3.18	11.09	237	4134.1	4.15	10.18	187	3606.2	5.11	9.20	133	2845.5	6.08	8.16	70	1651.5
	陇县	2.20	12.01	285	4205.6	3.19	11.09	236	4031.3	4.16	10.18	186	3577.7	5.13	9.19	130	2792.4	6.12	8.12	62	1508.8
渭北东部	印台区	2.26	11.28	276	4085.4	3.22	11.06	230	3897.6	4.18	10.13	180	3429.7	5.15	9.17	126	2668.7	6.13	8.10	59	1354.6
	韩城	2.09	12.08	303	5055.2	3.10	11.16	253	4851.1	3.30	10.28	213	4491.7	4.26	10.04	162	3779.3	5.16	8.31	108	2736.7
	合阳	2.22	11.30	283	4511.1	3.17	11.09	239	4340.8	4.12	10.19	191	3888.0	5.04	9.25	145	3235.8	5.28	8.20	85	2083.1
	澄城	2.18	12.03	289	4647.6	3.14	11.11	243	4468.4	4.09	10.21	196	4026.3	5.03	9.26	148	3331.1	5.25	8.22	90	2214.3
	白水	2.22	11.30	282	4386.1	3.19	11.10	237	4213.7	4.14	10.19	189	3756.6	5.08	9.23	138	3027.4	5.31	8.17	78	1878.2
	蒲城	2.08	12.08	304	5019.0	3.09	11.16	253	4818.0	4.02	10.26	208	4416.5	4.26	10.02	160	3731.6	5.18	8.30	105	2668.5
	耀州区	2.15	12.05	294	4673.6	3.13	11.13	246	4483.6	4.07	10.23	199	4047.9	5.01	9.28	150	3355.3	5.27	8.22	88	2155.7
	富平	2.09	12.06	301	4996.9	3.10	11.15	250	4798.2	4.03	10.26	207	4410.5	4.28	10.01	157	3640.7	5.19	8.29	103	2602.5
	凤翔	2.19	12.03	289	4359.7	3.17	11.11	240	4177.2	4.14	10.19	189	3706.6	5.09	9.21	137	2967.1	6.05	8.15	72	1728.8
关中西部	陈仓区	2.06	12.14	312	4776.2	3.11	11.17	252	4546.0	4.04	10.27	207	4135.9	5.03	10.01	153	3386.6	5.22	8.20	91	2220.5
	岐山	2.16	12.06	295	4514.8	3.16	11.13	243	4320.9	4.12	10.21	193	3856.2	5.06	9.24	142	3143.7	5.30	8.20	84	2031.2
	扶风	2.12	12.09	301	4684.6	3.12	11.15	248	4492.3	4.07	10.24	201	4067.9	5.03	9.29	150	3357.1	5.25	8.24	91	2255.8
	乾县	2.14	12.06	296	4751.1	3.12	11.13	248	4562.1	4.07	10.24	201	4133.7	5.02	9.29	151	3431.9	5.22	8.24	93	2329.6
	礼泉	2.12	12.07	299	4758.0	3.11	11.14	249	4566.9	4.04	10.24	204	4163.5	5.01	9.29	153	3446.3	5.21	8.26	97	2403.9

表 3.7　主要果区及基地县稳定通过 5℃、15℃初、终日统计(单位:月·日)

果区	站点	5℃						15℃					
		初日			终日			初日			终日		
		平均	最早	最晚	平均	最早	最晚	平均	最早	最晚	平均	最早	最晚
延安	安塞	3.26	3.01	4.15	10.26	10.02	11.12	5.13	4.23	6.01	9.13	8.24	9.29
	延川	3.18	3.01	4.02	11.02	10.03	11.17	5.03	4.20	5.18	9.21	9.01	10.07
	宝塔	3.21	3.01	4.15	10.30	10.02	11.17	5.10	4.21	6.01	9.16	8.24	10.01
	延长	3.19	3.01	4.09	10.30	10.02	11.16	5.05	4.20	5.27	9.19	9.01	10.03
	宜川	3.21	3.01	4.15	10.31	10.02	11.19	5.10	4.18	6.01	9.19	9.01	10.07
	富县	3.24	3.01	4.19	10.27	10.02	11.13	5.14	4.24	6.01	9.15	8.22	10.01
	洛川	3.25	3.01	4.19	10.29	10.02	11.16	5.18	4.30	6.10	9.12	8.22	9.26
渭北西部	旬邑	3.28	3.02	4.22	10.27	10.02	11.22	5.23	5.01	6.15	9.08	8.17	9.26
	长武	3.25	3.01	4.22	10.27	10.03	11.13	4.30	4.20	6.12	9.09	8.17	9.25
	彬县	3.16	3.01	4.02	11.06	10.03	11.23	5.08	4.20	5.28	9.22	9.01	10.14
	永寿	3.22	3.02	4.15	11.06	10.03	11.25	5.15	4.21	6.10	9.18	8.22	10.12
	淳化	3.24	3.01	4.19	11.03	10.02	11.23	5.16	4.20	6.10	9.16	8.22	10.12
	宜君	4.01	3.03	4.27	10.26	10.01	11.21	5.25	5.01	6.21	9.07	8.20	9.22
	千阳	3.18	3.01	4.06	11.09	10.03	11.25	5.11	4.20	6.06	9.20	8.22	10.12
	陇县	3.19	3.01	4.06	11.09	10.02	11.25	5.13	4.20	6.02	9.19	8.23	10.12
渭北东部	印台	3.22	3.01	4.16	11.06	10.02	11.23	5.15	4.20	6.10	9.17	8.22	10.12
	韩城	3.10	2.09	3.28	11.16	11.02	12.02	4.26	4.02	5.26	10.04	9.11	10.19
	合阳	3.17	2.25	4.12	11.09	10.03	12.02	5.04	4.14	5.28	9.25	9.01	10.21
	澄城	3.14	2.24	3.28	11.11	10.03	11.29	5.03	4.15	5.28	9.26	9.01	10.21
	白水	3.19	3.01	4.15	11.10	10.03	11.25	5.08	4.17	6.01	9.23	8.22	10.12
	蒲城	3.09	2.06	3.28	11.16	11.02	12.06	4.26	4.04	5.17	10.02	9.12	10.18
	耀州	3.13	2.23	3.28	11.11	10.03	11.29	5.01	4.10	5.28	9.28	9.02	10.14
	富平	3.10	2.12	3.28	11.15	11.02	11.29	4.28	4.03	5.28	10.01	9.12	10.18
关中西部	凤翔	3.17	3.01	4.06	11.15	10.03	11.29	5.09	4.20	5.28	9.21	8.23	10.12
	陈仓	3.11	2.11	3.28	11.17	11.02	12.02	5.03	4.17	5.18	10.01	9.12	10.22
	岐山	3.16	2.24	4.06	11.13	11.01	11.29	5.06	4.17	5.28	9.24	8.23	10.12
	扶风	3.12	2.12	3.29	11.15	11.02	11.29	5.03	4.17	5.27	9.29	9.12	10.21
	乾县	3.12	2.11	3.29	11.13	11.01	11.29	5.02	4.14	5.28	9.29	9.11	10.21
	礼泉	3.11	2.11	3.29	11.14	11.02	11.28	5.01	4.15	5.28	9.29	9.12	10.21

表 3.8　主要果区及基地县负积温统计(单位:℃·d)

果　区	站点	负积温	站点	负积温	站点	负积温	站点	负积温
延安	安塞	-482.6	延川	-396.6	宝塔区	-387.7	延长	-379.4
	宜川	-369.0	富县	-421.4	洛川	-334.5		
渭北西部	旬邑	-362.8	长武	-345.2	彬县	-190.9	永寿	-194.8
	淳化	-250.9	宜君	-323.7	千阳	-165.2	陇县	-167.7
渭北东部	印台区	-222.2	韩城	-104.9	合阳	-206.6	澄城	-160.8
	白水	-184.3	蒲城	-102.0	耀州区	-125.1	富平	-104.6
关中西部	凤翔	-142.7	陈仓区	-66.0	岐山	-126.2	扶风	-109.0
	乾县	-115.7	礼泉	-111.2				

(5)日较差

日较差是日最高气温与日最低气温的差值,在昼夜温度处于苹果树生命活动适宜范围的条件下,较大的日较差有利于提高果树白天光合产物积累和减少夜间呼吸消耗,促进有机质的积累和转化,进而提高果树的产量与品质。研究表明,优质苹果生产要求成熟前(着色期—成熟期)30~35 天日较差大于 10℃以上,夜间气温低于 18℃最为适宜,主要表现为果实着色好,糖分积累多。

　　整个果区日较差除宜君(8.0℃)、永寿(9.3℃)两站略低外,其余苹果基地县均在 10℃以上,其中延安果区日较差最大,为 10.7(洛川)~14.3℃(富县),平均为 13.0℃。渭北西部果区 8.0(宜君)~11.7℃(彬县),渭北东部 10.0(耀州区)~11.0℃(合阳),关中西部 10.1(乾县)~10.8(℃礼泉),三大果区年平均日较差均为 10.5℃。

　　不同物候期日较差大小对果树正常生长及提质增效有显著影响和作用。果树不同生育阶段日较差变化特点是:开花—幼果期(4—5 月)日较差最大,达 9.1~15.5℃,明显高于果实膨大期(6—8 月)的 8.1~13.3℃和苹果着色期(9—10 月)的 7.2~12.8℃。各果区开花—幼果期日较差有较大差异,其中延安果区日较差最大,达 12.0~16.0℃,渭北西部、关中西部和渭北东部果区较延安果区偏少 2~3℃,为 9.1~13.5℃(表 3.9)。苹果开花—幼果期冷空气活动频繁,气温波动大,一般白天温度不高,气温日较差主要受夜间低温影响较大,尤其在果树开花期 4 月—5 月上旬,受冷空气活动影响,夜间会出现低于花期冻害指标的最低温度,导致果树花期冻害发生,最终影响苹果的产量和商品率,日较差大的延安和渭北西部果区花期冻害发生的概率和强度相对较高,危害相对较重。苹果果实膨大期(6—8 月)气温日较差仍以延安果区最大,达 10.5~13.3℃,其他三大果区日较差 8.1~11.9℃,较延安果区偏少 2℃左右。果实膨大期关中西部、渭北东部和延安果区黄河沿岸苹果种植区受夏季高温天气影响,气温平均水平较高,夜间温度相对比较稳定,气温日较差主要受白天高温影响,高温易削弱日较差对光合产物合成、积累的效果;而渭北西部和延安偏西地区,白天最高气温明显低于关中西部和渭北东部果区,日较差大,主要受夜间最低气温影响较大。这种日较差组合特点符合张光伦(1987)苹果研究成果:夏季白天温度不过分高而有适当低的夜温,气温日较差大有利于光合作用,从而促进了糖苷和花青苷的形成,所以有利于果实着色、含糖量和品质的提高等理论。苹果果实着色成熟期日较差略低于前两个发育阶段,主要与秋季“低温阴雨寡照”的连阴天气有关,绵绵细雨的连阴雨天气,致使白天光照不足,温度不高,夜间阴云密布,温度不低,日较差相对较小。延安果区受阴雨影响较小,气温日较差较大,达 9.9~12.8℃,有利于果实干物质积累和着色,而其他三个果区受阴雨低温影响明显,日较差较小,仅 7.2~10.4℃。总体看,陕西渭北苹果种植区受大陆性气候和地形地貌影响,气温日较差明显优于同纬度东部地区。陕西主要果区及基地县不同时段日较差对比统计见表 3.9。

表 3.9　主要果区及基地县不同时段日较差对比统计(单位:℃)

果　区	站　点	4—5 月	6—8 月	9—10 月	年
延　安	安塞	15.5	12.8	12.8	13.7
	延川	14.7	12.3	12.1	12.9
	宝塔区	14.7	12.6	12.2	13.0
	延长	15.4	13.0	12.6	13.5
	宜川	15.2	13.1	12.4	13.3
	富县	16.0	13.3	12.7	14.3
	洛川	12.0	10.5	9.9	10.7

续表

果　区	站　点	4—5月	6—8月	9—10月	年
渭北西部	旬邑	12.6	11.1	10.0	11.2
	长武	12.7	11.3	9.7	11.1
	彬县	13.5	11.9	10.4	11.7
	永寿	10.6	9.9	8.3	9.3
	淳化	11.8	10.6	9.4	10.5
	宜君	9.1	8.1	7.2	8.0
	千阳	12.8	11.4	9.6	11.1
	陇县	12.8	11.4	9.5	11.1
渭北东部	印台区	11.8	10.7	9.5	10.4
	韩城	12.0	10.7	9.7	10.3
	合阳	12.6	10.9	9.9	11.0
	澄城	12.0	10.7	9.7	10.7
	白水	12.2	11.0	9.8	10.7
	蒲城	12.0	10.6	9.4	10.4
	耀州区	11.5	10.5	9.1	10.0
	富平	12.2	10.8	9.6	10.5
关中西部	凤翔	12.0	10.9	9.0	10.4
	陈仓区	12.1	10.3	8.8	10.2
	岐山	12.3	11.1	9.3	10.7
	扶风	12.3	10.9	9.3	10.7
	乾县	11.8	10.4	8.8	10.1
	礼泉	12.3	10.9	9.8	10.8

3.1.3　水资源

水分是苹果树体的重要组成部分,不同器官含水量达 50%～90%,水直接参与光合作用,是果树有机物合成的主要原料,是果树养分吸收、运输等生理活动的基质,是果树生长发育的基础。同时,水又是果树与其生态环境相互统一的媒介,土壤中所有矿物质都必须先溶于水后,才能被果树吸收或在树体内运转;水还由于具有较大的热容和蒸发耗热量,可有效调节树体温度变化,对果树与环境的关系起缓冲调节作用。总而言之,果树的一切生命活动只有在一定的水分条件下才能进行。水分的不同形态、数量和持续时间对果树的生长发育、生理生化活动产生重要的生态作用,进而影响果品的产量、品质及树体寿命。

(1)降水量

①年降水量

陕西果区大部分处在丘陵沟壑区,缺乏灌溉条件,不同形态的降水是果树水分的主要来源,降水量的时空分布直接影响着果树生长发育与产量、品质形成。

陕西果区年降水量 470～690 mm,除延川年降水量不足 500 mm 以外,其余果业县年降水量均在 500 mm 以上,其中年降水量 500～600 mm 的果业县占整个果区的 76%,601～700 mm 的果业县占 21%。受大气环流和地形影响,渭北西部和关中西部果区降水量明显多于北部和东部地区。但总体来看,陕西多数果区降水量处于果树生育适宜年降水量(500～800 mm)的下限水平,加之年际间变率大、季节分布不均等影响,开源节流、抑蒸保墒,缓解水分供需矛盾,提高水分利用效率应是陕西果品生产管理中不容忽视的主要问题。

各果区年降水量差异明显。延安果区年降水量最少,为 470～610 mm,平均 530 mm,最

大值在洛川,最小值在延川,其余县均在 500～550 mm 之间,80% 保证率的年降水量 380～
520 mm,水分条件是制约该区果树产量和品质提高的主要因素;其次为渭北东部果区,年降水
量 510～590 mm,平均 540 mm,最大值在铜川,最小值在富平,80% 保证率的年降水量 420～
510 mm;关中西部果区年降水量 530～640 mm,平均 585 mm,最大值在陈仓,最小值在乾县,
较渭北东部果区偏多 20～40 mm,80% 保证率的年降水量 450～520 mm;渭北西部果区降水
量最多,年降水量达 540～690 mm,平均 597 mm,80% 保证率的年降水量为 450～570 mm,宜
君受地形影响,暖湿空气爬升过程凝结易产生降水,使之成为整个果区雨量最大的县区,高达
688.2 mm(图 3.4)。

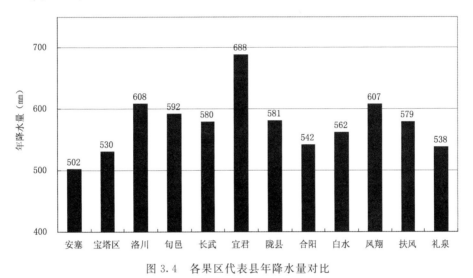

图 3.4　各果区代表县年降水量对比

　　果区年降水量虽不十分充足,但降水月际变化较大,春季 3—5 月降水较少,是对果树影响
最明显的时段。降水多集中在果树生长旺盛期的 7—9 月,该时段降水量占全年降水量的
50%～61%,且年内两个降水高峰期均出现在苹果树旺盛生长时段(7 月上旬,8 月下旬—9 月
上旬),而降水最少的时段的 12—2 月正好处于树休眠阶段,对果树基本无明显影响(图 3.5)。

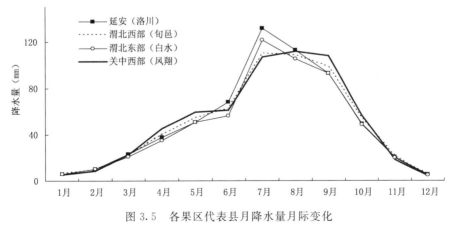

图 3.5　各果区代表县月降水量月际变化

②生长季降水量
陕西果区年降水虽不充足,但受大陆性气候影响,年内降水分布基本与苹果生长发育需水

规律吻合,苹果树生长期 4—10 月时段降水量 420~620 mm(平均为 510 mm),约占果区年降水总量的 88%~93%,80% 保证率的降水量 340~480 mm。果树生长季降水分布趋势与年降水量分布基本一致,西部多于东部、南部多于北部。延安、渭北东部果区时段降水量 430~540 mm,80% 保证率的降水量 340~460 mm,渭北西部、关中西部果区时段降水条件优于延安和渭北东部果区,降水量 470~620 mm,80% 保证率的降水量 370~480 mm。

③关键生育期降水量

4—5 月是苹果树开花、幼果发育和春梢旺长期,降水量的多少及第一场透雨出现时间的早晚对果树开花授粉和正常坐果有显著影响。花期水分太少,会缩短花期并显著降低坐果率,降水太多,又会造成授粉受精不良而落花落果。幼果期 5 月正是果实细胞分裂期,对水分十分敏感,属于苹果树水分临界期,少雨、干旱将显著影响苹果产量和品质。受大陆性季风气候影响,陕西果区 5 月至 6 月初出现少雨干旱的概率较高,对幼果发育和膨大有一定影响,其中延安和渭北东部果区一般旱情相对较重。该时段降水量延安果区 60~90 mm,渭北东部果区 80~90 mm,关中西部、渭北西部果区 90~110 mm。延安和渭北东部果区在苹果树开花和幼果形成期,应注重春灌,保证苹果坐果率;关中西部、渭北西部果区降雨较多时可加强人工授粉,解决果花授粉不良问题。

6—8 月是苹果果实膨大期,也是果树需水量最多的时期。据试验研究发现:果实日均增长量与降水量呈显著的正相关,相关系数达 0.628。陕西果区该时段降水较为充足,约占年降水量的 43%~60%,由北向南、由西向东呈减少趋势,延安、渭北西部果区 250~350 mm,渭北东部、关中西部果区 220~300 mm。6—8 月既是苹果需水量最多阶段,又是全年降水量最多时期,一般情况下,水分供需比较协调,基本能满足苹果树生长发育的水分需求。但是,有些年份由于副热带高压进退影响,降水时空分布不均,且多以阵雨或暴雨形式出现,径流多,渗透少,加之 7 月下旬—8 月上旬多有伏旱发生,局地不同程度的少雨干旱时有发生,对果实正常膨大有一定影响,严重时甚至会造成缩果、落果等。

9—10 月是晚熟苹果着色—采收期,降水量、降水日数的多少直接影响果实的正常着色及品质提升。秋季受大气环流调整及副热带高压东退影响,陕西果区多出现连阴雨天气,阴雨寡照对苹果着色产生严重影响。渭北西部、关中西部果区时段降水量 150~170 mm,降水日数达 21~25 天,较延安、渭北东部果区偏多 4~5 天;延安、渭北东部果区时段降水量 100~140 mm,降水日数 17~21 天(表 3.10)。

表 3.10　主要果区及基地县不同时段降水量及占年降水百分比统计

果区	站点	年降水 (mm)	80%保证率 (%)	3—5 月		6—8 月		9—10 月		
				降水量 (mm)	百分比 (%)	降水量 (mm)	百分比 (%)	降水量 (mm)	百分比 (%)	降水日数
延安	安塞	502.4	428	78.4	16	288.6	57	111.8	22	19.6
	延川	466.4	385	73.7	16	265.4	57	100.5	22	16.6
	宝塔	530.3	441	89.1	17	295.5	56	120.0	23	18.6
	延长	508.0	420	86.0	17	277.5	55	117.5	23	18.0
	宜川	538.7	440	92.2	17	291.8	54	124.5	23	19.4
	富县	556.5	469	100.7	18	290.7	52	131.5	24	19.9
	洛川	608.4	521	112.1	18	312.5	51	141.6	23	20.6

续表

| 果区 | 站点 | 年降水（mm） | 80%保证率（%） | 3—5月 | | 6—8月 | | 9—10月 | | 降水日数 |
				降水量（mm）	百分比（%）	降水量（mm）	百分比（%）	降水量（mm）	百分比（%）	
渭北西部	旬邑	592.3	504	117.5	20	281.3	47	152.5	26	22.0
	长武	579.5	472	115.6	20	272.9	47	150.5	26	22.6
	彬县	544.6	452	110.4	20	254.9	47	145.1	27	22.0
	永寿	579.4	489	120.9	21	260.8	45	154.8	27	22.8
	淳化	589.7	499	120.3	20	273.1	46	156.4	27	22.3
	宜君	688.2	571	127.4	19	345.0	50	168.2	24	21.8
	千阳	621.1	516	124.8	20	296.8	48	164.3	26	24.3
	陇县	581.0	461	110.1	19	290.3	50	152.7	26	23.0
渭北东部	印台区	589.2	507	111.1	19	296.0	50	143.6	24	21.2
	韩城	549.1	448	111.5	20	267.1	49	129.7	24	18.4
	合阳	541.9	452	106.9	20	265.9	49	131.5	24	18.8
	澄城	527.4	424	100.1	19	259.7	49	131.6	25	19.4
	白水	561.6	477	107.1	19	283.0	50	141.3	25	19.7
	蒲城	521.9	432	105.5	20	249.9	48	128.8	25	20.0
	耀州区	545.6	452	111.8	20	252.9	46	142.0	26	20.5
	富平	517.5	425	112.2	22	225.0	43	139.8	27	20.3
关中西部	凤翔	607.3	511	127.4	21	279.5	46	163.8	27	24.9
	陈仓区	638.6	515	130.3	20	300.5	47	172.8	27	23.8
	岐山	609.5	492	130.4	21	271.5	45	167.4	27	23.9
	扶风	579.1	481	128.1	22	250.7	43	161.5	28	22.8
	乾县	537.7	450	114.4	21	239.2	44	146.2	27	21.7
	礼泉	538.2	448	92.5	17	235.9	44	146.7	27	21.1

渭北西部、关中西部果区尤其要重视和加强果实着色—采收期果园铺设反光膜、摘叶转果等措施的落实，改善光照条件，减轻阴雨影响，促进果实着色和品质提升。同时，持续低温阴雨，易引发并加剧早期落叶病、炭疽病、黑点病等病害发生，应重视该时段果树病虫害的监测和防治，搞好防病保叶促果，实现增产提质。

果树在其生长发育的不同时期，对水分的敏感程度不一样。果树对水分最敏感的时期，也就是由于水分缺乏或过多，对产量影响最大的时期，称为果树的水分临界期。5月份是苹果果实细胞分裂、第一次膨大期，是果树生长的水分临界期，降水的多少直接影响当年的产量。据资料统计，2007年是陕西省苹果单产量最高的年份，达1525.7千克/亩，较2008年增产高达96.7千克/亩，产量的提高除与田间管理、生产成本投入增加有一定关系外，还与气候资源的时空分布密切相关。分析两个年份的气象资料发现，2007年、2008年的果树花期冻害影响程度均较小，2008年单产显著减小的原因除受1月初的低温雨雪冰冻及其他因素影响外，5月份的降水偏少也是其单产减少的重要原因之一。2008年全省果区75%的基地县5月份降水较2007年同期偏少5~8成，降水的不足直接限制了果实细胞分裂的数量及果实正常膨大，进而对产量形成造成一定影响，当年50%以上基地县苹果单产减少19~130千克/亩（表3.11）。

表 3.11　主要果区代表县 2007 年、2008 年 5 月份降水量对比分析

果　区	站　点	5 月降水量（mm）		降水量差值（mm）	单产差值（千克/亩）
		2007 年	2008 年		
延　安	安塞	34.6	10.7	−23.9	−28.4
	宝塔区	33.0	11.1	−21.9	−19.4
	洛川	35.1	10.3	−24.8	62.1
渭北西部	陇县	29.4	20.1	−9.3	141.3
	旬邑	41.6	9.0	−32.6	139.5
	长武	36.5	5.9	−30.6	−51.7
渭北东部	印台区	21.0	5.5	−15.5	−26.7
	合阳	21.6	35.9	14.3	117.7
	白水	15.1	14.9	−0.2	−126.4
关中西部	凤翔	32.0	16.0	−16.0	263.1
	扶风	24.5	12.1	−12.4	4.4
	礼泉	27.3	13.3	−14.0	−55.7

（2）蒸发量

蒸发量是指在一定时段内,经蒸发而散布在空中的水分数量。蒸发量主要受土壤湿度、空气湿度、气温、日照、风力、降水等诸多因素的影响。蒸发量大小对土壤湿度有直接影响,蒸发量与降水量结合进行分析可以较好地反映一个地区的干旱和湿润状况。一个地区如果蒸发量大、降水量少,蒸发降水差大(蒸发量—降水量),则反映该地区发生干旱或土壤干旱的概率大,果树水分供需矛盾突出,蒸发降水差小,则反映该地区相对较湿润,发生干旱概率较小。

由于缺乏大范围多年连续的果园蒸发观测资料,这里仅用主要果区气象台站蒸发观测资料进行简要分析,可大致了解主要果区干湿状况和趋势。陕西主要果区的年蒸发量 1300～2000 mm,由南向北逐渐增大。渭北东部果区是果区中蒸发量最大的地区,蒸发量 1500～2000 mm,其次为延安果区,由于海拔高、风速大,蒸发量也较大,为 1400～1700 mm,渭北西部、关中西部果区蒸发量较小,为 1300～1700 mm。苹果生产中,水分条件是制约其产量和品质提高的重要因子之一。在四大果区中,延安、渭北东部果区均存在蒸发量大而降水量少的矛盾,特别是渭北东部果区,年降水量是果区中次少的,平均仅 550 mm,而年蒸发量却是最高的,为 1740 mm,是年降水量的 3 倍多,平均蒸发降水差达 1200 mm,但由于该区水利条件较好,及时灌溉可减小不利条件对苹果生长的影响;延安果区蒸发降水差为次高区,由于该果区海拔高,灌溉不便,水分不足常影响苹果的正常生长,导致部分地区果个偏小,单产较低,因此该区要注重果园抑蒸保墒技术的开发利用及雨水收集利用系统建设,改善果园水分条件;渭北西部、关中西部水分条件较好,其中又以渭北西部为优,年蒸发量为最小,平均 1400 mm,而降水量又为最多,平均 600 mm,蒸发降水差仅 830 mm,水分条件优越对于苹果的提质增效有着显著的促进作用(图 3.6)。

受气候变化的影响,各果区的蒸发降水差也随之变化。近 30 年,四大果区除渭北西部蒸发降水差呈略减趋势外,减少率为 1.4 mm/10 年,其他果区均呈增加趋势,其中又以渭北东部果区增加显著,增加率为 8.3 mm/10 年,其次为延安果区,增加率为 4.0 mm/10 年,关中西部增势不明显,仅为 1.6 mm/10 年(图 3.7)。对于非灌区而言,蒸发降水差的增加则意味着土壤水分缺失日渐严重,干土层厚度将逐年增加,果树生长水分供需矛盾突出。

各果区月蒸发量的年内变化均呈单峰曲线,但峰值出现时间略有不同。渭北西部果区峰

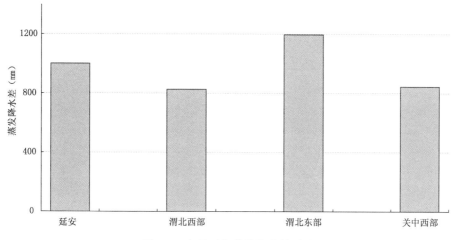

图 3.6　各果区年蒸发降水差对比

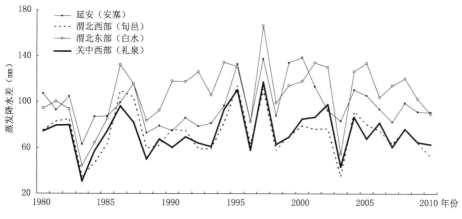

图 3.7　各果区代表县 1980—2010 年年蒸发降水差变化曲线

值出现在 5 月,延安、渭北东部果区同为 6 月,而关中西部果区则为 7 月(见图 3.8)。5、6 月陕西果区降水普遍偏少,风速较大,气温偏高,因而蒸发量大,常出现初夏干旱,此时苹果树正处幼果—第一次膨大期,需水量大,干旱不仅影响果实的细胞分裂和果实膨大,而且易加重生理性落果,对产量造成一定影响;7 月中旬前后陕西进入全年最热的三伏天,高温日数明显增多,此时关中西部蒸发量达到峰值,常出现伏旱,高温与干旱共同作用增加了果实发生日灼的概率,同时致使果实膨大受阻,降低了产量和果品商品率。

（3）相对湿度

空气相对湿度是影响果树蒸腾和吸收水分的重要因子之一。相对湿度较小时,果树蒸腾较旺盛,吸水较多;相对湿度过大时,果树的生长将受到抑制,果品品质降低,而且易患病虫害。

苹果生长要求的空气相对湿度较低,以年平均相对湿度在 70% 以下为宜,陕西大部分果区均在适宜范围内。延安、渭北东部果区年平均相对湿度 59%～66%,渭北西部和关中西部果区大部分年平均相对湿度 66%～70%,仅岐山、扶风两县年平均相对湿度略超过 70%,分别为 71%、72%。

果区月平均相对湿度年内变化一般表现为冬低秋高型。最小相对湿度出现在 1 月,延安、渭北西部、渭北东部果区月相对湿度 47%～61%,关中西部果区 58%～65%;最大相对湿度出现在 9 月,关中西部大部的 82% 左右,延安、渭北西部果区 73%～82%,渭北东部果区为 71%～76%(图 3.9)。

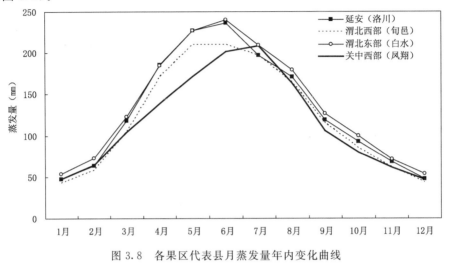

图 3.8　各果区代表县月蒸发量年内变化曲线

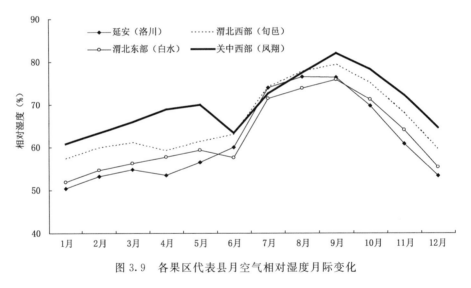

图 3.9　各果区代表县月空气相对湿度月际变化

　　陕西果区春季平均相对湿度 47%～70%,其中延安、渭北东部果区相对湿度 47%～63%,渭北西部、关中西部果区湿度稍大,为 61%～70%。苹果树开花期需要晴暖少雨天气,陕西果区春季一般晴天多,雨天少,总体对苹果开花、坐果比较有利。苹果树开花期相对湿度过小或出现大风、沙尘天气会使柱头失水变干,影响花粉附着和萌发,造成授粉受精不良而引起落花落果。如 2006 年,果树开花期陕西果区气温显著偏高、降水偏少,4 月 11—14 日果区出现了近 10 年最为严重的大风沙尘和强寒潮天气,关中西部和渭北东部果区受大风、沙尘和低温冷害的共同影响,致使花药和柱头发黑变干,明显影响果花授粉受精,中心花受损率达 30% 左右。个别年份遇低温阴雨天气,湿度大,使花粉失去活力,亦不利于授粉受精和坐果。如 2014 年 4 月,果区出现间断性持续阴雨天气,月降水日数达 7～15 天,月相对湿度 60%～80%,较常年同期偏高 1～2 成,降水过程恰与果树花期重合,造成花粉活力显著降低,蜜蜂等授粉昆虫活动受阻,严重影响果树授粉。据调查,部分果区苹果坐果率下降 20% 左右。

夏季 6—8 月陕西果区降水多,辐射强,气温高,蒸发量大,是相对湿度的高峰期之一。该时段适宜苹果生长的相对湿度指标是 60%～70%,果区 29 个基地县中有 18 个县该时段平均相对湿度在适宜范围内,而其余 11 县相对湿度略大,为 71%～73%。值得注意的是,夏季是果树旺盛生长期,枝叶繁茂,果园郁蔽比较普遍,尤其是一些以追求产量为目标的老果园,由于果树和树冠密度大,郁蔽更加严重,园内相对湿度过大,对果园小气候环境、果实膨大及果树病虫害发生流行均有明显影响。

秋季 9—10 月是相对湿度的另一高峰期,多数果区相对湿度在 70% 以上,尤其是 9 月份受阴雨影响,是相对湿度最高时段,该时段为苹果着色—成熟期,若空气湿度过大,苹果果面光洁度、着色、香气、品质和耐贮性均受影响,而且高湿条件易引发病虫害的蔓延,其中关中西部、渭北西部果区影响较重。主要果区及基地县不同时段空气相对湿度详见表 3.12。

表 3.12　主要果区及基地县不同时段空气相对湿度对比统计（单位:%）

果　区	站点	年	春季(3—5 月)	夏季(6—8 月)	秋季(9—10 月)
延　安	安塞	61	50	68	74
	延川	59	47	63	71
	宝塔区	60	51	67	72
	延长	62	52	68	74
	宜川	62	53	69	73
	富县	66	57	73	77
	洛川	62	55	70	73
渭北西部	旬邑	66	61	72	77
	长武	69	63	72	80
	彬县	67	61	70	78
	永寿	66	63	69	77
	淳化	67	63	71	78
	宜君	58	53	69	69
	千阳	70	67	72	80
	陇县	70	67	73	80
渭北东部	印台区	65	60	70	75
	韩城	59	54	64	69
	合阳	63	59	67	73
	澄城	61	56	66	72
	白水	62	58	68	74
	蒲城	62	58	65	72
	耀州区	61	57	65	71
	富平	66	63	66	75
关中西部	凤翔	70	68	71	80
	陈仓区	70	68	72	79
	岐山	71	70	71	81
	扶风	72	70	72	81
	乾县	66	65	66	76
	礼泉	70	67	71	80

3.2　气候变化与陕西苹果生产

全球气候变化对社会经济发展和人民群众生活都产生明显影响,尤其对农业的影响更加直接和显著。苹果作为多年生树木,其根系深、树体大,对气候变化具有一定的适应能力,但也存在气候变化影响的持续性、渐进性和突发性。因此,必须结合果区气候变化特点,对果树关键生育期气候条件进行综合分析,探讨气候变化的事实以及对苹果生产的影响。

3.2.1 气候变化事实及影响

近50年来陕西果区气候整体呈干暖化趋势,气温上升,降水减少,年日照时数变化差异较大;各果区苹果始花期和成熟期均呈现明显提前趋势,气象灾害除延安和渭北西部果区严重花期冻害有增加趋势外,其余果区一般和严重花期冻害均呈下降趋势,高温热害日数逐渐增加,连阴雨日数和次数总体减少,干旱呈增加趋势。

(1)热量资源变化事实

在全球气候变暖的大背景下,陕西果区热量资源变化与全球气候变化趋势基本一致。近50年来果区年平均气温、≥0℃积温、≥5℃积温、≥10℃积温等热量资源总体呈上升趋势,负积温呈下降趋势。延安果区增暖趋势最明显,渭北西部果区负积温减小趋势最明显。20世纪70到90年代陕西果区各年代的年平均气温均呈上升趋势,90年代升温趋势最明显;60年代及2000年以后年平均气温呈略减趋势(图3.10、3.11)。

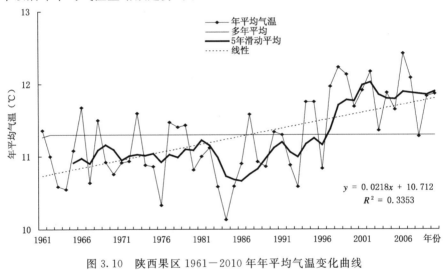

图 3.10　陕西果区 1961—2010 年年平均气温变化曲线

(2)水资源变化事实

陕西果区年降水呈波动式减少趋势,20世纪60—90年代,降水较多,年降水量多在平均值以上,90年代以后,降水呈明显减少趋势,特别是1991—2000年降水减少幅度大,其年平均降水量偏少52 mm/年(图3.12)。各果区降水减少幅度差异较大,其中延安果区减少趋势明显。

各果区降水量季节变化,春、秋两季降水量呈减少趋势,尤以春季减少明显,较60年代果区春季减少大部在40 mm以上,减少率达25%～50%,其中渭北东部和关中西部果区减少相对较多,减少率为40%～50%,渭北西部和延安果区减少相对较少,减少率在25%～40%。春季是果树萌芽、开花、坐果和春梢旺长期,对水分有一定的要求,土壤水分较少会引起果树生育期推迟、开花期的落花和坐果率下降、生理落果等一系列现象的发生。

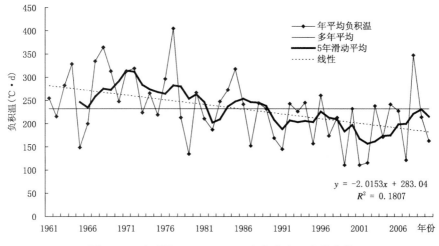

图 3.11　陕西果区 1961—2010 年年负积温变化曲线

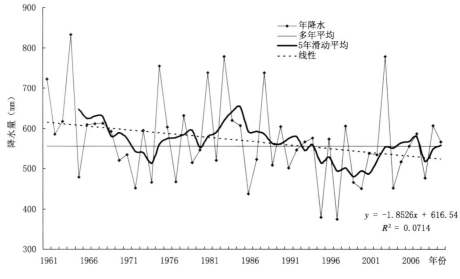

图 3.12　陕西果区 1961—2010 年年降水量变化曲线

（3）光资源变化事实

陕西果区年日照时数总体呈减少趋势,其中 20 世纪 60—70 年代年日照时数基本在平均值以上,日照偏多 92 小时/年,80 年代—90 年代中期,日照偏少明显,达 96 小时/年,90 年代中期以后,日照呈缓慢增加趋势(图 3.13)。陕西四大果区年日照时数年际变化趋势差异较大,渭北西部、渭北东部、关中西部均呈减少趋势,仅延安果区呈增加趋势,其中,关中西部果区日照减少趋势明显。延安果区是四大果区中年日照唯一呈增加趋势的果区,在此区中,除降水量略少外,其余气象因子均有利于优质苹果的生产,海拔高、污染少、光照充足,苹果含糖量高、口感好,果实着色度高,商品果优势明显。

（4）气象灾害变化事实

①花期冻害:

按照日最低气温$-2℃ < T_{\min} \leqslant 0℃$,$T_{\min} \leqslant -2℃$ 的标准,将苹果花期冻害划分为一般花

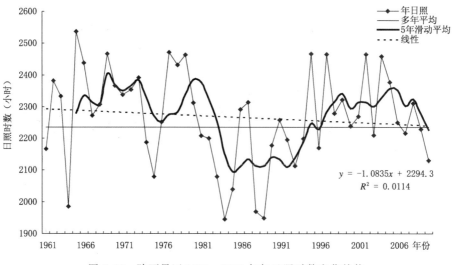

图 3.13　陕西果区 1961—2010 年年日照时数变化趋势

期冻害和严重花期冻害两种级别。果区花期冻害低温日数呈西北多、东南少的特点,即延安、渭北西部多于渭北东部、关中西部果区。各果区中延安和渭北西部果区严重花期冻害呈增加趋势,一般花期冻害渭北西部增加趋势,延安果区反之;渭北东部及关中西部果区一般和严重花期冻害均呈下降趋势(图 3.14、3.15)。

延安果区一般花期冻害总体呈线性减少趋势。20 世纪 70 年代到 90 年代中期,一般花期冻害低温日数逐年变化趋于平缓,90 年代中期到 21 世纪前 10 年有下降趋势,1998 年和 2004 年低温日数为 0,2010 年骤然增高,低温日数达 3 天,为 40 年来的最高值。严重花期冻害总体呈线性增加趋势。低温日数 20 世纪 70 年代到 90 年代中期逐年变化趋于平缓,90 年代中期到 90 年代末有下降趋势,21 世纪以来有增加趋势,2010 年达到 1.9 天,为 40 年来的最高值。

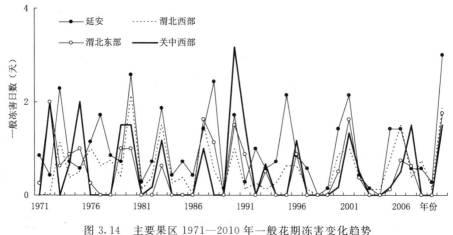

图 3.14　主要果区 1971—2010 年一般花期冻害变化趋势

渭北西部果区一般花期冻害呈线性增加趋势。低温日数动态变化总体呈明显的双峰变化。1980 年出现第一个峰值,为 2.1 天,创历史最高,20 世纪 90 年代到 21 世纪初,处于低值区,之后缓慢增加,2010 年出现第二个峰值。严重花期冻害亦呈线性增加趋势。低温日数动态变化总体亦呈明显的双峰变化,1979 年出现第一个峰值,20 世纪 90 年代到 21 世纪初,处于

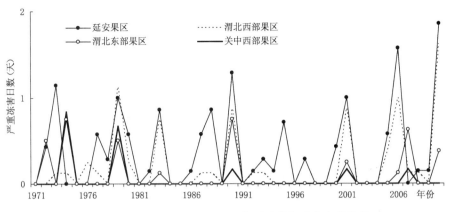

图 3.15　主要果区 1971—2010 年严重花期冻害变化趋势

低值区,之后呈增加趋势,2010 年出现第二个峰值,达 1.6 天,创历史最高。

渭北东部果区一般花期冻害总体上呈线性减少趋势。低温日数动态变化呈两头高中间低,20 世纪 80 年代前后出现一个低值区,21 世纪初期出现第二个低值区,极大值出现在 1972年,为 2 天,次极大值出现在 2010 年。严重花期冻害亦呈线性减少趋势。低温日数 20 世纪80 年代中期到 20 世纪末处于低值区,1974 年和 1990 年分别出现两个峰值区,为 0.75 天。

关中西部果区一般花期冻害程度轻,许多年份基本无冻害发生,呈线性减少趋势。20 世纪 70 年代到 90 年代中期,一般花期冻害低温日数逐年变化趋于平缓,90 年代中期到 21 世纪前期有下降趋势,2005 年以后呈现略增趋势,极大值出现在 1990 年,为 3.2 天。该区基本无严重花期冻害发生。40 年来严重花期冻害低温日数呈明显的单峰变化,低温日数极大值出现在 1974 年,为 0.8 天,次极大值出现在 1979 年。

②高温热害

按照日最高气温 35.0℃≤T_{max}<38.0℃,T_{max}≥38.0℃的标准,将苹果膨大期(6—7 月)高温热害分为一般高温热害和严重高温热害两种级别。陕西果区高温热害总体呈南高北低,东高西低的分布,且高温日数逐渐增加,其中 20 世纪初十年高温热害日数明显增加,80 年代多为高温热害低发年份,60、90 年代高温热害日数较高,70 年代次之,一般和严重高温热害日数各果区表现类似。四个果区中关中西部果区受高温热害影响最大,其次是渭北东部、延安和渭北西部果区(图 3.16、3.17)。此外,各果区除延安、关中西部果区在个别年代 7 月高温日数略少于 6 月外,其余均是 7 月高温日数高于 6 月,且一般高温热害的影响程度及范围均大于严重高温热害(表 3.13、3.14)。

③连阴雨

果区着色成熟期(9—10 月)连阴雨次数和日数由少到多依次是延安、渭北东部、渭北西部和关中西部果区,连阴雨次数分别为平均每年 1.0～1.4 次、1.2～1.6 次、1.5～1.8 次、1.5～2.0 次,连阴雨日数,延川最少,年均 9.9 天,凤翔最多,为 16.7 天。连阴雨日数总体为减少趋势,其中关中西部果区减少趋势最明显,其次是渭北西部、渭北东部和延安果区;渭北东部、渭北西部和关中西部果区 1961—1970 年发生连阴雨次数最多,2000—2010 年次数次之,1991—2000 年次数最少,总体呈现出下降—上升—下降—上升的波浪式变化特征。而延安果区2000—2010 年发生连阴雨次数最多,1961—1970 年次之,1991—2000 年次数最少,总体呈现出在 20 世纪后半期持续下降 21 世纪显著增多的趋势(图 3.18、3.19)。

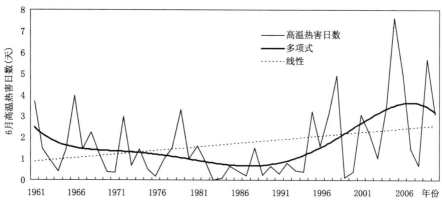

图 3.16 陕西果区全区 1961—2010 年 6 月高温热害动态变化

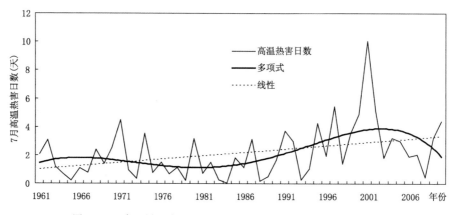

图 3.17 陕西果区全区 1961—2010 年 7 月高温热害动态变化

表 3.13 主要果区 6 月高温热害年代际总日数分布(单位:天)

高温热害	年代际(年)	延 安	渭北西部	渭北东部	关中西部	全 区
一般	1961—1970	10.24	6.75	30.69	27.69	14.70
	1971—1980	7.53	5.34	27.05	24.78	11.98
	1981—1990	1.60	2.67	17.67	19.46	5.96
	1991—2000	11.01	6.56	24.66	28.63	14.28
	2001—2010	22.52	19.40	40.32	54.82	27.98
严重	1961—1970	1.10	1.71	6.67	6.26	2.54
	1971—1980	0.14	0.00	3.57	3.03	0.94
	1981—1990	0.00	0.00	1.21	1.22	0.31
	1991—2000	0.12	0.85	2.56	3.55	0.92
	2001—2010	4.33	1.66	6.87	12.74	5.19
合计	1961—1970	11.34	8.46	37.36	33.95	17.24
	1971—1980	7.67	5.34	30.63	27.81	12.92
	1981—1990	1.60	2.67	18.88	20.69	6.26
	1991—2000	11.12	7.42	27.22	32.19	15.20
	2001—2010	26.84	21.06	47.19	67.55	33.17

表 3.14 主要果区 7 月高温热害年代际总日数分布(单位:天)

高温热害	年代际(年)	延 安	渭北西部	渭北东部	关中西部	全 区
一般	1961—1970	7.22	5.86	33.53	40.66	14.36
	1971—1980	10.51	7.53	35.56	31.20	16.07
	1981—1990	7.47	3.40	24.42	17.54	10.62
	1991—2000	22.06	12.53	44.63	49.77	27.08
	2001—2010	34.62	12.15	35.47	42.24	32.73
严重	1961—1970	0.00	0.11	4.83	3.39	1.10
	1971—1980	0.13	0.35	2.08	2.38	0.67
	1981—1990	0.13	0.00	0.91	0.48	0.27
	1991—2000	1.95	1.41	4.43	3.75	2.45
	2001—2010	1.65	0.29	4.13	6.79	2.36
合计	1961—1970	7.22	5.98	38.36	44.04	15.46
	1971—1980	10.63	7.88	37.64	33.58	16.75
	1981—1990	7.60	3.40	25.33	18.02	10.89
	1991—2000	24.01	13.94	49.06	53.52	29.52
	2001—2010	36.27	12.44	39.60	49.03	35.08

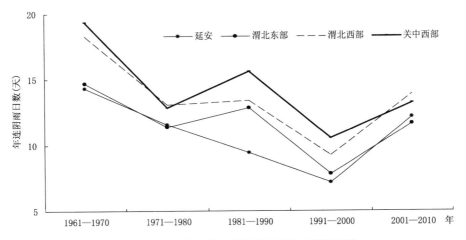

图 3.18 主要果区代表县连阴雨日数年代际变化

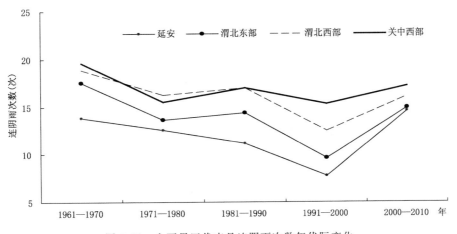

图 3.19 主要果区代表县连阴雨次数年代际变化

④干旱

以年尺度的标准化降水指数 SPI_{12} 来描述陕西果区干旱情况。1961—2010 年各果区无旱的比例较大，分别占各果区的 68.6%～74.5%，中旱、重旱和特旱的比例占 16.7%～9.8%。1965 年以前未发生气象干旱，1965 年全区发生轻度干旱。整个 70 年代偏旱，80 年代初则多为正常年份，1986 年全区发生了中等强度气象干旱。1995—2000 年偏旱，且程度有所增加，1995 年、1997 年全区发生了重度的气象干旱。2001 年后干旱有所缓解，2004 年、2008 年全区发生了轻度干旱(图 3.20)。总体上，果区年干旱呈加重趋势。各果区中，延安果区的中—特旱发生频率最高，关中西部果区发生频率最低。在空间分布上，近 50 年陕西果区干旱主要发生在陈仓、彬县、白水、宝塔区，其中陈仓频率最高。

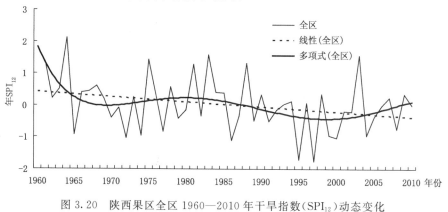

图 3.20 陕西果区全区 1960—2010 年干旱指数(SPI_{12})动态变化

(5)果树生育期变化事实

陕西苹果各果区始花期在 20 世纪 90 年代后大幅提前，且出现变幅增大、始花期不稳定的趋势，渭北西部果区提前趋势最为明显(图 3.21)，成熟期亦出现逐渐提前的趋势，提前幅度较始花期小。旬邑始花期平均每 10 年提前达 7.1 天，礼泉为 3.2 天，物候资料序列较短的洛川平均每 10 年始花期提前 0.8 天。以观测资料较为完整的礼泉为例，礼泉县 70 年代平均始花期在 4 月 16 日，90 年代以后始花期提前速率明显增大，进入 21 世纪，始花期提前趋势更加显

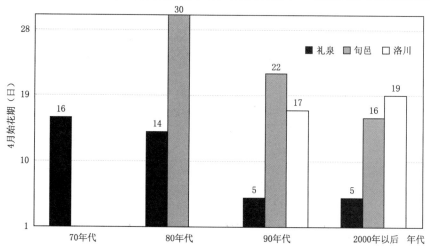

图 3.21 礼泉、旬邑、洛川县苹果树始花期年代际变化

著,到 2013 年始花期出现在 4 月 5 日,较 70 年代提前了 11 天,成熟也由 20 世纪 80、90 年代的 10 月 2 日提前至 21 世纪 10 年代的 9 月 27 日,提前了 5 天。

总之,在全球气候变化的背景下,陕西果区气候变化的事实是客观存在的,而且气候变化也对陕西当地这个 65 万公顷的种植规模、近 30 年的种植历史的苹果产业产生了潜移默化的影响,这种影响是气候环境中各要素共同作用的结果,既有有利的一面,也有不利的一面。同时,陕西苹果产业也在逐渐适应这种变化,趋利避害,挖潜资源优势,通过果区热量的增加,突破了苹果种植区北界,扩大了产业种植规模;果农防灾减灾的意识也在不断增强,经历了气象灾害灾前、灾中、灾后的系列化防御实践,气象灾害的损失比率逐渐降低。

3.2.2　气候变化预估及影响

采用陕西 29 个苹果基地县 2012—2060 年的 A1B(中等排放情景)下气候情景数据,利用统计方法分析了在气候变化背景下,陕西果区未来 50 年水资源、热量资源、气象灾害和果树物候期等变化趋势情况。

(1)水资源变化预估

苹果开花期至膨大期(4 月—9 月上旬)降水偏多有利于苹果产量的形成,在对未来果区水资源变化预估中,以 1981—2010 年 30 年该时段内降水资源的平均数据作为比较因子,采用 2012—2060 年的 A1B 下气候情景数据,计算降水距平百分率并进行四次多项式拟合,并以此进行分析与研究。

结果表明陕西果区在 2060 年前,其主要生育期降水资源均为缓慢上升趋势。大体上 2012—2030 年为相对干旱期,较近 30 年相比,其降水距平百分率在 −5%～10% 之间;2030—2060 年为逐渐湿润期,各果区降水量较近 30 年将逐渐提高 40%～70%,各果区中,渭北东部果区的降水资源的增幅最大,而关中西部果区的增幅相对最小,且前期旱情最为明显。

(2)热量资源变化预估

在苹果气候产量的形成中,果实膨大期(5 月下旬—8 月中旬)的气温因子具有较大贡献,气温偏高将有利于苹果产量的形成。在对未来果区热量资源变化预估中,以 1981—2010 年 30 年 5 月下旬—8 月中旬时段内平均气温数据作为比较因子,采用 2012—2060 年的 A1B 下气候情景数据,计算距平并进行 4 次多项式拟合,并以此进行分析与研究。

预计未来 50 年,各果区在苹果膨大期的平均气温均将经历一个逐渐增高的过程,至 2050 年前后达到高点,随后开始下降。分年代看,2012—2030 年,各果区平均气温均较近 30 年平均值偏高,到 2030 年偏高幅度在 3.8～4.5℃;至 2040 年各果区偏高幅度进一步扩大,达 4.3 ～5.0℃;在 2050 年前后各果区平均气温将较近 30 年同期增高 4.5～5.0℃,随后开始下降,至 2060 年,各果区偏高幅度在 3.5～4.2℃。各果区中,渭北东部果区增温幅度最大,关中西部果区增温幅度最小,2050 年,果实膨大期平均气温将较近 30 年同期增高 4.2℃。与此同时,渭北西部和关中西部果区在 2050—2060 年间,苹果膨大期平均气温下降幅度较延安和渭北东部果区明显,在 10 年间平均气温将下降 1℃ 左右。

(3)苹果主要气象灾害风险预估

① 花期冻害风险预估

以陕西果区 2012—2060 年 A1B 下日最低气温气候情景模拟数据为依据,按照日最低气温 $-2℃ < T_{min} \leqslant 0℃$, $T_{min} \leqslant -2℃$ 的标准,将苹果花期冻害划分为一般花期冻害和严重花期

冻害两种级别,以此对未来陕西果区花期冻害风险进行预估。

未来50年陕西果区花期冻害依然呈现西北多,东南少,延安果区多于渭北西部、渭北东部、关中西部果区的特点。一般及严重花期冻害在2012—2030年间将加重发生,2030—2060年其发生日数将逐渐减少并略低于1981—2010年的平均水平。

② 高温热害风险预估

陕西果区高温热害多发于6—7月,利用果区2012—2060年的A1B下该时段日最高气温气候情景模拟数据,按照一般高温热害($35℃ \leqslant T_{max} < 38℃$)和严重高温热害($T_{max} \geqslant 38℃$)的划分标准,对每年6—7月各级高温热害日数进行统计,并对其时空分布特征及规律利用4次多项式拟合结果进行分析。

未来50年,陕西果区严重高温热害发生日数明显高于一般高温热害发生日数,其中渭北东部和关中西部果区的严重程度大于延安和渭北西部果区。在一般高温热害中,各果区间差异不大,但在2012—2040年发生频次逐渐增多,2040—2060年逐渐减少;在严重高温热害灾害中,渭北西部、延安、渭北东部和关中西部果区发生日数依次递增,且年代际变化不明显。

③ 干旱灾害风险预估

干旱特征的定量表达方法较多,本节主要采用标准化降水指数SPI(Standardized Precipitation Index),利用未来50年A1B中等排放情景下果区SPI气候情景模拟数据,并按照《GB/T 20481—2006》国家气象干旱等级标准将气象干旱划分为五个等级(无旱、轻旱、中旱、重旱和特旱),以此来描述以气象干旱为主的果区干旱情况。

未来50年,陕西果区干旱风险逐渐下降,各果区中,延安果区的中—特旱发生频率最高,关中西部果区发生频率最低。空间分布上表现为渭北西部、关中西部果区干旱频率显著下降,其次是渭北东部和延安果区;干旱频率分布上南低北高,东西低中间高。各季中,春季干旱频率明显下降,夏季干旱频率明显增加,秋季干旱频率有所下降,冬季干旱频率明显下降。

④ 苹果成熟期连阴雨灾害风险预估

陕西苹果果区位于渭北黄土高原,年平均连阴雨天气过程2~4次,并以秋季多发。

预计未来50年在中等排放情景下果区秋季(9—10月)连阴雨日数和次数由少到多依次是延安、渭北东部、渭北西部和关中西部果区,且连阴雨日数总体为减少趋势,其中关中西部果区减少趋势最明显;其次是渭北西部、渭北东部和延安果区。从时间序列看,各果区连阴雨发生日数均呈下降—上升—下降的趋势,转折点分别在2030和2050年前后。此外,各果区连阴雨次数普遍呈现缓慢增加的趋势。

(4)果树生育期变化预估

在筛选出苹果始花期和可采成熟期相关气候因子基础上,利用未来50年A1B中等排放情景下果区相关气候因子的模拟数据,建立单项或多项物候期线性回归预测模型,对苹果树始花期、成熟期等主要生育期进行预估。

未来50年,陕西果区始花期及成熟期将较过去50年显著提前,尤其在21世纪20年代,始花期和成熟期均有加速提前的趋势。以礼泉为例,富士苹果始花期在20世纪90年代中期以前维持在第100天以后,即4月上旬以后,从20世纪90年代中期以后提前趋势明显,以3天/10年的速率提前,预计到2060年,礼泉县富士苹果始花期将主要出现在3月中下旬;可采成熟期也将由21世纪10年代的第270天,提前至21世纪50年代的第243天,即50年后可采成熟将主要出现在8月末到9月初。

通过对未来 50 年陕西果区气候资源、气象灾害及主要物候期变化预估分析,发现陕西果区气候资源将向暖湿方向发展,气象灾害总体呈现略增趋势,主要生育期将提前,总体上对陕西苹果提质增产比较有利,亦存在有碍于苹果生长的负面效益。因此,应重视资源利用,优化品种结构。可根据气候资源条件,通过引育新品种、调整目前各品种种植面积等措施,优化品种结构,实现早、中、晚熟品种和鲜食与加工品种合理配置。建立健全防灾减灾体系。预计未来 50 年,陕西果区花期冻害、高温热害等气象灾害将呈加重趋势,各地应根据不同灾害发生的时空分布特点,制定本区域的防灾减灾体系,同时注重防灾实用技术的研发,并进行示范、培训和推广,切实减少气象灾害对果品生产的影响。加强病虫害综合防治。气候资源向暖湿方向变化将有利于苹果树生长发育和产量、品质提高,但暖湿气候条件亦有利于病虫害的暴发与流行,尤其是越冬期温度的升高,将大幅增加病虫害越冬基数,应加大病虫害监测防控力度。

3.3　提高果区气候资源利用效率的途径

陕西果区具有光照充足、气温降水适宜、日较差大等气候资源优势,同时也存在种植历史短,果园密度和树体结构不尽合理、管理经验不足等问题,致使相当一部分果园存在郁蔽严重,园内小气候内循环明显,影响果园与周围环境的对流交换,不利于将气候资源优势转化为果树的生长优势和果品的产量、品质及市场竞争优势。

2001 年起陕西省果业局大力推广以改善果园小气候和土壤肥力为中心的"大改型、强拉枝、巧施肥、无公害"四项关键技术,有效地缓解了果园的郁蔽程度,改善了果园的光、热条件和土壤肥力状况,促进了果园小气候和气候资源的利用效率,对陕西苹果产量,尤其是品质和商品率的提升发挥了重要作用,促进了陕西苹果质量效益迈上新台阶。现结合生产实际调查和资料分析,对陕西果区提高气候资源利用效率,将气候资源优势转化为果品生产优势和市场竞争优势提出一些看法和建议。

3.3.1　提高苹果光能利用率的途径

包括果树在内的所有绿色植物,只有在太阳光作用下,从周围环境摄取 CO_2,通过叶绿素的生理机制进行光合作用,才能合成碳水化合物等营养物质。绿色植物生物层 90% ~ 95% 的干物质是叶绿素截获太阳能进行光合作用而形成的,所谓苹果光能利用率(f),就是把单位面积产量中(干物质)包含的能量(En)与苹果生长期中投射到该单位面积上的生理辐射总能量(Ln)之比。即:

$$f = En/Ln = y \cdot Hn/Ln$$

式中 f 为苹果经济产量的光能利用率,y 为苹果的经济产量(干物质 g),Hn 为 1 g 干物质燃烧时释放出的热量(cal),一般取 4250 cal,Ln 为苹果生长期光合有效辐射能量的总和。如果计算某一时段的光能利用率,则上式可改写为:

$$f = Hn \cdot \Delta Y/\Delta Ln$$

式中 f、Hn 与上式相同,ΔY 为单位面积该时段内干物质的增长量,ΔLn 为该时段内光合有效辐射能量的总和。

光能利用率大小标志着一个地区农业基础设施、生产管理水平、产量高低及植物本身对太阳光能利用程度等状况。理论计算的光能利用率,是在光热水条件最佳匹配和农业生产管理水平先进条件下,作物对光合有效辐射的利用效率。生产实践中由于受生产力水平、自然因素和果树本身生物学特性等影响,苹果实际的光能利用率与理论计算的光能利用率还有相当大的差距。改善果园基础设施和管理水平,促进光、热、水等资源的合理匹配,提高苹果光能利用率和产量水平大有潜力可挖。例如以最高亩产 1 万千克计算,光能利用率 1.5% 左右,以中等水平果园亩产 2000 千克计算,光能利用率仅为 0.3%,与理论计算的光能利用率 5%～6% 还有很大的差距。应该结合生产实际,针对生产中的实际问题,有的放矢地改善果园基础设施,提高管理水平,促进光热水肥等资源的合理匹配和转化,提高光能利用率,促进苹果产量和品质再上一个新台阶。

(1)调整结构、减少郁蔽,增大果实膨大期透光率和果园内外空气对流交换,提高果树光能利用效能。

苹果膨大期的 6—8 月,既是苹果产量品质形成的关键时期,又是果区光、热、水等气候资源最丰富的优势时段,是提升果树光能利用率最有效最关键时期。但由于长期以来存在着以追求产量为目标的思想和现象,致使园内果树栽植和树冠结构普遍密度过大,尤其随着种植时间延长,树体和树冠逐渐扩大,果实膨大期果园郁蔽,尤其是老果园树冠郁蔽十分突出,严重影响果树叶片受光,中下部叶片受光量尤其不足,显著影响果园整体光合作用强度和干物质积累;加之果园密度过大,果园下气候内循环增强,不利于果园内外气流交换和循环,极易出现果园内 CO_2 浓度降低,直接影响果树光合产物的制造和积累。苹果果实膨大期树冠和果园郁蔽,是影响优势时段光、热、水等资源优势转化为苹果产量和市场竞争优势的主导因子,是制约提高当地光能利用率的主要限制因素。各地应重视果园结构调整,尤其是密度过大的老果园,可通过适当间伐降低果园密度,狠抓夏剪和疏枝等减轻果实膨大期树冠和果园郁蔽,增强果园通风透光和气流交换,提高光能利用效率。

(2)狠抓苹果开花—幼果期防寒抗旱,扩大叶面积,增加光合产物积累。

苹果开花—幼果期处于冬夏冷暖气团进入交替时段,开花期前后冷空气活动频繁,气温波动大,受其影响,极易出现果花和叶片受冻,而幼果期的 5 月至 6 月前期,受大气环流调整影响,经常出现春末初夏干旱,明显影响叶面积增加和幼果生长发育。开花幼果期的低温干旱影响该时段叶面积的迅速扩大,导致叶片截获光亮少,透光量大,造成了光资源的极大浪费,显著影响光合效率的提升和光合产物的积累。例如:2010 年 4 月 12—15 日陕西果区出现了明显的低温雨雪天气,极端最低气温达 $-8～0℃$,使部分花果和叶片受冻,加之 4—6 月又出现阶段性低温,导致多数果区 $\geqslant 0℃$ 积温较常年同期偏低 80～130℃·d,生育期较常年推迟 7～10天。8 月下旬实地调查显示,洛川苹果研究开发中心果园 2010 年苹果平均单果重 105.4 克,平均横径 63.3 厘米,分别比 2009 年同期单果重轻 24.6 克,横径小 1.8 厘米。2008 年 5 月份陕西果区出现大范围少雨干旱天气,月降水量显著少于相邻的 2007 年和 2009 年,2008 年果区平均亩产仅 1429 千克,比 2007 年、2009 年亩产分别减少 97 千克、3 千克(表 3.15)。5 月份少雨干旱不一定是 2008 年苹果减产的唯一原因,但少雨干旱造成苹果叶面积扩大缓慢,干物质积累减少,细胞分裂减少,无疑是影响当年产量的一个重要因素。

表 3.15　主要果区 5 月降水量对苹果产量影响对比 (单位：mm)

年份	延 安	渭北西部	渭北东部	关中西部	果区平均降水量	平均亩产 (千克)
2007	40.9	31.9	21.1	29.4	30.8	1525.7
2008	13.1	17.3	17.4	14.4	15.6	1429.0
2009	79.9	72.3	119.1	82.1	88.4	1432.0
2010	45.0	71.1	52.2	47.2	48.0	1462.0
2011	51.5	64.5	54.4	79.7	69.8	1530.0
2012	39.2	53.5	34.4	85.9	52.3	1576.0
2013	56.5	90.0	68.1	111.9	81.1	1474.0

苹果开花—幼果期既是叶面积增长迅速、光合产物合成和积累的关键时段，又是果树生育期中漏光率最大、光资源浪费最显著的时期，狠抓以"避"、"抗"、"防"、"补"为中心的增强树势、改善果园小气候措施的贯彻落实，可最大限度地减轻花期低温冻害对果树的影响和危害。在幼果期的 5—6 月初要狠抓以果园灌溉、覆盖和蓄水保墒为中心的改善土壤墒情措施的实施，缓解幼果期少雨干旱对叶面积增加、光合产物合成积累的影响，促进果树叶面积系数的迅速扩大，提高光资源利用效率。

(3) 重视果实着色期果园铺设反光膜，改善果园光照条件、增加果重，促进着色。

苹果果实着色期光照条件如何，对苹果的着色度、产量乃至果品的商品率、市场竞争力和种植效益都有显著影响，狠抓果实着色期光资源调控是实现苹果提质增效的关键环节。受大气环流和地形地貌影响，陕西果区苹果着色期的 9 月多阴雨天气，日照时数显著偏少，受"华西秋雨"影响明显的关中和渭北西部果区，阴雨日数偏多、日照时数偏少尤为明显。与 8、10 月相比，9 月日照时数的偏少，除了本月日数偏少 1 天外，主要受 9 月阴雨日数偏多所致。各果区 8、9、10 月日照时数、降水日数统计结果详见表 3.16。

表 3.16　主要果区 8、9、10 月日照时数、降水日数统计

月份	延 安		渭北西部		渭北东部		关中西部	
	日照时数 (小时)	降水日数 (天)	日照时数 (小时)	降水日数 (天)	日照时数 (小时)	降水日数 (天)	日照时数 (小时)	降水日数 (天)
8	216.1	12.0	198.6	11.7	227.1	10.0	196.3	11.0
9	176.3	11.0	145.5	12.4	170.8	11.1	140.9	12.4
10	183.7	7.9	152.8	10.0	175.7	8.7	143.1	10.6

针对苹果着色期对气候生态环境的需求和 9 月份天气气候特点，狠抓苹果着色期铺设反光膜，改善果园光照条件，有利于增加光合产物合成和积累，促进果实着色和果重增加。据李怀川等 1997 年在陕西合阳县试验表明：铺反光膜果园反射辐照度 $35\sim88\ \mu mol \cdot s^{-1} \cdot m^{-2}$，而对照果园仅为 $10\sim20\ \mu mol \cdot s^{-1} \cdot m^{-2}$，树冠下层铺反光膜果园反射辐照度则是对照果园的 $6\sim8$ 倍；铺反光膜果园平均着色指数达 83.5%，较对照果园提高 26%，树冠下层着色指数较对照果园提高 33%～41%。1992 年在陕西淳化试验表明：铺反光膜整株果树单果重比对照果园平均增重 22 克/千克，可溶性物质增加 2%～3%。陕西各果区尤其是"华西秋雨"影响较明显的渭北西部和关中果区应将果实着色期铺设反光膜作为苹果生育期增光提质增效的重要措施，认真贯彻落实，趋利避害，提高光资源利用效率，全面提升陕西苹果的市场竞争力和种植效益。

3.3.2　提高苹果水分利用率的途径

陕西果区地处黄土高原腹地,大陆性季风气候特征明显,降水少、时空分布差异悬殊是其水资源的主要特征,也是制约水分利用效率的主要限制性因素。抓好灌溉和蓄水保墒,合理开发利用水资源,提高水分利用效率是促进陕西苹果提质增效和可持续发展的关键措施。

所谓水分有效利用率是指单位面积蒸散消耗的水分量与所制造的干物质总量之比,其表达式为:

$$U_w = y_d / E_t$$

式中 U_w 为水分有效利用率,y_d 为单位面积上收获的干物质总量,E_t 为单位面积上的蒸散量。U_w 值大,说明水分利用率高,即单位面积蒸散消耗一定水量所收获的干物质多,用水经济;否则,单位面积蒸散消耗水量多,收获的干物质少,说明 U_w 值小,水分利用率低,用水不经济。结合陕西果区天气气候特点及苹果生长发育对生态气候需求分析,提高苹果水分利用效率关键是要适时适量灌溉与覆盖保墒,减少土壤水分的无效蒸发消耗,提高水分参与光合产物合成和积累的份额,真正把有限的水资源转化为苹果产量和品质的生产优势。结合陕西果区降水的时空分布特点,应抓好以下几项水分调控措施。

(1)适时灌溉补水,满足苹果树体生长发育对水分需求

陕西果区 29 个苹果基地县年降水量 470～690 mm,平均为 563.8 mm,其中 500～600 mm 的县有 22 个,占 75.9%,600 mm 以上的县有 6 个占 20.7%,500 mm 以下的县有 1 个占 3.4%,基本上处于苹果气候区划适宜指标 500～800 mm 的下限范围。尤其是渭北东部和延安果区年降水量大多在 550 mm 以下,是灌溉补水的重点区,应重视开发水资源,狠抓适时适量灌溉补水、提高水利用效率,同时应注重雨水收集设施的建设,减少地面径流。

受大陆性季风气候影响,陕西果区降水的年、季节分布差异悬殊,往往与苹果不同生育阶段的生理生态需水形成较大差异,致使苹果某些生育阶段水分供需矛盾突出。水分供应不足易造成膨压减低、光合产物合成积累减少,影响叶片、枝条和果实生长发育,进而影响产量和品质提升。根据别洛博多娃计算苹果最适宜需水量计算方法,苹果各阶段需水量与陕西果区降水量比较详见表 3.17。

表 3.17　陕西果区代表县果树生长不同阶段需水量与降水量比较 (单位:mm)

内容 / 站点	生育期	开花—幼果期 (4—5月)	果实膨大期 (6—8月)	着色成熟期 (9—10月)
需水量		143.5	296.6	119.9
水分供需差	洛川	−54.5	15.8	21.7
	旬邑	−48.2	−15.3	32.6
	礼泉	−51.0	−60.7	26.8
	合阳	−56.1	−30.7	11.6

由表 3.17 可以看出,苹果水分供需矛盾的突出时段主要在开花幼果期的 4—5 月,受大气环流调整影响,陕西果区在春末夏初的 4—6 月前期降水较少,易出现干旱,而此时苹果树处于开花和新梢旺盛生长阶段,属水分临界期,水分供应充足与否对新梢生长、树体发育及产量品质有显著影响,是苹果树灌溉的关键时期,应结合土壤墒情、天气气候特点适时适量进行灌溉。

果实膨大期的 6—8 月既是苹果需水最多时期,同时也是陕西果区降水最丰沛的时段,约

占年降水量 50％左右。但由于该时段阵性降水较多,径流量大,降水有效性相对较差,加之该时段气温高、蒸发量大,阶段性水分供需矛盾仍较明显,尤其要重视 7—8 月上旬伏旱对果实膨大的影响,应适时适量灌溉补水。

(2)狠抓果园覆盖抑蒸、蓄水保墒,提高水分利用效率

陕西果区既存在降水量少、蒸发量大,水分供需相对紧张的问题,同时又有黄土层深厚、蓄水保墒能力强,土壤水分供需调控潜力较大的特点。有关试验表明:深翻中耕、果园覆草、覆膜、覆沙等均能明显抑制蒸发,蓄水保墒效果显著。尤其春季土壤解冻后,升温快、风多且大,果园叶片少,覆盖度低,土壤水分蒸发量大,是果园土壤水分丢失最快时期,应早抓土壤解冻—汛雨来临之前果园耕作覆盖、蓄水保墒措施,减少土壤水分蒸发消耗,提高水分利用效率。

(3)果园种草、增施有机肥改善土壤环境,提高土壤水分利用效率

陕西果区普遍存在土壤有机质含量低,团粒结构少,土壤板结,肥力不足,水、热等土壤小气候不稳定,也是水分利用率不高的重要因素。应通过果园增施有机肥、种草等途径增加土壤有机质含量和团粒结构,提高土壤肥力和蓄水保墒能力,改善果园土壤小气候,提高水分利用效率。在果园种草时要注意不要种植与果树争肥争水的高秆禾草,应选择耐阴固氮的豆科禾草种植,同时要注意及时刈割、覆盖,增加土壤有机质,提高土壤保水性能和水分利用效率。

3.3.3　深化"四项关键技术"开发,提高气候资源综合利用效率

陕西苹果"大改形、强拉枝、巧施肥、无公害"四项关键技术,是 2001 年由陕西省果业管理局深入生产实践调查,根据生产中存在的突出问题而提出来的,是陕西苹果由规模效益型向质量效益型过渡转化的产物,具有较强的针对性、适用性和可操作性。几年来,通过"四项关键技术"的持续推广应用,广大果农和科技人员在苹果优质生产技术观念上发生根本性转变,"优质适产"、"质量效益"逐渐成为苹果生产技术路线的指导思想,对"四项关键技术"的贯彻落实更加认真、扎实,从而使苹果品质、商品率和种植效益上了一个新的台阶,陕西苹果的品牌效益、国内外市场份额都得到了显著提高。"四项技术"贯彻落实所产生的显著经济效益,除了增强常规的水肥管理外,很大程度上取决于改善果园光、热、水小气候环境和提高气候资源利用效率。

"大改形、强拉枝"主要是解决果园通风透光条件、增大果园小气候的日较差,以增加果树光合产物合成和积累。无论是"大冠开心形"、"小冠开心形",还是强拉枝扩大骨干枝与主干的夹角,都在很大程度上减少了果园的郁蔽,增加了树冠直射光和散射光的强度。同时,果园郁蔽度的减小,又使白天短波辐射增强,有利于果园温度的提高,夜间减少对地面长波辐射的阻挡,又可降低果园夜间温度,从而进一步增加了果园小气候日较差,加之,果园郁蔽度降低后,显著改善果园内外的空气交换和流通,对持续稳定地补充果园内外 CO_2 浓度也是一个很大的促进。这样,通过"大改形、强拉枝"减轻果园郁蔽,改善果园通风透光条件,全方位多渠道增加光合产物的合成和积累,从而为增加产量、提升品质、提高果品商品率和种植效益提供一个良性循环的果园小气候生态环境。

"巧施肥"主要通过分析天气、土壤和果园小气候条件的时间分布特点等,趋利避害,巧与"天公"周旋,使农事活动与气候资源协调匹配,发挥资源优势,最大限度地提高肥料的利用效率,从而将资源优势转化为果品的生产优势、商品优势和市场优势。如叶面喷肥时,应选择 8 小时内无降水、最高气温不超过 30℃的天气条件下进行,以避免肥料被雨水冲刷和温度高、蒸

发快、浓度大引起的叶片受伤。果树追肥时，则应考虑不同降水级别对土壤的冲刷力和渗透深度，遇中雨或小到中雨时，应争取在雨前施肥，以便利用雨水促进肥料的溶解和吸收；遇到大雨或暴雨时，应选择在雨后施入，以避免强降雨造成肥料的冲刷或淋溶流失，大雨或暴雨后施肥，一般可以满足肥料溶解、吸收对土壤湿度的要求。基肥的施用，既要考虑土壤湿度，同时要考虑土壤温度对有机肥的溶解、熟化的影响。结合主要果区各月降水量的分布特点和日平均气温稳定通过 15℃ 和 5℃ 终日时间（表 3.18）分析主要果区施基肥的有利时间。

表 3.18　主要果区 7—9 月降水量及稳定通过 15℃ 和 5℃ 终日统计

果　区	7—9 月降水量		15℃终日（日/月）		5℃终日（日/月）	
	平均降水量 （mm）	占年降水量 （%）	范围	平均	范围	平均
延　安	309.0	58	12/9—21/9	16/9	26/10—2/11	29/10
渭北西部	323.4	54	8/9—22/9	15/9	26/10—9/11	2/11
渭北东部	294.8	54	17/9—4/10	27/9	6/11—16/11	12/11
关中西部	307.4	52	21/9—1/10	27/9	11/11—17/11	14/11

由表 3.18 可以看出，7—9 月是各果区降水量最多时期，平均降水量在 290～320 mm 之间，约占年降水量的 50%～60%，9—10 月也是全年中土壤湿度最高，土壤含水量最多时期，可满足有机肥施用后肥料的吸水、腐热、分解对土壤水分的需求。气温稳定通过 15℃ 和 5℃ 终日之间也是土壤微生物迅速繁殖和果树根系生长活跃时段，这一时段施肥，有利于肥料熟化分解与根系吸收，受伤根系也容易愈合生长。结合温度资料分析，延安和渭北西部果区施基肥的适宜时间应为 9 月中旬至 10 月上旬，关中西部和渭北东部果区应为 9 月下旬至 10 月下旬。在适宜范围内施基肥应越早越好。较早施基肥，土壤温度高、含水量多，土壤水分和温度条件更有利于有机肥的腐化和分解；施肥越晚、温度越低，土壤含水量明显偏少，土壤微生物和果树根系活力显著降低，既不利于有机肥的熟化、分解，也不利于根系对养分吸收和伤口愈合。尤其要严防冷空气突然袭击造成基肥无法施入，影响来年果树正常生长和产量品质形成。

四项关键技术中的"无公害"体现的是果品的综合质量水平，关键是提高果品的安全性和"绿色果品"、"有机果品"的科技含量。果树管理中在逐步减少果园化肥施用量、增加有机肥施用量的前提下，要重视运用综合信息指导果树病虫害防治，尤其要关注气候变暖对果树病虫害越冬基数和繁殖速率的影响，克服部分果农重果树生育期病虫防控而轻越冬期病虫防控以及重视经验指导作用等倾向。陕西果区是我国气候变暖最敏感区之一，尤以冬春季增暖明显。据统计，1961—2010 年果区年平均气温升温率 0.218℃/10 年，其中冬季升温率达 0.395℃/10 年，春季升温率达 0.368℃/10 年。2001—2010 年与 1961—1970 年平均负积温比较，延安和渭北西部果区负积温减少 50～190℃·d，关中西部和渭北东部果区减少 40～70℃·d。冬季气温偏高、负积温减少，有利于果树病虫害越冬，增加病虫基数和病虫害暴发流行的风险。在狠抓果树生育期病虫防控的同时，一定要重视果树越冬期病虫害的防控，降低病虫越冬基数，减少来年果树生育期病虫害暴发流行的风险。其次在果树生长期病虫害防控中，要注意克服单纯经验主义倾向，要重视利用有关信息指导防虫治病，尤其要重视气象条件对病虫害暴发流行的诱发和抑制作用，结合不同时段的气象信息调整防控时间、喷药次数，在有效抑制病虫害暴发流行的同时，最大限度地减轻果品的农药残留量，提高果品安全水平和种植效益。

苹果"四项关键技术"的贯彻落实是一个逐步推广和不断深化的过程，是在生产实践和解决生产问题过程中逐步加以量化、规范化和完善,其中开展果园小气候观测是规范和完善苹果"四项关键技术"关键环节的重要科技支撑。通过一系列果园小气候观测,了解果树不同生育时段果园不同层次光照、温度、湿度的时空分布特点、不同土层深度的土壤温度、湿度状况、不同天气条件下果园和土壤小气候要素匹配特点等。在果园小气候系列化观测数据的基础上,逐步建立当地天气气候和果园小气候的相关关系和定量模型,以规范完善苹果"四项关键技术"为抓手,趋利避害,促进气候资源转化为陕西苹果的生产优势和市场竞争优势,全方位、多渠道提高气候资源综合利用效率。

2010 年陕西省经济作物气象服务台开始在陕西渭北设点开展果园小气候观测,既有果园不同梯度的温度、光照、风速等全自动系列化观测数据,又有不同层次果园土壤温度、湿度的系统观测资料,这是一个良好的开端。在扩大分果区加密小气候观测点的同时,关键是要把小气候观测资料与苹果"四项关键技术"进行有效对接,要在系统分析果园小气候和土壤气候规律的基础上,分果区完善苹果"四项关键技术"中"大改形、强拉枝"的操作规范和"巧施肥、无公害"的实施细则标准等,从而使苹果"四项技术"的贯彻实施与果区的生态气候资源特点更加吻合,结合得更加紧密,使苹果"四项关键技术"逐步定量化、规范化和具有可操作性。发挥"四项关键技术"在气候资源转化中的抓手作用,不断提高气候资源综合利用效率,进一步提升"四项关键技术"对陕西苹果生产上新台阶和"提质增效"的贡献份额,促进陕西苹果走出国门,占领国内外市场,推动陕西果业持续健康发展。

3.4　国内外优势苹果产区气候资源

苹果是世界上栽培广、产量多的水果之一,至 2010 年底,全球苹果种植面积约 500 万公顷,是位居柑橘之后的世界第二大水果。目前,世界上具有一定生产规模的国家有 80 多个,年产量超过或接近 100 万吨的主产国有中国、美国、土耳其、意大利、法国、波兰、德国、俄罗斯、智利、阿根廷、日本、巴西等 12 个国家,其产量构成全球苹果总产量的 90% 以上,其中中国是世界第一大苹果生产国,2010 年全国苹果种植面积 213 万公顷,产量 3100 万吨左右,分别占世界总面积和总产量的 42% 和 50%,居世界首位。

苹果生产国地域范围广,气候复杂多样,涵盖了大陆性气候、海洋性气候、地中海气候、季风性气候、热带雨林气候及热带草原气候等多种气候类型,各地独特的地理环境和气候资源对苹果种植规模、品质、产量均有较大影响。

3.4.1　国内优势苹果产区气候资源

中国的苹果种植区主要分布在渤海湾、西北黄土高原、黄河故道和西南冷凉高地果区(图3.22),其中,渤海湾和西北黄土高原产区气候优势明显,是苹果优势生长区,种植面积和产量分别占全国的 86% 和 90%;黄河故道产区属于苹果生产的次适宜区;西南冷凉高原产区苹果生产规模小、产业基础差,无法满足苹果生产优势区域的要求。各苹果产区生态气候适宜指标评分详见表 3.19。目前中国年产量超过 200 万吨的有陕西、山东、河南、山西、河北、辽宁、甘肃等 7 个省份,各省苹果主产地气候背景详见表 3.20。

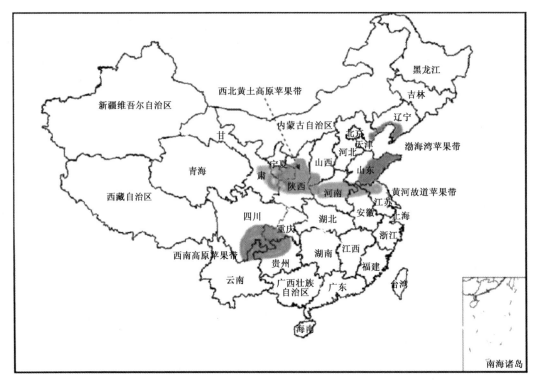

图 3.22　　国内四大苹果产区分布示意图

表 3.19　　国内外各苹果产区适宜生态气候指标评分

产区名称		主要指标				辅助指标			符合指标项数
		年均温 （℃）	年降雨 （mm）	1月中旬 均温（℃）	年极端最 低温（℃）	夏季均温 （6—8月） （℃）	＞35℃ 天数	夏季平均 最低气温 （℃）	
最适宜区		8～12	560～750	＞－14	＞－27	19～23	＜6	15～18	7
黄土高原区		8～12	490～660	－1～－8	－16～－26	19～23	＜6	15～18	7
洛川县		9.6	608	－4.6	－23.0	21.1	0.2	16.3	7
渤海湾区	近海亚区	9～12	580～840	－2～－10	－13～－24	22～24	0～3	19～21	6
	内陆亚区	12～13	580～740	－3～－15	－18～－27	25～26	10～18	20～21	4
黄河故道区		14～15	640～940	－2～2	－15～－23	26～27	10～25	21～23	3
西南高原区		11～15	750～1100	0～7	－5～－13	19～21	0	15～17	6
美国华盛顿产区		15.6	470	8	－8	22.6	0	15	5

表 3.20　　国内各省苹果主产地气候背景统计

省份	年平均气温 （℃）	年日照 （h）	年降水 （mm）	年无霜期 （天）
陕西	9.1～13.6	1946～2569	470～690	155～221
山东	11.2～13.2	2300～2900	600～860	173～221
河南	13.2～14.5	2200～2500	550～800	199～216
山西	10.0～14.0	2250～2740	400～650	160～220
河北	6.0～12.8	2480～3000	400～800	120～200
甘肃	7.1～11.5	1968～3500	330～630	154～193
辽宁	7.5～10.3	2300～2900	450～1000	140～200

（1）陕西

陕西属大陆季风性气候，冬冷夏热、四季分明，南北狭长，气候差异明显。陕西果区主要分布在陕北以南的渭北黄土高原区，该区是唯一符合优质苹果生产 7 项气象指标的地区，且已被世界公认为最大的苹果优生区。目前，陕西苹果种植面积 65 万公顷、产量 965 万吨，面积、产量均居全国第一，其中洛川县是全国知名的"苹果之乡"，是全国苹果外销的重要生产基地之一。果区年平均气温 9.1～13.6℃，≥10℃ 积温 2896～4496℃·d，日较差基本在 10℃ 以上，年无霜期 155～221 天；年太阳总辐射量 4370～5133 兆焦/米^2，年平均日照时数 1946～2569 小时；年降水量 470～690 mm，降水年内变化较大，多集中在果树生长旺盛期的 7—9 月，该时段降水量占年降水量的 50%～61%。春季低温、干旱、冰雹等灾害是苹果种植主要的气象灾害。

（2）山东

山东属暖温带季风气候。山东苹果主要分布在胶东丘陵和鲁中山地。至 2012 年，全省苹果产量 871 万吨，产量位居全国第二，其中山东烟台是苹果在中国栽培的发祥地，距今已有 140 年历史。果区年平均气温 11.2～13.2℃，夏季平均气温 22～24℃，无霜期 173～221 天，≥10℃ 积温 3900～4400℃·d，日较差 10℃ 左右；年降水量 600～860 mm，6—8 月降水占全年的 60%～80%，雨热同季；日照时数 2300～2900 小时。自然灾害以旱、涝、风、雹影响最大。

（3）河南

河南属暖温带—亚热带、湿润—半湿润季风气候，冬季寒冷雨雪少，春季干旱风沙多，夏季炎热雨丰沛，秋季晴和日照足。河南苹果种植在全省各地都有分布，但优势区域的豫西和豫东黄河故道地区形成了以灵宝、洛宁为代表的豫西优质苹果生产基地和以虞城、民权为代表的黄河故道红富士苹果生产基地，至 2012 年全省苹果产量 436 万吨。果区年平均气温 13.2～14.5℃，无霜期 199～216 天；日照时数 2200～2500 小时，日照百分率 45%～55%；年降水量 550～800 mm，全年降水的 50% 集中在夏季，常有暴雨。干旱是河南省的主要气象灾害之一，特别是春旱，发生频率高，占全年干旱频率的 37%。

（4）山西

山西属温带大陆性季风气候，冬季长而寒冷干燥，夏季短而炎热多雨。境内土层深厚，深达数十米至上百米，具有海拔高、日照长、温差大、降雨适中的气候特点，这一得天独厚的自然条件，为山西生产优质水果提供了良好的生态环境。山西果区主要分布在运城、临汾、晋中、太原、忻州等 5 市，至 2012 年全省苹果产量 375 万吨。果区年平均气温 10～14℃，冬季气温均在 0℃ 以下，最热月 7 月份平均气温 21～26℃，无霜期 160～220 天；年降水量 400～650 mm，60% 降雨集中在夏季；年日照时数 2250～2740 小时。洪涝、干旱是山西常见的气象灾害。

（5）河北

河北属温带季风气候，四季分明，冬季寒冷少雪，夏季炎热多雨。苹果在河北种植较广，主要分布在张家口、唐山、秦皇岛市等环渤海湾沿线，至 2012 年苹果产量 311 万吨。果区年平均气温 6.0～12.8℃，年有效积温 3100～4800℃·d，极端最低气温 -21.3～-32.9℃，极端最高气温 37.9～42.1℃。气温年较差、日较差都较大，果实成熟期日较差 11～16℃，无霜期 120～200 天；年日照时数 2480～3000 小时；年均降水量 400～800 mm，空间分布不均，年变率也很大。春季降水少，春旱、夏涝对农业生产威胁较大。

（6）甘肃

　　甘肃属温带季风气候。甘肃苹果种植主要分布在陇东南黄土高原的平凉、庆阳、天水、陇南(礼县、西和),目前全省苹果种植面积 29 万公顷、产量 270 万吨,种植面积居全国第二位,其中静宁县是甘肃苹果栽培第一大县,是中国著名优质苹果生产基地和重要苹果出口基地,全县苹果种植面积占耕地总面积的 50% 以上。果区光照充足,太阳辐射强,年日照时数为 1968～3500 小时;年平均气温 7.1～11.5℃,年有效积温 1980～3500℃·d,由东南向西北降低,无霜期 154～193 天;年均降水量 330～630 mm,降水各地差异很大,自东南向西北减少,降水各季分配不匀,主要集中在 6—9 月。主要的气象灾害有干旱、大风沙尘暴、暴雨、冰雹、霜冻等。

　　(7)辽宁

　　辽宁属温带大陆性季风气候,日照充足、雨量适宜、热量丰富、四季分明,秋季昼夜温差大。辽宁苹果种植主要分布在辽南渤海湾沿岸的金县、复县、盖县、新金、营口和地处辽西走廊及其附近的兴城、凌源、喀左等县,耐寒性较强的国光苹果是该区的拳头产品,至 2012 年全省苹果产量 263 万吨。果区年平均气温 7.5～10.3℃,极端最高可达 40℃以上,最低气温 -30℃,大于 10℃积温 2700～3800℃·d,无霜期 140～200 天;年日照时数 2300～2900 小时;年降水量 450～1000 mm,60%～70% 的降水主要集中在夏季。春季易出现大风沙尘天气。

3.4.2　国外优势苹果主产区气候资源

　　尽管苹果最适宜生长是在纬度为 32°～43°N 的暖温带地区,但实际上由于抗寒品种的培育成功,苹果栽培的纬度空间远大于这一范围,在北纬 45°左右(如俄罗斯苹果产区及乌克兰)甚至 50°左右(如波兰、德国等国)的地区皆有大量栽培。目前全球苹果年产量超过或接近 100 万吨的有 12 个国家,本节就对影响全球苹果贸易较大的除中国外的如美国、意大利、法国、德国、波兰、智利、巴西以及"富士"苹果发祥地的日本等其他 8 个国家苹果主产区概况予以简述。

　　(1)美国

　　美国苹果年产量约 400 万吨,接近于整个南半球的年生产总量,其中华盛顿州的苹果面积、产量分别占全美国的 40% 和 52%,是世界闻名的新红星苹果(蛇果)出口基地。华盛顿州苹果产区位于北纬 46°～47°,受太平洋和大陆性气候的影响,气候温和,雨量少、晴天多,适宜晚熟品种如富士和粉红女士的生长,生产的苹果品质佳,畅销世界。春霜冻时有发生,须通过风机等来减轻霜冻危害。

　　(2)意大利

　　意大利属亚热带地中海型气候,是苹果生产大国,苹果种植面积 6.5 万公顷,年产量约 221 万吨,是主要的出口国。盛产苹果的地区主要有两个,一个是拥有较长生长季的波河,另一个是位于意大利北部的山谷,拥有适宜的气温和相对较长生长季节的南图洛尔。春季霜冻和冰雹是威胁苹果生产的主要气象灾害。

　　(3)法国

　　法国属温带海洋性气候,温和多雨,气温全年在 0℃以上,冬季寒冷湿润,夏季温和湿润,年降水量从西北往东南由 600 mm 递增至 1000 mm 以上。法国苹果产业比较发达,年产量 214 万吨,许多地区都盛产苹果,其中西北部的卢瓦尔河流域是一个重要的产区,气候比较温和,冰雹在某些年份会造成严重危害,主栽晚熟品种。

　　(4)德国

　　德国西北部为温带海洋性气候,往东部和南部逐渐过渡成温带大陆性气候。气温适中,最冷的 1 月份平均气温在 0℃ 左右,夏季平均在 20℃ 左右,年降水量 500～1000 mm。德国苹果种植面积 7 万公顷,产量 142 万吨,南部的博登湖地区是重要的苹果产区。该区气候相对冷凉、湿润,热量不足,不能满足晚熟品种的生长需求,是早中熟苹果的著名生产基地。

(5)波兰

波兰属于大陆性气候,1 月份平均气温 −5～−1℃,7 月份 17～19℃。波兰苹果年产量约 210 万吨,其中约 60% 用于加工。苹果主产区位于北纬 50°地区,相对于法国和意大利南部较远的地区生长季节更短、更冷,生长季节长的品种很难在这里成熟。该区冬季非常严寒,足以导致果树的死亡,而夏天因果园得不到灌溉又极易造成干旱。

(6)智利

智利国土横跨 38 个纬度,气候复杂多样,包括了至少七种主要的气候亚类型,是南半球最大的苹果生产基地,年产量 106 万吨。苹果产区分布在南纬 34°～38°的地区,在安第斯山脉的西部,有一条南北走向的盛产苹果的长形山谷,这里的生长季节较长,气候干热,冬季气温较温和,且有足够的低温,既无春霜,又无严重雹灾,大部品种都能栽培。

(7)巴西

巴西大部分地区属热带气候,南部部分地区为亚热带气候。巴西的苹果产于南纬 27°～28°的南部高原地带(海拔高度约 1000 米),比其他苹果主要产区更接近于赤道。夏季多雨,冬季低温量不足(使用休眠促进剂),有极长的生长季节。巴西苹果年产量约 85 万吨,产量稍低于其邻国智利和阿根廷。

(8)日本

日本属温带海洋性季风气候,终年温和湿润,冬无严寒,夏无酷暑。夏秋两季多台风,6 月份多梅雨。秋霜季节,台风较为频繁,并常常伴随有暴雨,易对果树造成危害。日本苹果年产量约 91 万吨,苹果种植主要分布在青森县、岩手县和长野县,青森县苹果产量占日本全国产量的一半,并且是世界闻名的"富士"苹果的发祥地,其富士苹果占全国总产量的 80% 左右。

第4章　苹果气候适宜性区划技术

4.1　农业气候区划技术研究进展

4.1.1　农业气候资源区划研究概况

（1）农业气候资源区划技术的发展概况

农业气候资源是指为农业生产提供物质和能量的气候资源。组成农业气候资源的光、热、水、气等要素的数量、组合及分配状况，在一定程度上决定了一个地区的农业生产类型、生产效率和生产潜力。农业气候区划是根据对农业生物的地理分布、生长发育和生物学产量形成有决定意义的农业气候指标，遵循农业气候相似原理和地域分异规律，采用一定的区划方法，将某一区域划分为农业气候条件具有明显差异的不同等级的区域单元。农业气候区划的目的是为制定农业长远规划和生产计划服务，它着重从农业气候资源和农业气象灾害出发，来鉴定各地区农业气候条件对农业生产的利弊程度及分析比较地区间的差异，为合理利用各地农业气候资源、避免和减轻不利气候条件的影响，为农业生产合理规划布局、耕作制度改进以及新品种的引入和推广等提供农业气候方面的科学依据。

我国从20世纪60年代开始进行农业气候区划研究。50—60年代我国开展了农业气候区划工作，70—80年代进行了大规模的气候资源调查和农业气候区划，先后完成了第一次和第二次全国农业气候区划，取得了许多成果，对当时合理利用气候资源、科学规划生产、合理布局产业结构发挥了重要的指导作用。李世奎（1998）将这个时期的农业气候区划工作概括为以下4点：①建立了数据库，积累了大量基础资料；②应用新的技术方法，提高了区划分析水平；③区划成果系列配套，有利于多方位服务；④区划成果深化了对我国农业资源配置和生产力布局的认识。但受当时科学技术发展水平的限制，区划结果只侧重于宏观的、粗线条的定性分析，产品主要以文字、图表形式表现，可操作性不强，使用价值有限。

20世纪90年代以来，为适应传统农业向现代农业转变，农业高新技术的发展应用、农业产业结构的调整以及气候条件和气候资源本身的变化，中国气象局于1998—1999年组织江西、黑龙江、河南等7个省（区）气象局进行了全国第三次农业气候区划试点工作。如广西气象局在GIS技术的支持下，制作了广西千米网格的光、温、水等农业气候资源区划图集，完成了甘蔗（2006）、香蕉（2006）、芒果（2002）等广西特色经济作物农业气候区划；江西省气象局利用GIS技术开展了优质水稻（2002）、脐橙（2001）等作物的气候区划研究；陕西省完成了红富士苹果（2001）、砂梨（2010）、中草药种植（2008）等多项精细化的专题气候区划工作。与前两次农业气候区划相比，第三次区划的显著特点是利用气候资料和地理信息系统，建立了农业气候资源的空间分布模型，综合应用3S技术进行细网格气候资源推算与分析。"3S"技术在农业气候区划中的应用,使农业气候资源数字化、动态化、可视化,提高了区划效率,使农业气候区划结果表现了较高的精度,为充分利用气候资源、提高农产品质量以及发展具有地方特色和市场竞争力的精细农业提供了理论依据。

（2）农业气候区划存在的问题与发展方向

农业气候区划就是要充分利用气候资源,发挥区域气候优势,以达到趋利避害的目的。不断变化的资源环境、科学技术和生产需求也将会促进农业气候区划不断发展,如指标的鉴定与全面性,区划的实用性、动态性和综合性,"3S"技术应用的深度与区划的精度都需要在今后的农业气候区划工作中认真考虑、深入研究。

① 不断改进完善农业气候区划指标体系

确定某地是否适宜种植某作物不仅取决于气候条件,还取决于土壤和经济等因素。目前的农业气候区划大多仅考虑气候因素,对土壤、地形、生产技术及市场等因素考虑较少。综合考虑气候、地貌、植被、土壤等多种要素的气候区划,分区的界线更为合理,更能反映气候的综合特征和微妙差异。因此,要想获得对实际生产有更强指导作用的农业气候区划,还应考虑其他自然环境因素和社会因子,如:在区划中考虑土地利用、土壤类型、地形、生产技术等因素对农业经济活动的影响,构建全面合理的指标体系,以便获得更具实用性和综合性的农业气候区划结果。

② 农业气候区划的动态性

随着气候变化与观测资料的不断积累与更新,生产管理水平的提高与新品种的引进,农业气候区划技术与方法的进步,农业气候区划工作具有长期性和重复性。因此要重视农业气候区划的动态性,综合运用 3S 技术,将区划工作与气候年际变化有效结合,使区划由静态走向动态,逐步达到资源调查→综合评价→合理布局→优化配置→高效利用→动态监测→预警预测→资源调查这样一个不断的周期性螺旋式提高的良性循环。

③ "3S" 技术的综合应用

"3S"技术和计算机的发展为气象要素的定量空间扩展提供了新的思路。GIS 结合 GPS、RS 数据,可以实现信息收集和分析的定时、定量、定位,能确保提取的土地利用类型位置、面积的准确性,运用 DEM、土壤栅格数据、GPS 定位数据等使区划能够细化到乡镇级,甚而到村一级,从而弥补网格过大造成的各种误差。应用遥感技术对农作物种植面积和产量进行估算具有独特的优势,能够快速准确地收集农业资源和农业生产信息,是传统农业走向精准农业的重要手段,从宏观的角度全面地监测农作物的整个生长发育过程,对指导农业生产具有重要的应用价值。在当前,需要综合应用"3S"技术对原有的农业气候区划进一步细化,结果要由基于行政单元不断发展为基于相对均质的地理网格单元。此外,重视构建基于 Web 技术的开放式共享 GIS 农业气候区划平台,以提供更高效、更高质量、更广泛的相关服务。

4.1.2　农业气候适宜性区划方法研究进展

（1）区划指标选取方法

开展农业气候区划,首先必须认清农业生物与气候条件之间的关系,并以此为指标对所关注区域的气候进行农业鉴定。指标体系是气候区划分的理论依据,农业气候区划比一般的气候区划更强调实用性,因此,要求选取的区划指标与服务对象关系最密切,划出的区域之间要能反映研究区内的农业生产特征。获取真正能够反映作物对气候条件要求的、客观的农业气候指标是进行农业气候区划的关键,它直接影响和决定着区划研究的水平以及区划结果的适用性。

在实际区划指标研究中,既可根据长期农业实践和经验直接选取合适的区划指标,也可以通过农业气候资源分析,用气候资料与农作物产量、面积、灾情等数据运用统计学、生物学等方法,结合田间试验确定农作物生长发育的气候条件作为农业区划指标。前者不需要大量的观测数据支撑,以定性为主,操作简便但精度不高,专家的经验对区划结果的影响较大,常见的调查法、实验法、经验法都属于这种类型;后者以定量研究为主,精度较高,区划结果也更为客观,但对数据的依赖性大,常见的有数理统计法。

国内的农业气候区划研究中,指标选取的定性方法应用比较多。如刘敏等(2003)根据三峡库区农、林业对气候条件的要求,选取日平均气温≥10℃积温、最热月平均气温、年极端最低气温多年平均值,作为衡量农、林、牧业合理配置和开发气候资源的主导指标,4—10月干燥指数为辅助指标,利用GIS技术对三峡库区湖北段农业气候资源进行了区划和评估。郭文利等(2004)根据板栗生长的气候指标和土壤指标,选取≥10℃积温、9月气温日较差、1月平均气温和土壤酸碱度,利用地理信息系统制作北京地区优质板栗的种植区划。后来有学者对定性方法进行了完善,如吉中礼(1986)则提出了农业有效干燥度和农业有效湿润度指标对农业气候区划中的水分指标加以改进,取得了更加符合实际的分析结果。陈同英(2002)选取了年均气温、≥10℃活动积温以及年均降水量3个指标,运用灰色关联分析方法判定3个因子在区划中的主次关系,使区划结果更趋合理。

近年来,也有学者将定性和定量方法结合起来选取区划指标,如薛生梁等(2003)运用积分回归分析方法对河西走廊地区玉米生态气候适应性进行了定量分析,结果表明影响玉米产量的主要气象要素是玉米抽雄吐丝期平均气温、灌浆期≥10℃积温和灌浆期日平均气温,在此基础上,考虑到热量条件决定着玉米能否成熟,因此选取了≥10℃积温、玉米抽雄吐丝期气温和灌浆后期气温分别作为划分玉米适宜种植气候区的一级、二级和三级指标。梁轶等(2013)通过分析陕西各地油菜气候适宜性特点,并利用2005—2008年陕西油菜产区各县不同年份油菜单产数据与对应年份油菜各生育期气象条件数据,采用逐步回归的方法分析得到影响油菜产量的关键气象因子,选取1月日最低平均气温、蕾薹期气温、生育期平均气温、生育期≥0℃积温和生育期降水量作为陕西油菜生态气候适宜性区划指标。

利用综合因子分析进行区划指标选取,往往可以取得更好的指导意义。首先,找出与气候资源地域分布差异有密切关系的多个因子,经过综合分析后,确定出分区的综合指标,再进行区域划分。如谢志明等(1985)在湖南省水稻熟制分析中采用积温秋寒指数(即积温、生长季、秋季低温日数的三因子的综合表达)作为熟制气候指标,取得了比较满意的结果。刘荣花等(2003)选取的减产率指标和干旱指标也很好地反映了华北平原冬小麦的干旱情况。

(2)农业气候适宜性区划方法

在确定好区划指标后,农业气候区划的下一步工作就是遵循农业气候相似原理,采用一定的方法,划分出各个相同的和不同的农业气候区或区域单元。早期的农业气候区划一般采用重叠法(叠套法)和指示法(经验区划法),这两种方法都以定性研究为主,因此存在区划结果精度不高的问题。鉴于此,20世纪90年代以后,越来越多的区划工作采用了数理统计方法进行分区,农业气候区划也由定性研究阶段转向了定量研究阶段。近年来,许多学者开始使用数理方法进行农业气候区划,取得了很好的效果。此类农业气候区划方法主要包括以下三种。

①聚类分析法。聚类分析法是一种对事物进行分类的方法,该方法能使同类中各事物具有相同的特性,而在类与类之间有比较显著的差异。该方法与农业气候区划进行单元分类的目标相吻合,因此是农业气候区划中应用最广泛的一种方法。如李树勇等(2007)利用江西省84 个县(市)级气象台站 30 年的气象数据和各地的地理位置等要素数据进行聚类分析,对该省气候资源进行区划。乔丽等(2009)选取主要气候变量、地质土壤类型、水文等 10 个影响陕西省生态环境干旱的因子,利用 K-均值聚类分析和系统聚类分析相结合的方法,对陕西生态环境干旱区划进行了研究,结果表明,采用生态因子和干旱因子相结合的系统聚类方法能够充分地体现"陕西省生态农业干旱"的空间分布特征。另外,有学者将聚类分析法与其他分析方法综合运用,对聚类分析法进行了完善。如丁裕国等(2007)从理论上分析并证明统计聚类检验(CAST)与旋转经验正交函数或旋转主分量分析(REOF/RPCA)用于气候聚类分型区划的关联性,由此提出 CAST 与 REOF/RPCA 相结合的一种分型区划方法,并用仿真随机模拟资料和实例计算验证了理论与实际结果的一致性,从而证实了这种分型区划方法的有效性及其优点。

②模糊数学法。模糊数学法也是进行事物分类研究的常用方法,在农业气候区划工作中也是常见的一种方法。如王连喜(2009)曾尝试采用模糊数学中的软划分方法,利用 3—9 月的降水、平均气温、日照时数、干燥度及≥10℃积温作为分类指标对宁夏全区进行分类,得到了与以往区划结果基本一致但又有所区别的分区结果。贺文丽等(2011)、朱琳等(2011)、梁轶等(2011)分别利用 GIS 技术,在实现区划指标空间化基础上,利用模糊数学的方法对区划指标进行分析,通过线性隶属函数模型建立单因子评价栅格图层,最后利用综合评判的方法,完成了陕西猕猴桃、陕南柑橘、茶树等经济林果的气候适宜性区划研究。

③其他数理方法。除上述两种方法外,学者们还尝试用其他数理方法进行农业气候区划,丰富了该领域的研究手段。如梁平等(2008)选用欧几里德贴近度法进行黔东南州太子参气候适宜性分区,结果令人满意。杨凤瑞等(2008)利用加权的逼近理想解排序法(DTOPSIS 法)对内蒙古中西部农业气候资源进行综合评估,通过计算各站气候要素指标与理想解的接近度即关联度(Ci 值),按 Ci 值的大小来确定农业气候资源配置的优劣,取得的结果很好地实现了区划的目标。康锡言等(2007)还探讨了因子分析方法在农业气候区划建立模型中的适用范围,指出当自变量与因变量线性相关较差,且公共因子代表的主要自变量与因变量的相关系数相差较小时,适宜建立因子回归模型,反之则不适宜建立因子回归模型。

(3)GIS 在农业气候区划中的应用

随着 GIS 技术在农业气候区划中的广泛应用,区划结果由基于行政单元发展为基于地理网格单元,克服了以往基于气象站资料,复杂地形条件下气象资料代表性差的问题,极大地提高了区划结果的精细化程度,更好地满足农业快速发展的需求,为农业气候区划的深入研究提供了有效的技术方法。GIS 在农业气候区划方法中的应用主要有以下三方面。

①气候要素的空间细网格化。通过 GIS 将气候要素内插或推算到一定空间分辨率的细网格点上,高清晰地再现气候资源的空间分布特征,可以很好地解决观测站点稀疏,不足以精确反映整个空间气候状况的问题。在气象数据空间插值方面,一般都是通过建立气象要素插值推算模型进行数据的空间细网格化。如朱延年等(2004)利用 GIS 技术,以 DEM 为数据基础,应用多层面复合分析法实现了商洛山区日照时数的模拟;杨昕等(2007)提出基于 DEM 的山区气温地形修正模型,以具有多种地貌类型的陕西省耀县为实验样区,以 DEM 模拟的坡面

与平面太阳总辐射量为地形调节因子,实现对传统山区温度空间推算模型的改进,并与 TM6 热波段反映的地表温度进行了对比验证,通过该方法精细地刻画山区局地温度随地形的空间分异规律,一定程度上提高了山区地面温度推算的精度;郭兆夏等(2010)通过对陕西及周边地区观测的年降水数据进行趋势面和逐步回归分析,建立了宏观地理因子与降水的预测模型,通过小地形订正,获取空间分辨率为 100 米×100 米的降水资源空间分布。

②实现区划成果的数字化。传统区划方法结合 GIS 技术来分析农业气候资源和空间地理条件对农作物布局的综合影响,可以充分考虑影响农业气候的各种因素,在实现气候区划指标空间化的基础上,利用 GIS 空间分析功能,采用专家打分、综合评判和主从叠代等气候区划方法,得到农业气候区划评价专题图,使海量的气象数据信息化,提高分析精度和效率,使得区划结果更加客观精细。如王连喜等(2006)在气候要素精细化推算及重建基础上,利用 GIS 通过对宁夏主要农作物气候区划指标因子再分类、图层空间叠加分析等方法,制作出农业气候区划专题图;朱琳等(2007)选取陕南商洛地区适当的农业气候区划及垂直分层指标,结合 GIS 空间分析及制图功能,采用模糊综合评判方法,实现山区农业气候垂直分层;顾本文等(2007)在 GIS 平台上,利用主成分分析和动态逐步聚类方法进行气候类型区划,较好地综合了多种气候、地理和生态因素,使区划结果更加客观定量。

③提供信息服务。利用 GIS 技术可以将气候数据库、调查实验数据库、专家数据库等有效结合起来,建立农业气候区划信息系统,进行一般的查询、分析、统计和计算等数据库操作,为农业生产提供信息服务。马力文等(2009)在 ArcGIS 软件支持下,生成宁夏地区海拔、坡度、坡向反演图,能够清晰反映出宁夏地形、地貌特征,然后利用农业气象指标因子的地理分布反演图,进一步得到综合区划结果;高阳华等(2006)利用 GIS 在 1:25 万重庆市 DEM 图上分别制作出小麦适宜播种期、抽穗期、成熟期和生育期天数空间分布图,可以建立精细化的小麦苗情空间诊断系统;李志斌等(2007)在 GIS 平台基础上融入预测模型和专家系统以及信号识别系统,建立了耕地预警信息系统,可以直观地反映耕地质量和数量的动态变化。

4.1.3　苹果气候适宜性区划研究进展

20 世纪 80 年代初,中国果树研究所首次开展了全国苹果区划工作,通过对全国各苹果主产区的生态条件进行全面分析,建立苹果农业气候指标项评分标准(表 4.1),对全国苹果种植区进行了划分(表 4.2),指出陕西渭北旱塬是符合苹果生态适宜指标的最佳区域。

近年来,随着全球气候变暖等因素的影响和农村经济的发展,陕西农业气候资源的时空分布已发生明显改变,果业生产结构和种植布局也经过了多次调整,果业生产新技术的应用及生产格局的改变,明显反映出原区划成果已不能适应生产发展形势的需要。朱琳等(2001)根据陕西省 23 个县富士系苹果品质资料与同期气象要素进行空间序列分析,筛选出影响品质因素的主要气象要素;以 Citystar(3.0)软件为平台,利用 500 米×500 米高程栅格数据,对所选定的区划因子进行网格推算,按评分标准进行图形叠加,获得该系统支持下的优质富士系苹果气候区划图,并分区进行评述。随着地 GIS 的发展、气象要素分布插值模型的研究与发展,使得综合考虑地形影响的精细化果业气候资源区划成为可能。朱琳等(2005)利用 GIS 技术,在陕西秦岭以北地区 1:25 万 DEM 数据支持下,以陕西秦岭以北 67 个气象站 30 年整编气候资料(1971—2000 年)作为苹果气候区划的基础资料,在分析选择影响苹果品质气候因子的基础上,确定优质苹果气候资源评价指标模型;根据要素权重和隶属度,建立单因子评价栅格图层;

利用 GIS 空间叠置功能,综合评价图按适宜度分级并与夏季水热状况矢量图叠加,得到陕西省苹果种植气候生态区划图。朱琳等(2012)选取陕西 96 个气象站连续完整的 1981—2010 年最新气候资料,补充各县气象哨、水文站观测数据(年降水量增加了 330 个气象哨观测数据,年平均气温增加了 260 个气象哨观测数据)及相邻内蒙古、甘肃、山西省的有关气象观测站资料,温度资料按差值法、降水资料按比值法订正至 1981—2010 年的 30 年平均值,采用 1∶25 万陕西数字高程模型(DEM)地理信息数据,在 GIS 技术的支持下,实现苹果气候区划指标空间化模拟,科学分析和评估精细化的陕西苹果气候资源时空分布特征,应用模糊综合评判的理论和方法,得到陕西苹果精细化气候适宜性区划结果,为陕西苹果产业结构的调整布局和陕西苹果"西进北扩"战略的实施提供了科学气候依据。4.2 节中,就 2012 年采用最近气候资料,利用新技术和方法完成的陕西苹果气候适宜性区划方法、区划结果及其应用情况进行描述。

表 4.1　苹果农业气候指标项评分标准

项次	农业气候指标项	范围	评分
1	年平均气温 T(℃)	<7.0	10
		7~8.4	25
		8.5~12.5	35
		12.6~14	25
		14.1~15.4	15
2	年降水量 R(mm)	<100	5
		100~500 (或灌溉农业区)	15
		501~800	25
		801~950	20
		>950	10
3	夏季(6—8 月)平均空气相对湿度 $\bar{r}_{6-8}$(%)	<50	5
		50~60	10
		61~70	20
		>70	10
4	夏季(6—8 月)平均最低气温 $\bar{T}_m$(℃)	≤11.0	0
		11.1~13.0	10
		13.1~18.0	20
		>18.0	10
5	最低气温≤−20℃日数<24 天保证率 N(%)	<80	0
6	高温高湿	$\bar{T}_{6-8}$≥26℃ (或 T>15℃ *)同时 R≥950 mm	0
7	日平均气温≥10℃日数(天)	<140	0

注:①凡符合 5—7 项之一者,不再评定其余各项;②＊沪、苏 T>14.5℃;鄂、陕、云、贵、川 T>15.5℃

表 4.2　全国苹果气候区划分

种植区名与简称	代号	范　　　围
黄土高原及西部部分灌区冷凉半干苹果适宜区(黄土高原区)	I₁	晋中、晋南大部分,渭北高原,秦岭北麓,甘肃天水,庆阳南部,宁夏永宁以南灌区,兰州、青海湟水流域
华北平原及鲁中南温热半湿苹果适宜区(华北平原区)	I₂	保定、沧州以南的冀中南、冀东、鲁西北、鲁中南、济宁部分
渤海湾温凉半湿苹果适宜区(渤海湾区)	I₃	胶东、辽南、锦州大部分,朝阳南端,燕山、张怀丘陵
川西、滇东北高原温凉半湿苹果适宜区(川西、滇东北区)	I₄	川西北茂汶、小金附近,川西南京凉山的盐源、昭觉,滇东北昭通
黄淮、汉水温热半湿苹果次适宜区(黄淮区)	II₁	豫东、苏北、皖北、鲁西南、豫中南、汉水流域、甘肃武都
西南高原冷凉湿润苹果次适宜区(西南高原区)	II₂	凉山州部分,滇中、滇东、滇北、黔西北、西藏雅江河谷地带,昌都南部
长城沿线及南疆冷凉干燥苹果次适宜区(长城沿线区)	II₃	张家口南端,大同盆地,榆林北,延安北,庆阳北,河西走廊,南疆(阿克苏、焉耆盆地),辽宁鞍山北、丹东北
江南高温湿润苹果不适宜区(江南区)	III₁	秦岭、淮河以南,以长江流域为主
东北、蒙、新寒冷半湿苹果不适宜区(东北、蒙、新区)	III₂	东迄丹东北,经鞍山北、沈阳南、朝阳北、承德北、张家口北、大同北、榆林北、石窖口、河西走廊北,哈密北,西至伊宁北
青藏高原寒冷半湿苹果不适宜区(青藏高原区)	III₃	青藏高原的高海拔区,青海西宁以西,川西北、滇西北

4.2　陕西苹果气候适宜性区划成果

4.2.1　区划方法

(1)陕西苹果生长气候适宜性分析与区划指标选取

①陕西苹果生长气候适宜性分析

一是热量条件。从对北沿地区苹果分布的制约程度讲,首先是越冬条件和生长期长短。冬季最低气温及持续时间的长短是限制苹果经济栽培的主要因子。据研究大苹果类一般可耐 $-30\sim-32℃$,小苹果类能耐 $-40℃$。据对我国大苹果经济栽培北界的专题研究,以冬季日最低气温≤ $-20℃$ 的日数<24 天的 80% 保证率,作为大苹果经济栽培的主要指标,即保证率 N ≥80% 为适宜区或次适宜区。同时还要有一定的生长期保证。一般苹果生长期(4—10 月)的平均气温以 $13.4\sim18.5℃$ 适宜,温度过低,生长期不足,果实不能正常成熟。在全年日平均气温≥ $10.0℃$ 的日数不足 140 天的地区,不宜大苹果的经济栽培。其次是影响苹果产量和品质的温度条件。适宜苹果栽培的年平均气温为 $8.0\sim14.0℃$,目前世界苹果高产优质产区多在 $8.5\sim12.5℃$。年平均气温综合反映了温度条件对苹果的影响,它对苹果的分布、产量水平、品质有很重要的意义。夏季平均气温反映旺盛生长季节、果实成熟期间夜温对苹果的影响。夜温低,气温日较差大可提高果实含糖量,有利于着色;夜温对同化作用、呼吸作用、果实品质(含

糖量等)、花芽分化有重要意义。夏季平均最低气温低于 18℃(一般为 13～18℃)为最适宜值。苹果花期耐低温能力差,花期不同阶段忍受低温有差异,芽萌动期－8.0℃(持续 6 小时以上),花蕾期－2.8℃,花期－1.7℃,幼果期－1.1℃,在此期间如冷空气活动频繁,极易造成花器、幼果冻害,对开花坐果不利。苹果树较不耐高温,≥35℃高温会使同化产物被呼吸消耗掉,≥30℃时叶片的光合作用减少一半;日最高气温≥35℃或日平均气温≥30℃持续 5 天以上,可使已着色的果实褪色。光照强度对果实着色有明显作用,生长季节 4—10 月日照时数 1200 小时以上为宜。

二是降水和空气湿度条件。苹果树体内一切重要的生物化学变化和正常的新陈代谢过程,都必须在水的参与下才能进行,缺水会影响光合作用的顺利进行或造成某种生理代谢过程的紊乱,严重影响树体生长发育。实验表明,水分充足能使单果重明显增加,显著提高产量和增加新梢长度。冬春干寒的气候,是造成幼树严重抽条的主要原因。苹果生长期间降水量以450～500 mm 为宜,世界主产地年降水量多在 500～800 mm。应特别指出,虽降水缺乏尚不致对苹果栽培或分布造成决定性影响,但对无灌溉条件地区,降水将影响苹果果实大小。苹果生长期间适宜的空气湿度能促进同化作用,并对果实品质、病害的发生产生影响,过高湿度常使病害加重。夏季 6—8 月空气相对湿度 60%～70%对苹果生长最为适宜,一般果实生长前期适宜的土壤相对湿度为 70%～75%,生长后期,特别是成熟前 30～60 天,土壤相对湿度维持在 50%左右,有利于着色和品质提升;同时,它使果树病害少,果面干洁,且不易通过栽培措施改变。

三是苹果对立地条件的要求。地形对苹果的生态作用,主要通过海拔高度、地貌形态、坡度、坡向等来影响光、热、水、气、土壤、植被等生态因子,对苹果品质起着重要作用。陕北苹果产区属黄土高原丘陵沟壑区,地貌以峁、梁、沟、川为主,沟壑纵横、梁峁起伏,海拔 800～1300米,年日照时数 2300～2800 小时,生长季 4—10 月日照时数 1400～1800 小时,适宜的海拔高度和充足的光照资源,使果实着色鲜艳,蜡质层增厚,糖、酸、维生素 C 等含量增加,硬度增大,果面洁净。苹果适宜中性或微酸性的质地疏松、土层深厚的沙壤土、黄绵土。陕北苹果产区土壤以黄绵土为主,土层深厚、质地疏松,适宜苹果生长。其他黑垆土、褐土亦属适宜土类。

②区划指标的确定

为科学、定量地评价陕西省苹果气候生态适应性,根据前人研究成果并结合陕西实际采用全国苹果区划指标及评分标准:年平均气温,年降水量、6—8 月平均最低气温、6—8 月平均相对湿度等要素作为陕西省苹果优质气候资源评价指标(表 4.3),表中 5～7 项为一票否决,只要有 1 项为 0 分,就评定为不适宜种植区。

表 4.3　陕西苹果气候适宜性区划指标及评分标准

区划因子	范围	评分
年平均气温(℃)	8.5～12.5	35
	7.0～8.4 或 12.6～14.0	25
	14.1～15.4	15
	<7.0	10

续表

区划因子	范围	评分
年降水量(mm)	501～800	25
	801～950	20
	401～500	15
	100～400*或>950	10
6—8月平均相对湿度(%)	61～70	20
	50～60或>70	10
	<50	5
6—8月平均最低气温(℃)	13.1～18.0	20
	11.0～13.0或>18.0	10
	<11.0	0
最低气温≤−20℃日数小于24天的保证率(%)	<80	0
高温高湿	6—8月平均气温≥26.0℃ 且年降水量≥950 mm	0
日平均气温≥10℃日数(d)	<140	0

*由于陕北无灌溉条件,对降水量一项进行适当修正:确定年降水100～400 mm得分为10。

(2)苹果气候区划指标空间化处理方法

①热量资源空间化方法

由于大地形因子(经度、纬度、高度)与热量资源有较好的线性关系,可建立各指标因子的空间分布模型,其表达式为:

$$Y = f(\varphi, \lambda, h) + \varepsilon$$

Y 为气候指标因子要素,λ 为经度,φ 为纬度,h 为海拔高度(m),函数 $f(\varphi, \lambda, h)$ 为气候学方程,ε 为残差项,可视为小地形因子(坡度、坡向等)及下垫面对气候的影响。根据陕西省热量资源的分布特征,将陕西热量资源分为秦岭以北和秦岭以南两大区域,分别与经度、纬度、高度做线性回归分析,建立陕西苹果气候适宜性区划中热量区划指标小网格推算模型(表4.4)。

表 4.4　各区域热量资源估算模式及误差

气象要素	地域	模型	相关系数	F 值
年平均气温(℃)	秦岭以北	$Y = 28.724 + 0.023133\lambda - 0.46052\varphi - 0.00464h$	0.94	553.07
	秦岭以南	$Y = 40.4 - 0.059\lambda - 0.5189\varphi - 0.0048h$	0.96	92.8
6—8月平均 最低气温(℃)	秦岭以北	$Y = -0.4209 + 0.3157\lambda - 0.3398\varphi - 0.00651h$	0.93	129.1
	秦岭以南	$Y = 41.11 - 0.0153\lambda - 0.4787\varphi - 0.00651h$	0.96	140.36

各气候学方程均通过了显著性水平 $\alpha = 0.01$ 的显著性检验。将各站点的实测值减去气候学方程的计算值,得到残差项 ε,将各站的残差项,应用反距离权重法进行空间插值得到残差项的栅格数据。

利用 GIS,结合各气候学方程逐项计算各区划因子栅格数据 Y,最后将 Y 与残差项 ε 相加即得到模拟的栅格气象数据,完成热量资源的小网格数据推算。

②降水资源空间化方法

地形对年降水空间分布影响很大,地形的存在对雨区分布、降水强度、强降水中心的位置等影响显著,中小尺度地形通常对降水中心的落区、落点有着显著的影响,将年降水空间分布可表示为

$$Y = F(\lambda, \varphi, h) + \varepsilon$$

式中,Y 为降水估算值,λ 为经度,φ 为纬度,h 为海拔高度。$F(\lambda, \varphi, h)$ 为降水的趋势项,由宏观地理因子经度、纬度、海拔高度决定,它反映了降水的区域分布特征,可通过趋势面分析、逐步回归分析建立降水与宏观地理因子的计算模型进行计算;而 ε 表现了小地形因子(坡度、坡向、遮蔽度)和一些非地理因子对降水的影响,称为残差项,表现了降水地区分布特征,可用 GIS 空间插值方法进行内插。将 $F(\lambda, \varphi, h)$ 展成三维二次趋势面方程:

$$F(\lambda, \varphi, h) = b_0 + b_1\lambda + b_2\varphi + b_3 h + b_4\lambda\varphi + b_5\varphi h + b_6\lambda h + b_7 \lambda^2 + b_8\varphi^2 + b_9 h^2$$

式中,$b_{0\sim9}$ 为待定系数,利用逐步回归优化回归模型,模拟降水宏观趋势项。根据陕西省年降水量的分布特点,将陕西分为陕北、关中西部、关中东部、秦岭南坡、巴山 5 个区,分区域建立降水与经度、纬度、海拔高度的小网格推算模型(表 4.5、4.6)。各模型的复相关系数在 0.75 以上,均达到 0.01 的显著水平。对各站点的残差项,运用反距离权重法进行空间插值,得到网格点的残差值,将网格点的趋势项加上残差项就得到各网格点的降水值。为了检验推算得到的年降水网格场的误差精度,各区域抽取一代表点,作为模型检验的样本。

表 4.5　年降水量估算模式

区域	模　　型	相关系数	F 值
陕北	$R = 53883.8 - 1485.46\varphi - 482.054\lambda + 0.04989h + 13.3946\varphi\lambda - 0.05761\varphi h + 0.01946\lambda h$	0.94	159.3
关中西部	$R = 55954.3 + 201.6856\varphi - 1044.55\lambda - 4.89h - 2.60079\varphi\lambda + 0.046677\lambda h + 5.149\lambda^2$	0.73	16.34
关中东部	$R = -184083 + 3512.628\varphi + 2255.979\lambda + 0.3438h - 63.5533\varphi\lambda - 0.00422\varphi h + 47.4327\varphi^2$	0.87	41.81
秦岭南坡	$R = -144096 + 9039.402\varphi - 21.48\lambda - 3.33h + 0.0322\lambda h - 138.76\varphi^2$	0.77	5.06
巴山	$R = 251714.2 - 15375.6\varphi + 168.12\lambda + 3.56h + 180.96\varphi\lambda - 0.03\lambda h - 69.05\varphi^2 - 28.42\lambda^2$	0.95	12.1

表 4.6　6—8 月空气相对湿度估算模式及误差

区域	模　　型	相关系数	F 值
秦岭以北	$p = -2101.6 - 0.01103\varphi + 41.3904\lambda - 0.01583h - 0.00308\varphi h + 0.001228\lambda h - 0.19726\lambda^2$	0.89	41.24
秦岭以南	$p = 2921.23 - 82.34\varphi - 25.64\lambda + 0.0357h + 0.74\varphi\lambda - 0.00101\varphi h$	0.76	6.2

③苹果气候适宜性区划方法

在实现区划指标空间化基础上,采用专家打分的方法,利用 GIS 空间分析功能,根据区划要素取值范围进行评分,建立单因子评分栅格图层,再对各指标评分栅格图进行叠加,得到苹果气候综合评分栅格图层,对综合评分图按适宜度分级,即得到苹果气候适宜性区划图。根据陕西苹果优质区布局确定综合评分值 ≥90、90～80、79～60、<59 依次划分为最适宜、适宜、次适宜和不适宜四个等级(图 4.1)。

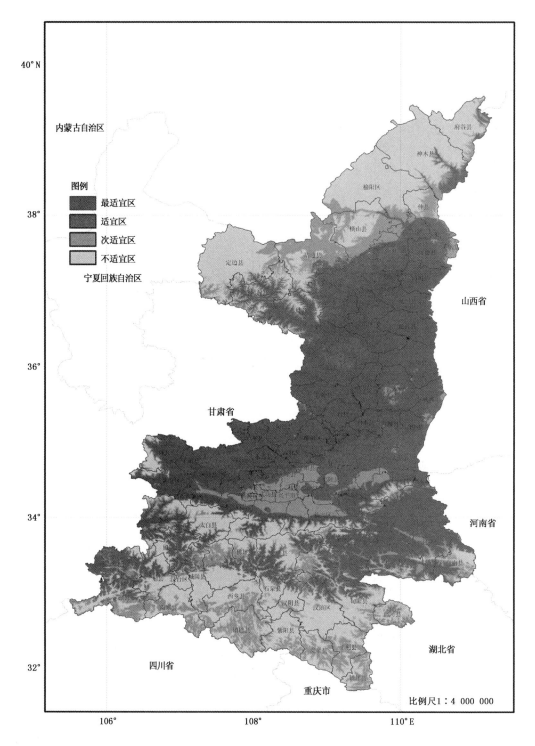

图 4.1　陕西省苹果气候适宜性区划图

4.2.2　区划成果

（1）最适宜区

本区综合评分≥90。此区南界在北山（陕北高原和关中平原的交接地带）以北，即从宝鸡西部的陇县、千阳、陈仓、凤翔、岐山、扶风、乾县、礼泉以北开始，向东延伸经耀州、富平至蒲城、澄城、韩城黄河西岸，以此界往北至延安的安塞、子长、子洲、米脂，海拔一般在 800～1400 米。本区年平均气温 8.5～12.0℃，年降水量北部的米脂、绥德、子洲、子长、清涧和延川不足 500 mm，其余各地在 500～650 mm，6—8 月平均最低气温 14.0～17.5℃，夏季平均相对湿度宝鸡西部为 70%～73%，其他各地为 61%～68%。该区气候条件优越，土层深厚，苹果果形指数高，果面着色好，含糖量高，是陕西省苹果品质最优地区。主要气象问题是，陕北的洛川、富县，渭北西部的长武、彬县、宜君等地苹果花期易遭受晚霜冻的危害。

（2）适宜区

本区综合评分值 80～89 分。此区秦岭以北分为北部和南部两大区域。

北部包括安塞、子长、子洲中北部，米脂大部，佳县南部，志丹、吴起和甘泉，海拔 1000～1450 米的地区。本区年平均气温 7.5～9.0℃，年降水量甘泉 500 mm 以上，其他地区 420～500 mm，6—8 月平均最低气温 13.0～17.0℃，夏季平均相对湿度甘泉 70% 左右，其他地区 61%～65%。该区生长季温凉干燥，夏秋季气温日较差大，果实着色期光照条件极佳，气候条件基本能满足苹果生长需求，果实颜色、风味俱佳。本区降水量普遍偏少，接近 400 mm 临界值，灌溉条件较差，所产苹果个小，形扁。主要气象问题是，北部的米脂、子洲、绥德、子长等地冬春干旱多风，易出现生理干旱"抽条"，越冬低温对幼树及嫩梢有一定威胁，富士系受影响最为明显。

南部包括韩城、合阳和澄城东南部，蒲城、富平南部、大荔大部及凤翔和岐山等地，海拔 700 米以下地区。本区年平均气温西部 8.0～12.0℃，东部 12.0～14.0℃，年降水量 500～650 mm，6—8 月平均最低气温西部 14.0～18.0℃，东部 19.0～20.5℃，夏季平均相对湿度西部 70%～74%，东部 65%～69%。主要气象问题是西部易遭受苹果花期晚霜冻害，降水条件较好，成熟着色期连阴雨时有发生，光照条件略显不足；东部地区温度偏高，高温热害时有发生，要注意对夏季高温热害的防御。

秦岭以南的商洛大部及汉中、安康海拔 900～1500 米的秦岭山区亦属适宜区，该区年平均气温和年降水量尚能满足苹果生长需要，但此区光照不足，6—8 月的平均相对湿度大、最低气温偏高，日较差小，苹果品质差，不宜发展。

（3）次适宜区

本区综合评分 60～79 分。此区北部包括定边、横山县东、西部，靖边中北大部，佳县、吴堡中东部，神木、府谷东部，米脂西部，子洲北部，志丹、吴起和甘泉，海拔小于 1400 米地区。本区年平均气温 7.2～9.7℃，年降水量 350～450 mm，6—8 月平均最低气温 13.9～17.7℃，夏季平均相对湿度＜61%。此区气温低，降水少，干旱严重，果型小，品质差。

中部包括陈仓中部，眉县、华县北部，周至、户县、长安中北部，扶风、乾县、礼泉、泾阳中南部，西安南部，武功、杨凌、兴平全部，咸阳东、西部，高陵大部，渭南、临潼中部等渭河流域地区。本区年平均气温 12.4～13.6℃，年降水量 510～740 mm，6—8 月平均最低气温 18.9～20.6℃，6—8 月相对湿度 70%～73%。此区 6—8 月气温偏高、秋季降水多，不利于枝条及时停长成花及果实糖分的积累和着色,苹果风味欠佳,品质差,不耐储藏。

南部包括秦岭、巴山山区高海拔地区。本区年平均气温 7.6～15.5℃,年降水量 650～950 mm,6—8 月平均最低气温 11.5～20.1℃,夏季平均相对湿度 70%～84%。此区降水偏多,光照不足,6—8 月湿度大,易发生病害。

④不适宜区

本区综合评分<60 分。此区北部南起白于山、横山到佳县白云山以北地区;南部北起秦岭深山区以南的陕南大部分地区。北部地区水热气候资源均不能满足苹果生长需求;南部地区降水偏多,6—8 月平均最低气温高,湿度大,不适宜苹果生长。

4.3　陕西苹果气候适宜性区划成果应用

2002 年以来的 10 年间,陕西水果面积由 70.38 万公顷增加至 116.58 万公顷,产量由 514.7 万吨增至 1437.74 万吨,其中苹果面积及产量规模均居全国第一,成为中国第一水果生产大省,苹果产业在国际市场中占有重要地位。陕西苹果气候适宜性区划研究成果为陕西苹果产业充分利用气候资源潜力、调整产业结构、合理规划布局和气象灾害防御提供了科学的决策依据。2008 年,陕西省气象局向政府决策部门提供了“陕北优质苹果种植区可适当北扩”的重大气象信息专报,提出了陕北优质苹果基地以北的绥德、米脂、子洲、子长、清涧属于苹果种植的适宜区,种植区的北界还可适当向北延伸;这一区域尽管果实颜色、风味俱佳,但生育期较短,生长期降水量普遍偏少,商品果的果个较延安以南、渭北果区明显偏小,影响其市场竞争力;建议优质苹果种植北扩过程中应重点解决降水不足这一限制因素,在该地区有灌溉(滴灌或集雨措施灌溉)条件的地方可积极发展苹果种植,同时选择适合当地的抗旱耐寒的品种,既丰富本省苹果种类,又提高市场竞争力。陕西省政府据此提出“苹果北扩西进战略”,成为各级政府及管理部门决策苹果产业布局调整的重要依据。近 5 年来,新增苹果面积 11.5 万公顷,其中苹果产业结构调整面积达 15 万公顷,富士系品种比重调整幅度高达 30%。2012 年陕西省果业管理局统计的苹果产业效益数据显示,苹果区划成果促使我省苹果北扩西进合理布局,目前新增面积达到 13.3 万公顷,预计年效益超 16 亿元。

第 5 章　影响苹果生产的气象灾害及防御

5.1　干旱的影响及防御

5.1.1　干旱发生规律

（1）干旱的概念

干旱是指长时期降水偏少,造成空气干燥,土壤缺水,致使果树体内水分发生亏欠,影响正常发育而减产的一种农业气象灾害。根据干旱发生的原因,通常分为土壤干旱、大气干旱和生理干旱。

①土壤干旱。土壤含水量少,植物的根系难以从土壤中吸收足够的水分去补偿蒸腾消耗,植物体内的水分收支失去平衡,从而影响生理活动的正常进行,以致发生危害。

②大气干旱。由于大气的蒸发作用强,即太阳辐射强、温度高、湿度小、伴有一定的风力,使植物蒸腾消耗的水分过多,即使土壤并不干旱,但根系吸收的水分也不足以补偿蒸腾的支出,致使植物体内的水分状况恶化而造成危害。

③生理干旱。由于土壤环境条件不良,使根系的生理活动遇到障碍,导致植物体内水分失去平衡而发生危害。例如,早春因暖平流而使气温迅速回升时,根层的土壤温度较低,根系的吸水作用很弱,而地上部的蒸腾又较强,植物体会因水分亏缺而受害。土温过高,土壤通气不良,会导致土壤溶液浓度过高以及土壤中某些有毒化学物质含量过大等,都会降低根系吸水能力,发生生理缺水而受害。

因此,这三种干旱既有区别又有联系。大气干旱会加剧土壤蒸发和植物蒸腾,使土壤水分减少,继而长时间的大气干旱,会导致土壤干旱。土壤干旱也会加重近地层的大气干旱。如果这两种干旱同时发生时对各种作物危害最大。生理干旱的危害程度也与大气干旱和土壤干旱有关。在同样不利的土壤环境条件下,如果土壤干旱,则生理干旱会加重;反之,若土壤水分比较充足,则土壤温度不易升得很高,土壤溶液浓度和有毒物质浓度的相对含量也不会很高,生理干旱就会减轻。在同样不利的土壤环境和土壤湿度下,如果大气干旱的话,蒸腾加剧,生理干旱会加重;反之,大气不干旱则生理干旱也较轻。

（2）干旱发生规律

干旱是一种因水分的收与支或供与求不平衡而形成的水分短缺现象。我国地处东亚,季风气候明显,年际之间季风的不稳定性是造成干旱频繁发生的主要原因之一。据统计1961—2010 年期间,西北东部降水较少,变率较大,是最大的干旱区,干旱发生次数居全国之首,该区在作物生长期间的 3—10 月均可能出现干旱,往往是春旱、春夏连旱或夏旱、冬旱、冬春连旱,少数年份的局部地区还出现了春夏秋连旱,但以春旱为主,几乎每年都有不同程度的春旱发生。

　　陕西苹果主产区总体趋于干旱,且干旱强度有所加重。陕西苹果主产区轻度、中度、重度干旱发生频率分别为 16%、6%、4%。据 1961—2010 年气象资料统计分析,果区气象干旱频率分布主要表现为自南向北间隔分布且关中果区干旱频率最高;春夏秋气象干旱频率分布表现与年气象干旱频率近似;冬春气象干旱频率分布大体表现为南高北低,东西中间低两边高,春夏气象干旱频率分布在东西南北上均大体表现为中间高两边低;季节气象干旱频率分布表现不一,总体上除春季关中西部果区气象干旱频率最高外,其余季节均为渭北东部果区气象干旱频率最高,见图 5.1。

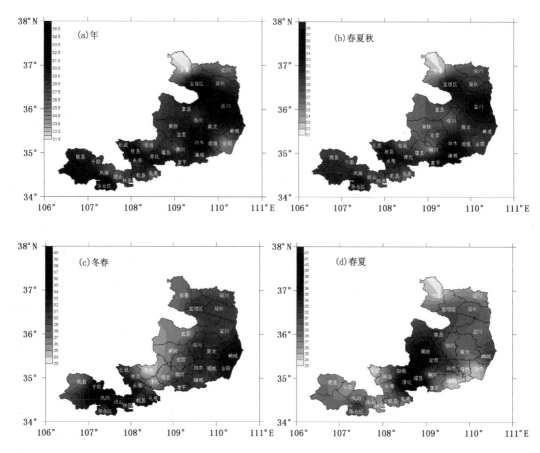

图 5.1　1961—2010 年陕西果区气象干旱频率分布

5.1.2　干旱对苹果生产的影响

　　(1)干旱对苹果生产的影响

　　①干旱对苹果树叶片生长的影响

　　新梢旺长期间发生土壤干旱,叶水势下降,叶面积减小,新梢生长受抑,且干旱时间越长影响越大。在水分胁迫条件下,幼叶变厚,栅栏组织厚度明显增加,而成龄叶在水分胁迫时变薄,栅栏组织的细胞厚度也不同程度地减小。

　　苹果的叶片生长,尤其是叶长对水分胁迫反应较迟钝,而在水分胁迫解除之后又最早恢复正常生长。因此,一般的水分胁迫不影响苹果叶片的大小。在叶片达到生理成熟之后,苹果叶片的面积不再增大,但水分胁迫不利于叶片厚度的增加,因而会使叶片质地变薄,缺乏韧性。同时水分胁迫会显著地减少新叶增加的数量而使总叶面积和叶面积系数减小。另外,轻度水分胁迫促进苹果树上各类叶片成熟,严重的水分胁迫则导致叶片急剧衰老甚至脱落,尤其是短枝叶片和长、中枝的基部叶片,从而直接影响果品产量和质量。

②干旱对苹果树枝干生长的影响

苹果树干横、纵方向的生长对水分胁迫的反应不同。枝干的加粗生长对水分胁迫的反应十分敏感,缺水枝干的加粗生长受抑制。同时,水分胁迫对苹果枝干加粗生长的抑制作用还具有"后效应",即树体内的水分胁迫完全解除后,其抑制作用仍然要持续相当长的时间。因此,枝干加粗与生长季节里所经受的水分胁迫的时间有密切关系,苹果枝干的延长生长对水分胁迫的反应远不及加粗生长敏感,如 2011 年夏季干旱对延长县苹果幼树的影响,见图 5.2。近年来,为了减轻干旱影响,旱地果园多采取覆盖的方法进行干旱防御,见图 5.3。

图 5.2　延长县 2011 年夏季干旱对幼树的影响　　图 5.3　旬邑县 2012 年春季干旱防御措施

③干旱对苹果树根系生长的影响

土壤干旱使苹果树体地上与地下部分的生长同时减弱,但干旱可增大根冠比,苹果树根量密度远比粮食作物低,但却因根系分布深广而耐旱。土壤干旱时吸收根和延长根中亚精胺和腐胺含量增加。精胺在两类根中均没有大的变化,表明延长根腐胺代谢对水分胁迫的反应比吸收根更强烈。这种差别与两类根对干旱的忍耐方式或能力不同有关,土壤干旱时延长根活力大于吸收根,以利于尽快找到新水源。水分胁迫下苹果新根的中柱形状发生了明显的变化,轻度水分胁迫时中柱明显变粗,严重干旱时又变扁,而且凯氏带越来越不明显。水分胁迫时导管比正常供水发达,木质部向心分化速度加快,尤其是长期的水分胁迫使导管组织变化更明显,其分子直径变大,可能对水分的传导更有利,从而提高抗水分胁迫的能力。

当土壤含水量较少时,苹果根系到处延伸追逐水源,根冠间竞争碳水化合物,同化物分配到根系就较多,树冠则受到水分限制,生长不旺,使得根冠比增大。一般而言,如果土壤水分在冬季得到补充,且达到一定土层深度,而生长季却无雨或少雨,苹果根系偏于垂直延伸;如果土壤水分仅来自于生长季降雨,且雨量较少时,则根系偏于水平伸展。充分灌溉的果园,苹果根系主要生长在土层上部,树体抗风能力差。土壤水分较少时,根、冠绝对生长量较正常条件下降低,干旱处理比充足灌水处理其光合产物分配到根系的比例增加。

苹果树在生长期内遇高温干旱,会降低光合作用,抑制根系生长。当土壤温度达到 28℃时根系停止生长,达到 50℃时细根死亡。当土壤含水量低至萎蔫系数,根系就停止生长活动;若土壤绝对含水量为 10%～15%时,地上部停止生长;低于 7%根系开始枯萎死亡。

④干旱对开花和坐果的影响

苹果花芽分化期平均温度高于 28℃,且严重干旱时,则果树根系活动受抑制,光合作用下降,同化产物减少,细胞液浓度过高,生长点细胞停止分裂,抑制花芽分化。干旱则可能推迟苹果的开花期,显著降低花的发育质量。

在苹果花期遇到异常的高温干旱天气,缩短花期,柱头分泌物会很快干枯,直接影响花粉发芽,大部分花粉管变形或中途破裂,难以授粉受精,严重影响坐果。晚春至初夏,树体内的水分胁迫明显加剧苹果的落花落果,降低坐果率,幼果发育受阻。

⑤干旱对苹果产量和品质的影响

果实产量受坐果数和单果重两个因子制约。降低坐果率、减小采收后果实体积的土壤水分胁迫,都会导致苹果产量的下降。尤其是在幼果期和果实膨大期,前者主要是承受水分胁迫会造成果实细胞分裂减少和引起严重落果而减产,后者承受水分胁迫可显著减小果实细胞增大使其单果重降低而减产。

花后 4 周内遇到异常的高温干旱对果形指数影响最大。在花后 40 天至苹果采收期,高温干旱严重影响果实膨大,并且使果实纵径比横径生长慢,因而果形变扁,果桩变矮。成熟期干旱能提高果实的可溶性固形物含量。在一定限度内,灌溉量越小,果实的可溶性固形物含量越高,但这种影响又同苹果树承受水分胁迫的时期密切相关。苹果果实细胞膨大期和后期承受水分胁迫都增加采收时果实的可溶性固形物含量。但是,在苹果果实成熟前遇到高温,则光合作用减弱,花青素难以合成,尤其夜温高,糖分消耗多,影响着色。8—9 月份,日最高温度超过 35℃或日平均温度超过 30℃的天数持续 5 天以上,可使已充分着色的果实严重褪色。若果实成熟期遇到高温干旱,果树同化作用变弱,不利于有机物的合成,从而影响果个变小,果实成熟期不一致,果汁减少,肉质变硬,风味降低,可溶性糖含量相对增加,维生素 C 含量也低,不耐贮藏。

5.1.3　干旱预警及防御措施

(1)干旱灾害的程度分级

根据《农业旱情旱灾评估标准》中对干旱等级的评定标准,可将干旱等级划分为轻度干旱(Ⅳ级)、中度干旱(Ⅲ级)、严重干旱(Ⅱ级)和特大干旱(Ⅰ级)四个等级。

①轻度干旱(Ⅳ级):区域内大面积连续 25 天以上无有效降水;30 天降水量比多年平均值减少 75%,或者 60 天降水量比多年平均值减少 40%,或者 90 天降水量比多年平均值减少 20%以上的;受旱面积占全市或区域耕地面积的 15%～30%,旱情已对农作物正常生长造成影响时为轻度干旱。

②中度干旱(Ⅲ级):区域内大面积连续 40 天以上无有效降水;30 天降水量比多年平均值减少 85%,或者 60 天降水量比多年平均值减少 60%,或者 90 天降水量比多年平均值减少 30%以上;受旱面积占全市或区域耕地面积的 30%～45%,旱情对农作物的生长造成一定影响时为中度干旱。

③严重干旱(Ⅱ级):区域内大面积连续 60 天以上无有效降水;60 天降水量比多年平均值

减少 75％,或者 90 天降水量比多年平均值减少 50％以上;受旱面积占全市或区域耕地面积的 45％～60％,旱情对农作物的正常生长造成较大影响,局部地区的农村人畜饮水发生困难时为严重干旱。

④特大干旱(Ⅰ级):区域内大面积连续 80 天以上无有效降水;60 天降水量比多年平均值减少 90％,或者 90 天降水量比多年平均值减少 80％以上;受旱面积占全市或区域耕地面积的 60％以上,旱情使农作物大面积发生枯死或需补种改种,较大范围农村人畜饮水面临严重困难,经济发展遭受重大影响时,此时为特大干旱。

(2)干旱预警信号

干旱预警信号分两级,分别以橙色、红色表示。干旱指标等级划分,以国家标准《气象干旱等级》(GB/T20481—2006)中的综合气象干旱指数为标准。

①干旱橙色预警信号表示,预计未来一周综合气象干旱指数达到重旱(气象干旱 25～50 年一遇),或者某一县(区)有 40％以上的农作物受旱。

②干旱红色预警信号表示,预计未来一周综合气象干旱指数达到特旱(气象干旱 50 年以上一遇),或者某一县(区)有 60％以上的农作物受旱。

(3)防御措施

①建立健全干旱灾害监测预警系统及服务体系

各地气象与农业、科技部门等应摸清当地干旱灾害发生规律,同时为减轻干旱灾害的影响和损失,建立干旱灾害实时监测、预警系统。开展干旱监测、预警和评估业务,应在干旱发生之前进行预测、预警;在干旱发生过程中,不断实时监测干旱的程度、发展态势以及对人民生活的影响,及时向政府和有关部门提供干旱可能发生的区域、时间和危害程度以及防旱减灾的对策,为防灾减灾服务。

②兴修水利,节水灌溉

加大水利基础设施投入,因地制宜地修建各类水库、水坝、水塘、水池、水窖等水利设施,抓好治理河道,及时拦蓄雨水,完备灌水系统,乃是防止干旱减轻灾害的根本措施。各地应根据实际情况加大水利建设投资,兴修水利设施,改善农田生态环境,努力做到遇旱能灌,遇涝能排。有条件的地方应积极推行滴灌、喷灌、微喷等节水灌溉方式。

滴灌:滴灌系统包括控制设备(水泵、水表、压力表、过滤器、混肥罐等)、干管、支管、毛管和滴头。具有一定压力的水,从水源经严格过滤后流入干管和支管,把水输送到果树行间,围绕株间的毛管与支管连接,毛管上安有 4～6 个滴头(滴头流量一般为 2～4 升/小时)。水通过滴头源源不断地滴入土壤,使树体根系分布层的土壤一直保持最适宜的湿度状态。滴灌是一种经济用水、省工、省力的先进灌溉方式,尤其适用于缺少水源的干旱山区及沙地。但造价高,对水质要求严,维修难。应用滴灌比喷灌节水 36％～50％,比漫灌节水 80％～92％。由于供水均匀、持久,根系周围环境稳定,十分有利于果树的生长和发育,一般增产 25％以上。滴灌时间应以掌握湿润根系集中分布层为度,滴灌间隔期应以果树生育进程而定,通常,在不出现萎蔫现象时,无须过频灌水。

喷灌:整个喷灌系统包括水源、进水管、水泵站、输水管道、竖管和喷头几部分。应用时可根据土壤质地、湿润程度、风力大小等调节压力、选用喷头及确定喷灌强度,以便达到既无渗漏和径流损失,又不破坏土壤结构,同时能均匀湿润土壤。喷灌具有节约用水(用水量为漫灌的1/4),保护土壤结构;调节果园小气候,清洁枝叶;炎夏喷灌可降低叶温、气温和土温,防止高温和日灼伤害,遇到霜冻时还可减轻冻害;果实成熟期暮喷,可促进着色和增糖。喷灌可以结合喷洒农药和液肥进行,是目前一种较为理想的灌溉方法。

微喷:微喷具备喷灌与滴灌的长处,克服了二者的弊端,比喷灌更省水,比滴灌抗堵塞,供水较快。应用微喷灌的技术重点是铺设总管 1 条,干管 2 条,支管若干条,支管下接毛管,沿等高线布置,间距同果树行距一致,每株树下固定一个双向折射微喷头,用塑料管与毛管连接,喷头喷水量约为 62 升/小时,喷洒直径为 2.9 米,同漫灌比,全年可节水 70%,是目前一种经济、实用且宜推广的灌溉方式。

③因时因地制宜,采取有效的干旱防御措施

第一,园地生草和覆草。果园生草和覆草已是发达国家普遍采用的一项现代化、标准化的果园管理技术。果园生草和覆草可充分发挥保墒抗旱,调节稳定地温;增加有机质含量,提高土壤肥力;改善生态环境,提高果品质量;减少成本投入,增加经济效益。果园种草一般选择抗逆性强、根系浅、生长矮、产草量较高的草类,如豆科中的三叶草、豆类、油菜等;禾本科中的黑麦草、冬牧 70 黑麦等。果园覆草可选择杂草、树叶、作物秸秆、糠皮、锯末和碎柴草均可。冬春覆干草,夏秋压青草。覆草前结合深翻或浅浇水,株施氮肥 200～500 克,以满足微生物分解有机物对氮素的需要。土层薄的果园可采用挖沟埋草与盖草相结合的方法。长草要铡短或粉碎,以便于覆盖和腐烂。果园生草覆草后,小环境改善明显,地表径流减少,山坡地和沙滩地果园尤为明显,土壤理化性状改善,团粒结构肥力明显增加,降水或灌溉水下渗损失少,供给果树根系水分的有效期延长。

第二,耕作保墒。清耕果园初春顶凌浅耙拍压保墒;生长前期每逢中雨降后,浅锄保墒;雨季来临,深刨园土,接纳雨水;雨季结束,及时耙平保墒;秋季结合施肥,深翻熟化土壤。

第三,果树起垄栽培。果树起垄栽培是克服平原低洼地幼树徒长、成花难、产量低、渍涝严重等现象的优良方式。采取起垄栽培可增加土层厚度,增强通透性,扩大根系活动范围,有利于果树新根数量增加。同时,起垄栽培还具有保墒作用,故有利于抗旱。

第四,穴贮肥水地膜覆盖。穴贮肥水地膜覆盖技术简单易行,投资少,见效大,具有节肥、省水的特点,一般可节肥 30%,省水 70%～90%;在土层较薄及无水浇条件的山丘地应用效果尤为显著,是干旱果园主要的抗旱、保水技术。

第五,合理使用抗旱保水剂。抗旱保水剂具有很强的保水性,可反复吸放水分,其缓释水分绝大部分能被植物根部利用。所吸水可随水势平衡出来,必要时根从保水剂凝胶中抽水。但使用土壤抗旱保水剂的果园必须具有一定的浇水条件,保证生长季能灌 3～4 次水,否则会有副作用。

第六,叶面喷肥。高温干旱季节,叶面可多次连喷 250～300 倍的磷酸二氢钾溶液或硫酸钾、800～1000 倍的氨基酸复合微肥,能维持叶组织、调节气孔开关,降低蒸腾作用;有利于降温、补充水分和养分,促进光合作用。另外,对于山坡、丘陵及无灌溉条件的旱地果园,6—8 月气温高时连续喷施 5%～6% 的草木灰浸出液(草木灰 5～6 千克,加清水 100 千克,充分搅拌后浸泡 14～16 小时,过滤除渣)1～3 次,能使树体含钾量增加,增强果树抗旱、耐高温能力。

第七,早施有机肥,改土保墒,养根壮树。果园施用的有机肥主要包括圈肥、堆肥、鸡粪、人粪尿、各种饼肥、草肥和绿肥等。这些肥料中含有大量的有机质,施入土壤以后经微生物分解和物理化学变化形成腐殖质。腐殖质是一种黏性胶体,可把细微的土粒黏结在一起,形成水稳性团粒结构,使黏性土变得疏松易耕,而使沙性土变成有结构的土壤。土壤结构改善以后,土壤的透水性和保水性增强,也容易蓄积和保存自然降水。腐殖质还有吸附土壤溶液中多种营养成分的能力,可以把营养元素吸附在表面,避免流失,从而提高保肥、保水的能力,为根系生长创造良好的生态环境条件。结合疏花疏果、合理修剪、保护叶片等综合技术措施,达到养根壮树的目的,提高果树的抗逆能力。

(4)灾后应急措施

①干旱灾害发生后,应迅速组织对产区果园树体进行全面检查,及时收集上报灾情,并针对实际受灾情况提出具体应对方案。

②全面评估干旱灾害对果树的组织、器官所产生的各方面影响、灾害程度、经济损失及社会影响,并积极组织实施应对技术措施,尽可能将灾害损失降至最小。

③应对技术措施包括两个方面,一是对长期受旱的果园采取渗灌、穴灌、沟灌等方式浇好“救命水”;二是尽早抹除无用的萌芽、摘除过多的花果、剪除过密枝条,减少过多枝叶、花果对水分的无效消耗;三是加强病虫害防治。果树遭受干旱灾害后,树体衰弱,抵抗力差,容易发生病虫害。因此,要注意加强病虫害综合防治,尽量减少因病虫害造成的产量和经济损失。

5.2　冻害的影响及防御

5.2.1　冻害发生规律

(1)冻害的概念

冻害是北方落叶果树的主要灾害之一,即在低于 0℃ 的温度下作物体内结冰所造成的伤害。果树体内的生物膜对低温最敏感,低温可使生物膜的活性降低,表现为细胞间隙出现冰晶体,引起细胞内失水,从而使对生物膜具有毒性的无机和部分有机化合物浓度增大,聚集在生物膜附近,并发生不可逆转的变化,这是冻害产生的过程。

(2)冻害发生规律

苹果树受冻害主要分为三类:

①冬季严寒型

冬季的极端最低温度对苹果树的冻害具有重要影响,低温持续时间过长,往往会引起更严重的冻害。另外,如果冬季气温变化剧烈,日较差大,在 30℃ 以上或 12 月中、下旬气温骤降 −20℃ 以下时往往会导致树体受冻(树干基部受冻、树干受冻皮层下陷变深褐、冻裂坏死及枝条和花芽受冻干枯死亡,引起腐烂病发生严重)。

②入冬剧烈降温型

晚秋至初冬季节,苹果树正是由生长过渡到休眠的时期,此时气温骤然大幅度下降,往往会造成较严重的枝芽冻伤,不仅影响开花降低产量,而且严重时会造成幼树整株死亡。

③早春融冻型

苹果树在休眠期抗寒力较强,随着春季的到来气温上升,回暖融冻,其抗寒力则随之降低。此时如遇天气回寒和干旱,苹果的花芽和枝条往往会受冻害,发生枝干的日灼和抽条现象等。

延安北部和渭北西部是陕西苹果产区冻害发生的主要地区,影响的主要天气过程是霜冻与寒潮。除地理、气候条件外,果园立地条件较差、栽培管理措施不当、品种选择不宜等都会加重果树冻害的发生。弱树、幼树抗寒性差,易受冻害;树体生长过旺、秋梢停长晚的造成组织不充实,也易发生冻害。树体受损、遭受机械损伤、病虫危害严重的树抗寒力差,易造成越冬死亡。就苹果品种而言,印度、青香蕉、澳洲青苹、富士系、元帅等品种抗寒性较差,易发生冻害。一般耐寒性中等的苹果品种在-18～-25℃开始发生冻害,最低温度低于-20℃的天数达到16天时,会发生中等冻害。

冻害与降温速度、低温的强度和持续时间有关,还与低温出现前后和期间的天气状况、气温日较差等有关。冬天气温急剧变化,温差较大,低温持续的时间过长,会导致树体枝干受冻。寒风可助长土壤水分蒸发,降低土壤和空气温度,对果树越冬不利。干旱可加剧枝条水分的蒸腾,同时由于地温低、水分供应不及时,很容易出现生理干旱。进入春季气温回升,果树的抗寒力也随之降低,这时若遇寒流和干旱,花芽、花朵、幼果和枝条受冻最为严重,陕西果区苹果花期冻害主要危害时段为4月中旬前后。

5.2.2　冻害对苹果生产的影响

(1)冻害对苹果树可能造成的危害

①根系冻害。根系冻害不易被发现,但对地上部分的影响非常显著,表现在春季萌芽晚或不整齐,有的受冻害较轻,虽然能发芽抽梢,但生长缓慢;严重时抽出的新梢逐渐凋萎枯干。如果刨出根系观察,则会发现外部皮层已变褐色,皮层与木质部分离,甚至脱落。

②根茎冻害。根茎冻害是由于接近地面的小气候变化剧烈,绝对最低温度较气温低而产生温差大引起的,特别是在根部积水多、贪青生长的情况下,根茎冻害更易发生。冻害常发生在地面至以上20厘米范围的西南向阳面,轻者皮层变褐,地面以下较轻;重者形成层组织变褐死亡,皮层与木质层分离。

③枝干冻害。主要表现为干基冻害、主干破裂和枝杈受冻。干基冻害是幼龄苹果树常常发生的一种冻害,主要是主干在地表以上15～20厘米处发生冻害,轻则仅向阳面的皮层和形成层变褐死亡,重则背阴面的皮层也死亡,形成围树干一周的坏死环,导致整株死亡。干基冻害发生的部位与果园中土壤管理、生草情况、积雪厚度以及寒冷程度有关。积雪愈厚,受冻的部位愈向上移,因为接近地表的部分,温度变化最剧烈,所以冻害最严重。主干破裂常易发生在成龄苹果树上,一般是沿主干纵向开裂。原因是冬季日较差太大,主干组织内外涨力不均,使主干的皮层开裂,有时裂口深达木质部。枝杈冻害幼树及成龄苹果树均可发生,一般是受冻枝杈皮层下陷或开裂,内部变褐,组织坏死,严重时组织基部的皮层和形成层全部冻死,受害枝枯萎,造成树势衰弱或枯死。

④枝条冻害。停长较晚、发育不成熟的秋梢,最易遭受冻害而干枯死亡。有些枝条外观看起来没有变化但发芽迟,叶片小或畸形,剖开后看到木质部色泽已变褐。

⑤花芽、花朵、幼果冻害。花芽冻害多出现在早春,花芽解除休眠早,或在苹果开花期、幼果期,春季气温快速上升,随即又出现霜冻,花芽、花朵、幼果易遭受冻害。受冻害轻时,发芽迟缓、畸形或长时间停留在某一发育阶段;春季不膨大、干枯瘦小、易落,有的外表不易看出,但剖视其内部可见芽中心已变褐,严重时可枯死。

历史冻害个例,如2001年4月9日陕西全省范围内出现了一次强冷空气活动,伴有大风和雨夹雪,果区日平均气温24小时下降6～15℃,最低气温达-6～-10℃,当时延安果区苹果处于花芽萌动期,渭北果区处于初花期,关中西部处于盛花期。降温过程使延安果区花芽、叶芽遭受冻害,渭北及关中西部苹果花器遭受冻害。当年苹果坐果率减少20%～30%,果形、单果重等果实商品率和品质受到很大影响;2013 年 4 月 6—7 日和 8—9 日,陕西大部分苹果种植区连续两次遭遇强寒潮天气过程,旬邑果园内小气候观测站最低气温为 −5.25℃,0℃ 以下低温持续 7 小时。此次晚霜冻天气过程具有降温速度快、幅度大、持续时间短且气温回升快的特点。试验调查观测发现,此次霜冻天气过程造成苹果花序受害 90%,花朵受害 80%,正常花朵不到 20%,已开放或半开放花朵的柱头、雌蕊受害丧失功能,未开放花蕾的柱头受冻,尤其中心花和树冠部位的优质花朵几乎全部受冻,灾害极其严重,见图 5.4。不同地理环境环境下,受灾程度不同,塬心灾害重于塬边,凹地重于塬地,迎风坡向尤为严重。

(a)旬邑县太村镇塬面

(b)旬邑县张洪镇凹地

(c)旬邑县原底乡

(d)礼泉县

图 5.4　2013 年 4 月陕西苹果产区苹果花受冻情况

(2)冻害程度分级

根据苹果树不同部位受冻害程度以及对当年和今后一段时期内树体产量、质量的影响,将苹果树的冻害分为 5 级。

0 级:根、干、枝、芽均未受冻。

1 级:冻害轻微,树冠下部的个别小枝和少部分花芽冻死(25% 以下);主干、部分主枝、枝条的皮层、韧皮部、木质部、髓部受冻变黄褐色,但对当年树体的产量和质量无明显影响,生长结果正常。

2 级:冻害较重,枝条的髓部和木质部受冻变褐;树冠中、下部的小枝部分冻死;部分花芽(25%~45%)冻死,仅长果枝和树上部等花芽未受冻。对当年树体的产量和质量有一定的影响,而树体生长基本正常。

3级:冻害严重,主干、主枝、枝条的皮层和形成层木质部、髓部受冻,全部变成褐色,部分变成黑色;骨干枝冻死或冻残 2/3;大部分花芽(45%~75%)冻死;对当年和今后的产量和质量有明显影响。

4级:冻害极为严重,树体基本冻死或冻残;绝大部分花芽(75%以上)冻死;树体当年基本绝产,第二年又恢复树势而产量和质量较难恢复,第三年在正常情况下才能恢复产量和质量。

5.2.3 冻害预警及防御措施

(1)冻害预警指标主要有四类:

① 陕西苹果花期冻害的预警指标,严重低温冻害($T_{min} \leqslant -4℃$)、中度低温冻害($-4℃ < T_{min} < -2℃$)、轻度低温冻害($-2℃ \leqslant T_{min} < 0℃$)。

②陕西苹果树越冬期冻害预警指标,严重越冬冻害($T_{min} \leqslant -28℃$)、中度越冬冻害($-28℃ \leqslant T_{min} < -24℃$)、轻度越冬冻害($-24℃ \leqslant T_{min} < -20℃$)。

③霜冻预警信号分三级,分别为蓝色、黄色、橙色表示。霜冻蓝色预警信号表示,48 小时内地面最低温度将要下降到 0℃以下,对农业将产生影响,或者已下降到 0℃以下,对农业已经产生影响,并可能持续;霜冻黄色预警信号表示,24 小时内地面最低温度将要下降到零下 3℃以下,对农业将产生严重影响,或者已下降到零下 3℃以下,对农业已经产生严重影响,并可能持续;霜冻橙色预警信号表示,24 小时内地面最低温度将要下降到零下 5℃以下,对农业将产生严重影响,或者已下降到零下 5℃以下,对农业已经产生严重影响,并将持续。

④寒潮预警信号分四级,分别以蓝色、黄色、橙色、红色表示。寒潮蓝色预警信号表示,48 小时内最低气温将要下降 8℃以上,最低气温小于等于 4℃,陆地平均风力可达 5 级以上,或者已经下降 8℃以上,最低气温小于等于 4℃,平均风力达 5 级以上,并可能持续;寒潮黄色预警信号表示,24 小时内最低气温将要下降 10℃以上,最低气温小于等于 4℃,陆地平均风力可达 6 级以上,或者已经下降 10℃以上,最低气温小于等于 4℃,平均风力达 6 级以上,并可能持续;寒潮橙色预警信号表示,24 小时内最低气温将要下降 12℃以上,最低气温小于等于 0℃,陆地平均风力可达 6 级以上,或者已经下降 12℃以上,最低气温小于等于 0℃,平均风力达 6 级以上,并可能持续;寒潮红色预警信号表示,24 小时内最低气温将要下降 16℃以上,最低气温小于等于 0℃,陆地平均风力可达 6 级以上,或者已经下降 16℃以上,最低气温小于等于 0℃,平均风力达 6 级以上,并可能持续。

(2)防御措施

①选择适宜的园地。新发展果园应选择海拔适中、背风向阳的地域,尽可能避免在低洼地或阴坡及梁峁建园。因为这种地块秋季降温早而快,春季升温慢而晚,冬季夜间停积冷空气,积温较低。

②选用抗寒砧木和优良品种。根据本地土壤、气候特点,宜选用在当地试栽成功且表现抗寒性表现较为优良的砧木和品种。

③营造果园防护林。果园防护林可提高园内温度 2~5℃,能有效地防止果树发生冻害。果园防护林宜在梁峁、沟边、风口采用乔灌结合的 3~5 行紧密林带,这样防护效果好。

④加强树体管理。增强树势,促使枝梢生长充实,提高树体的抗寒越冬能力。一是对弱树要加强生长前期的肥水供应,尤其增施氮肥,加强中耕松土,尽量满足树体对水分、养分的需

要;保护叶片,促进生长发育。二是对生长过旺的树,及时采取拉枝、捋枝和连续摘心或扭梢等措施控制其旺长,促进枝条成熟老化,增加树体营养积累。三是冬剪回缩、疏除大枝后随即在剪锯口涂抹封剪油或凡士林等保护剂,防止剪口失水因气温过低而受冻。

⑤加强肥水管理。一是果园生草覆草可稳温保湿,抑制杂草生长,增加土壤有机质含量。覆草前浅翻土壤,适施氮肥,浇水后或降雨后用秸秆、杂草覆盖,厚度 15～20 厘米,上撒少许土,可大大降低苹果树的冻害程度。二是早施、深施、饱施有机肥和磷氮肥为主的基肥,尽快提高肥料的利用率,有利于增强土壤树体贮藏营养;7—8 月,增加叶面喷施磷、钾肥,增强光合效能,提高树体贮藏营养;生长后期 8—10 月停止灌水,适当降低树体组织所含水分。从而增强树体的抗寒力,以利于安全越冬。三是初春土壤解冻后,及早追施速效氮肥并适量灌水,及时补充树体养分。

⑥及时防治病虫害。生长期及时做好病虫害防治,尤其是生长后期要注重对褐斑病和叶螨、金纹细蛾的防治。初冬全树均匀喷布 4～5 波美度(°Bé)石硫合剂或"天达 2116"防冻剂 5～10 倍,防御冻害并防治病虫害。对于机械损伤或病虫危害及修剪等造成的伤口要及时进行封蜡或包扎,以减少树体失水和病虫侵入。保护好枝干和秋季叶片完整,以提高光合效能,积累营养物质,促进枝条成熟,提高越冬性能。

⑦灌水和喷水。因水热容量大,灌水可增温 2～3℃,对气温变化有良好的调节作用。封冻前,当土壤"夜冻昼化"时,对果园灌足越冬水,既可做到冬水春用,防止春旱,促进果树生长发育,又使寒冬期间地温保持相对稳定,从而减轻冻害。花芽萌动前树体均匀喷施 1% 的生理盐水或 1% 石灰液,提高树体自身的抗冻能力,可预防花期霜冻。

⑧培土与覆盖。1～3 年生的幼树,在封冻前于树干根颈部周围培土厚度 20～30 厘米,待来年早春气温回升后及时把土扒开;亦可在霜降前于树盘下覆盖 1 平方米的地膜,然后在地膜上加盖 15～20 厘米的草,可明显提高幼树的越冬性。对成龄树,除树干茎部须培土 30 厘米左右厚外,可用杂草、树叶、作物秸秆等于初冬前覆盖在树盘内,厚 10～15 厘米,可提高地温 3～5℃,又可增加土壤养分及保墒。

⑨树干涂白。入冬前用涂白剂将苹果树干和主枝及桠杈处均匀涂白,既防冻、防日灼,又能杀死潜藏在树干中的病菌、虫卵和成虫。涂白液的配制比例:生石灰 1.5 千克、硫磺粉 0.15 千克(或石硫合剂原液 1.5 千克)、食盐 0.45 千克、豆浆 1～1.5 千克、水 15 千克。配制时先将石灰、食盐分别用热水化开,搅拌成糊,然后再加入硫磺粉、豆浆,最后加入水搅匀。于越冬前将主干、中心杆下部、桠枝处及主枝上涂刷一遍,具有较好的防冻作用。

⑩树干包裹。越冬前,1～2 年生幼树先用报纸将树干包缠,再外套塑料筒;3 年生以上树可用稻草、玉米秆、谷秆等将主干缠紧,来年果树萌芽前将草把取下集中烧毁,不但能使树体安全越冬,同时也能诱到大量潜入草把越冬的害虫。

⑪清除树体上的积雪。降大雪后及时摇落树上的积雪,并将积雪堆于果树树盘内,以利土壤蓄水保湿。

⑫熏烟。冻害来临前夕熏烟短时期内可使气温提高 3～4℃,能减少地面辐射热的散发,同时烟粒可吸收空气中的湿气。在冬季冷空气容易聚集的地势低洼果园,应用该法效果特好。其做法是:低温寒潮来临前的傍晚,以碎柴禾、碎杂草、锯末、糠壳等为燃料,堆放后上压薄土层。夜间当气温下降到果树受冻的临界温度前点燃,以暗火浓烟为宜,并控制使烟雾覆盖在果园上空,一般每亩果园可设 4～5 个烟堆,每堆用料 15～20 千克。

⑬延迟开花。从 2 月下旬至 3 月下旬,每隔 20 天左右喷一次 100～150 倍的羧甲基纤维素或 3000～4000 倍的聚乙烯醇,可减少树体水分蒸发,增强抗寒力。对树冠喷洒萘乙酸钾盐250～500 毫克/千克溶液,可抑制花芽萌动。萌动初期喷 0.5％的氯化钙溶液,花芽膨大期喷洒 200～500 毫克/千克的顺丁烯二酸肼溶液,均可延迟花期 4～6 天,减少花芽冻害。

(3)灾后应急措施

冻害发生后,首先应组织技术力量及时赶赴生产第一线进行调查,摸清本区域内苹果冻害发生的原因和危害程度,提出切实可行的救灾建议和措施,其次与当地主管部门密切配合,将灾后补救技术措施提供给当地主管部门,及时宣传到农户,指导当地果农抗灾自救。

灾后补救措施。一是受冻果园延迟修剪,发芽后剪除已经"抽干"的枝条;二是初春土壤解冻后,抓紧追施氮肥并适量灌水,补充树体养分、水分,尽快恢复树势;三是对树干受冻严重的果园,可采取"桥接"或"蹲接"方法,恢复生长,重新培养树冠。

5.3　高温的影响及防御

5.3.1　高温发生规律

(1)高温的概念

高温是指超过果树生理代谢适宜温度上限值的环境温度。不是绝对的高温,而是在不同的发育阶段,超过其正常生长发育的温度。如苹果花期适宜的温度上限为 25℃,长时间超过此界限温度,就会导致苹果花器受到高温热害,也称高温伤害,俗称"穿花"。果实膨大期适宜的温度上限为 35℃,长时间超过此界限温度,会导致果实"日灼"。

(2)高温发生规律

渭北东部果区是陕西苹果主产区日最高气温≥35℃的年高温日数高值区,全年高温日数一般有 6～28 天,延安、渭北中西部 4～12 天,陕北大部分地区高温日数在 4 天以下。研究表明,高温热害的时空分布特点,主要危害区域为关中和渭北东部果区,危害关键时段为 6 月中旬至下旬和 7 月下旬至 8 月上旬,20 世纪 90 年代以后果区高温热害有加重发生的趋势。

5.3.2　高温对苹果生产的影响

高温对果树可造成间接伤害和直接伤害。间接伤害是指在高温胁迫下,果树生理生化反应异常,代谢速率逆转,使生长发育受阻,出现间接伤害时会使蛋白质变性,使光合作用酶系统、呼吸作用酶系统等失活,导致光合作用速率下降,植物呈现"饥饿";呼吸作用加强,或发生无氧呼吸,产生有毒物质而导致伤害;生物膜结构与功能遭受破坏,原生质膜离子泵失活,导致细胞中大量粒子外渗;蛋白质分解加速,合成下降,导致蛋白质损耗;高温还会使某些生化环节发生故障,使得生长所需的活性物质缺乏。以上过程均较缓慢,主要是对植株组织或器官造成间接伤害。然而,直接伤害过程发生快,果树受害严重,如组织坏死,直接影响细胞的结构与功能。在高温胁迫下,最明显的直接伤害是植物生物膜结构破坏,从而丧失半透性功能,原生质内含物外渗,细胞受伤死亡。

(1)休眠期高温影响花芽分化

苹果在冬季需要一定的低温才能通过休眠阶段。休眠期如遇暖冬气候,一方面,果树呼吸轻度增强,营养消耗大,影响花芽分化;另一方面,果树不能正常解除休眠,导致后期萌芽、开花明显延迟且不整齐,甚至花蕾中途枯死脱落。

(2)花期高温可导致异常落花、落果

近年来,陕西苹果开花至幼果期,常有超过生育期适宜温度的异常高温出现,一方面,致使花和幼果在短时间内以极大的速率提早脱落,被称为异常落花落果。另一方面,致使穿花现象明显。

(3)高温可导致日灼

苹果树日灼主要是果实日灼,其次是枝干日灼。日灼发生的程度与气象条件、土壤、品种、树龄与树势等均有关系。

果实发生日灼时,初期在果实阳面出现先白色后逐渐变红褐色圆形斑点,其后病斑逐渐扩大,呈现黑褐色呈圆形或不规则形凹陷斑块,边缘有黄色晕圈为水烫状。严重时,病斑干枯开裂,果实日灼仅发生在果实表层,果肉一般不变色。但因表皮死亡,果肉细胞生长受阻,故多形成畸形果,影响品质和产量。

枝干发生日灼,也叫烧皮。温度过高的树皮一方面通过表皮向外蒸散,另一方面则向体内低温处扩散,造成过量失水而引起生理干旱,表皮收缩干枯至褐烫状。

高温灾害个例,如 2002 年 7 月 9—15 日、18—21 日,关中大部地区出现了≥35℃的高温天气,宝鸡 7 月 13 日最高气温 39.6℃、西安达 40.3℃。关中和渭北东部主要果区日最高气温≥35℃日数为 8~15 天,其中西安 15 天,宝鸡 12 天。当年关中、渭北东部果区果实灼伤严重,果实普遍小于常年。套纸袋的苹果灼伤率为 5%~10%,套塑膜袋的苹果灼伤率为 10%~15%,见图 5.5 和图 5.6。

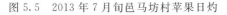

图 5.5　2013 年 7 月旬邑马坊村苹果日灼　　　　图 5.6　2005 年礼泉叱干村苹果日灼

5.3.3　高温预警及防御措施

(1)高温预警

①目前陕西苹果气象服务中应用陕西省地方标准之果树高温热害气预报预警等级和温度指标:轻度高温热害($35℃ < T_{max} \leqslant 38℃$)、中度高温热害($38℃ < T_{max} \leqslant 40℃$)、重度高温热害($T_{max} > 40℃$)。

②高温预警信号分三级,分别以黄色、橙色、红色表示。高温黄色预警信号表示,连续三天日最高气温将在 35℃以上;高温橙色预警信号 24 小时内最高气温将升至 37℃以上;高温红色

预警信号 24 小时内最高气温将升至 40℃以上。

（2）防御措施

①树体保护，减少日光直射

一方面冬季可采取树干高位涂白或包扎等保护措施，增加对太阳光的反射率，使树皮吸收的太阳辐射减少，温度变化缓和，从而避免或减少日灼。另一方面果实套纸袋，可以防止日光直射，降低果面温度，从而预防日灼。

②合理整形修剪，避免枝干裸露

合理整形修剪，调整树冠枝叶量与叶幕厚度，以枝叶本身保护枝干及果实免遭日光直接照射，是防治日灼行之有效的办法。为防止枝干日灼，应注意不使其光秃裸露，主枝上和落头开心部位应适当保留一些背上枝或辅养枝；在枝干光秃部位萌芽前刻芽促枝补空，剪除树冠内的竞争枝、徒长枝、萌生枝、密生枝及下垂直枝，改善树冠的通风条件，降低果面温度，有利于防止果实日灼，并减少无效消耗。

③加强土、肥、水管理，防止发生干旱

土壤水分供应状况与日灼有密切关系，土壤水分状况良好，能保持树体内水分均衡，故能防止树皮或果面温度升高，减轻日灼。所以干旱高温季节采取地面浇水，特别是树冠下午喷水，更有利于防止日灼。在雨季，应注意排水，积水会影响根系的生长活动，导致树体水分失调，骤晴后，会加剧日灼发生。

树冠下土壤覆盖秸秆，能防止土壤温度过高，保持树体正常水分含量，从而防止日灼。此外，增施磷、钾肥，特别是在干旱高温季节喷施磷酸二氢钾或硫酸钾液或有机钾肥，能提高细胞液浓度，增强保水能力，防止日灼发生。

④其他措施

加强病虫害防治及树体管理，防止叶片损害早落，尤其结合防病，树冠喷波尔多液或石灰液或黄腐酸，有利于防止日灼发生；对于较大的剪锯口或伤口涂抹保护剂，减少其蒸腾失水，也有助于减少日灼；疏果时，应适量保留树冠内、下部和易下垂果实，外围果实要注意留有叶片遮盖，可减少日灼。此外，在易发生日灼的天气，对秃裸部分实行遮盖或拉枝遮藏。

（3）灾后应急措施

一是高温热害发生后，应组织技术人员及时赶赴生产第一线进行调查，摸清本区域内苹果高温热害发生的原因和对果实、树体的危害程度，提出切实可行的建议和措施。二是与当地主管部门密切配合，将预防与技术成果提供给当地主管部门，及时宣传到农户，指导当地果农抗灾自救。

5.4 大风的影响及防御

5.4.1 大风发生规律

（1）大风的概念

大风是指风力达到足以危害农业生产及其他经济建设的风。由于不同地区栽培的农作物种类不同，所以农作物受害的指标也不一样。中央气象台以平均风力达 6 级（10.8～13.8 m/s）以上，或瞬间风力达到 8 级或 8 级以上（≥17.2 m/s），作为发布大风预报的标准。

（2）大风发生规律

大风是在大尺度环流天气系统或局地强对流天气系统条件下产生的一种天气过程,陕西大风多发区主要分布在陕北北部。20 世纪 60 年代以来,陕西苹果主产区平均年大风日数呈明显减少趋势,60 年代平均每站出现的大风日数为 10 天,90 年代以后,年平均每站出现大风日数降为 4.5 天,减少了 55%。近 30 年陕西苹果产区≥6 级大风日数呈递减趋势,递减率分别为陕北北部－16.7 天/10 年、黄河沿线－3.7 天/10 年、子午岭山区－11.4 天/10 年、关中西部－3.8 天/10 年、关中平原－3.8 天/10 年、关中东部－9.3 天/10 年,苹果主产区大风以春季最多,冬季次之,秋季最少。绥德县年大风日数在 30 天以上,延安及关中大部分地区为大风少发区,年均大风日数少于 2 天。此外,年大风日数受地形影响明显,山地隘口和孤立山峰处也是大风日数的多发区。干旱较严重的年份通常也是大风较多的年份。对苹果树体及果实影响较大的风灾主要是夏季伴随冰雹、暴雨的大风。

5.4.2　大风对苹果生产的影响

（1）影响授粉受精和产量

如果在花期遇上大风,风速过大时,易使空气相对湿度降低,致使苹果花器的柱头干燥而影响授粉受精。同时大风还会妨碍许多昆虫的飞翔活动,影响花期传粉,降低坐果率。风力过大时,不仅能吹落大量花朵,而且还容易引起温度陡降,发生平流霜冻,造成明显减产。

（2）影响树形和丰产稳产

苹果如在新梢旺长期遇上风灾天气,幼嫩的新梢被强风连续吹拂,会逐渐向一边倾倒,往往致使幼树树体形成偏冠形,习惯上称为“旗形树”。这样的树,修剪困难,光照不易调整,也影响丰产稳产,此种影响在陕北山地梁峁、沟边果园最易发生。

（3）影响果实生长

生长期遇风灾,会使枝条来回摇曳,叶片蒸腾量增大,叶温降低快,严重时可使叶片气孔关闭,降低光合作用,不利于生长结果;雨后大风,还容易吹歪树冠,甚至使树体倾倒;风速过大还会刮伤叶片,使其残破不全,既影响当年产量,又妨碍翌年花芽的形成。秋季风灾还容易引起落果,尤其对于采前落果较重的品种,这种危害是极严重的,有时可使优质果品产量减少 60%以上。风灾还可加剧果实在树上的碰伤,降低优质果率。

（4）造成越冬抽条

冬季风灾是引起苹果树“抽条”的重要原因。枝条在经较长时间干寒风的吹袭之后,会因水分过度损失而逐渐皱缩、干枯,这对树体的生长发育和成花结实,都是极为不利的。

（5）引起土壤养分流失

在采用清耕管理的果园里,大风能吹走地表细土,通常被称为“风蚀”。在季风显著的园区,风蚀常常是引起地表土壤养分流失、逐渐变贫瘠的重要原因之一。

5.4.3　大风预警及防御措施

（1）大风预警

大风(除台风外)预警信号分四级,分别以蓝色、黄色、橙色、红色表示。

①大风蓝色预警信号表示 24 小时内可能受大风影响,平均风力可达 6 级以上,或者阵风 7 级以上;或者已经受大风影响,平均风力为 6~7 级,或者阵风 7~8 级并可能持续。

②大风黄色预警信号表示 24 小时内可能受大风影响,平均风力可达 8 级以上,或者阵风 9 级以上;或者已经受大风影响,平均风力为 8～9 级,或者阵风 9～10 级并可能持续。

③大风橙色色预警信号表示 6 小时内可能受大风影响,平均风力可达 10 级以上,或者阵风 11 级以上;或者已经受大风影响,平均风力为 10～11 级,或者阵风 11～12 级并可能持续。

④大风红色预警信号表示 6 小时内可能受大风影响,平均风力可达 12 级以上,或者阵风 13 级以上;或者已经受大风影响,平均风力为 12 级,或者阵风 13 级以上并可能持续。

(2)防御措施

①营造防风林带

营造防风林带,是避免和减轻风害的有效措施,应建成林网状。山地果园尤其风口梁峁除建造主林带外,还应规划副林带及与主林带相垂直的折风带。林带宜为乔、灌木结合的透风林,并需一定的厚度,以增强防风效果。

②科学规划,合理布局

在果园品种配置方面,因其边缘接近道路两边和风口处易受风灾侵袭,故宜安排种植早熟品种或果形较小、抗风力较强的品种。在规划上应合理密植或实行宽行密植,以增强群体的抗风能力。重视和加强深翻扩穴,深施基肥,促使根系向深层发展,增强树体的固地能力。施肥时还应增施磷、钾肥,以增强组织机能,促使树体强健,避免徒长。夏秋期间树冠下覆草,可防止刮风落果破伤或被泥土污染;还可缓冲大风、暴雨对土壤的冲刷,减少径流引起的表土流失,防止根系裸露和摇动;同时,还有利于稳定土温,保持土壤水分,促进根系的生长发育。

③栽培管理措施

选择优良砧木并注重良种良砧配套,防止发生"小脚"和浅根及嫁接部位愈合不良。大树高接换种时,要求在大枝断面同时插接 2～4 个枝条,且长短结合以促进断面愈合,增强新枝的抗风能力,并有利于树冠的迅速恢复和提早结果。当高接的新枝在生长旺盛阶段,应适时摘心,以降低发枝部位,增加分枝级数,促进枝条增粗,增强抗风能力。嫁接成活后(包括育苗及高接换种),应于接穗旺盛生长前适时解除绑扎物,以利愈合组织发育及枝条增粗(对高接换种的枝头应绑缚好支撑物),否则极易折断。主干及主、侧枝上不宜施行环剥及绞缢等技术措施。

④整形修剪技术措施

在整形方面:采用低干矮冠树形,降低树冠高度和重心。一是栽植后定干时剪口芽要选留在迎风面,并应抠出竞争枝芽,加强培养,使树冠上层的受风面减小,全树重心平衡,从而增强抗风能力。幼树要适当多留辅养枝及预备枝,并注意绑缚。对生长强旺的幼树,宜用中庸枝作延长枝,以加大骨干枝的尖削度,并使整个大枝呈现一定的弯曲。二是加大主、侧生枝的开张角度,特别要加大基角,以增强大枝基部的接合能力,防止大枝劈裂。三是注意大枝的均匀分布,防止树冠偏歪。四是调整好主与各级骨干枝、结果枝组之间的枝极差,力求达到 3～5∶1,加大侧生枝的伸展角度,使树冠下部大、上部小,降低树冠重心。

在修剪方面:树冠形成后,通过主、侧生枝的适度修剪,使株行间保持适当的间距,避免树冠密接及大枝相互摩擦。结果枝组要根据所处位置确定大小,并及时回缩更新,减少枝组间的交叉摩擦。注意疏除树冠顶部及外围的徒长枝和过多的结果枝,促进树冠中部和内膛果枝的生长发育,达到立体结果,避免外围结果而加重风害损失。大风来临前,及时疏除徒长枝、并生枝及过密枝,避免"招风"。对留果过多的果树和老、弱树,应及时采取顶吊、支撑和设立柱绑缚等保护措施。

⑤病虫害防治

加强对枝干天牛、木蠹蛾、吉丁虫及腐烂病和干腐病等病虫害的防治,以免引起风折。苗木定植时,要严格剔除根瘤病苗。此外,对根部患有自绢病、紫纹羽的根腐病等也应加强防治。对于大枝上因修剪或病虫等造成的较大伤口,要消毒及保护,防止天牛、木蠹蛾等病虫害寄生。锯除枯死或无用大枝时,不留残桩,并尽量缩小断面的横截面;大枝回缩时要在剪口处留有良好的枝组或带头枝;过粗的大枝,宜分年逐步疏除,缩小伤口,利于愈合。

(3)灾后应急措施

①大风过后,应迅速组织人员对产区的果园树体状况进行全面检查,针对实际受灾情况提出具体应对方案。

②全面评估大风灾害对果树结构组织、器官所产生的各方面影响、危害程度,并实施积极的应对措施,尽可能将灾害损失降至最小。

③加强病虫害防治。果树遭受大风灾害后,树体、枝叶及果实伤口多,田间湿度大,容易诱发病害。因此,要注意加强病害综合防治,及时喷药保护,尽量减少因病虫害造成的产量和经济损失。

5.5　冰雹的影响及防御

5.5.1　冰雹发生规律

(1)冰雹的概念

冰雹是从发展旺盛的积雨云中降落到地面上的固体降水物,系圆球形、圆锥形或不规则的冰球或冰块,由透明层和不透明层相间组成。直径一般为 5~50 毫米,大者有时可达 10 厘米以上,又称雹或雹块。冰雹常砸坏农作物和果树,威胁人畜安全,是一种造成局地严重的自然灾害。

(2)冰雹发生规律

陕西冰雹路径大多由西北向东南移动。产生地主要有三个:陕北白于山区雹源,冰雹移动的路径有 3 条。第一条定边—志丹—安塞—延安—延长或又从志丹—富县—洛川—黄陵,第二条靖边—子长—清涧—延川,第三条横山—子洲—绥德;渭北子午岭雹源,冰雹的移动路径有 2 条。第一条宜君—铜川—白水—蒲城或铜川—耀州—富平—临潼—蓝田,第二条长武—彬县—旬邑—穿五峰山—永寿—沿甘河南下经乾县、礼泉—武功;六盘山区雹源,冰雹路径有 1 条,陇县—千阳—凤阳—岐山—扶风。另外,神木、府谷冰雹主要从内蒙古移来。

陕西苹果产区冰雹分布的特点:①陕西苹果果区冰雹具有北多南少,高原和高山多于平川、盆地;延安、渭北西部果区多于渭北东部、关中西部果区的特点;20 世纪 70、80 年代是冰雹高发期且波动较大,90 年代以后有所减少;降雹季节变化明显,夏季冰雹日数最多,春秋次之;12 月、1 月为无冰雹时段,2—11 月都可能出现冰雹;冰雹日变化成单峰型,14—19 时是陕西苹果果区降雹的高峰时段,出现概率为 78.7%。②陕西苹果果区冰雹灾害重度风险区主要分布在延安中西部,该区为白于山、子午岭冰雹带区域,冰雹灾害发生频繁且强度大,危害重,多年年平均雹日约 2 天。中度风险区主要包括韩城、合阳、澄城、蒲城、富平北部、耀州区、淳化、彬县、长武大部及以北所有非重度风险区,该区主要受西路和北路冷气流影响,冰雹灾害强度较大、危害较重,多年年平均雹日 1～2 天。轻度风险区主要分布在关中西北部及东部小区域地区,该区为西路和北路冰雹路径的尾部,一般情况下,冷气流势力减弱,形成雹灾的概率大大减小,多年年平均雹日不足 1 天。

5.5.2　冰雹对苹果生产的影响

（1）砸伤果树

果树受到冰雹的砸击会因破皮、损叶、折枝和落果而减产。在开花坐果时遭受冰雹危害,会发生严重的落花落果现象而导致大幅减产;即使被冰雹打伤的幼果可以发育成熟,但因其带有雹伤,商品价值也会大幅度降低;果实成熟期遭受雹灾,果实容易腐烂,也不耐贮存,常带来无法弥补的经济损失,见图 5.7、5.8。

图 5.7　2012 年 7 月旬邑县塬底冰雹灾害　　　　图 5.8　2011 年 9 月凤翔县冰雹灾害

（2）冷冻影响

降雹之前,常有高温闷热天气出现,降雹后气温骤降,前后温差高达 7～10℃。剧烈的降温使正在生长的果树遭受不同程度的冷害,使被砸伤的果树伤口组织坏死,伤口愈合缓慢;少数降雹过程伴有局部洪水灾害等。

（3）表土板结

由于雨拍和雹块的降落,常使土壤表层板结,不利于果树根系生长。特别是春、夏降雹天气过后,常有干旱天气出现,使板结层更加干硬,给果树的生长发育造成严重的影响。

冰雹灾害个例,如 2001 年 6 月 12 日陕西渭北、关中地区从 13 时开始由西北向东南陆续受到雷雨、大风和冰雹的袭击,涉及 24 个县。冰雹直径一般为 5～10 mm,最大直径 20 mm;瞬时大风为 17～18 米/秒,最大风速达 22 米/秒。雹、雨、风相互作用造成冰雹路径所经过的果园断枝落叶和果实大量脱落、受伤,不仅对当年苹果产量、品质和商品率造成严重影响,而且,由于枝条受损、树势变弱,给来年花芽分化和产量带来显著影响;2002 年 5 月 10 日和 15、16 日三次降雹使长武、旬邑、印台、洛川等 10 多个县苹果成灾面积达 2.4 万亩,直接经济损失在 3.5 亿元以上;2003 年 6 月 5—7 日连续三天延安、渭南的部分果区成灾面积近 1.3 万亩,直接经济损失 2 亿元以上。

5.5.3　冰雹预警及防御措施

（1）冰雹预警

冰雹预警信号分两级，分别以橙色、红色表示。

①冰雹橙色预警信号表示，6 小时内可能出现冰雹天气，并可能造成雹灾。②冰雹红色预警信号表示，2 小时内出现冰雹可能性极大，并可能造成重雹灾。

（2）防御措施

①重视农业区划。冰雹形成于具备一定气象条件的积雨云中。由于可形成冰雹的积雨云区比较狭窄，并常沿山脉、河谷移动，故降雹地区往往呈狭小的带状分布，一般宽度几千米或更窄，长则可达几千米至几十千米，甚至更长，因此具有明显路径，即"雹打一条线"。促使冰雹形成的冷锋以来自北、西北方向的居多，冰雹路径与其一致。冰雹的发生还与地形地貌有关。一般表现为山区多平原少，秃山多林地少，迎风坡多背风坡少，内陆多沿海少。果树属多年生植物，具有相对长期的固定生长地点，各地在规划发展果树时，应在对冰雹发生特点、当地地形地貌和冰雹路径充分了解的基础上进行区划，尽量避开"冰雹带"。冰雹区应减少中熟品种的比例，以早熟和晚熟品种为主，避开降雹发生高峰期。

②植树造林。植树造林可减轻午后的增温作用，降低风速，防止或减轻冰雹危害。苹果产区应于建果园的同时在果园四周植树，营造防护林。

③加强降雹预报。雹灾具有偶发性，因而进行预防有一定难度。然而冰雹的形成有明显的气象特点，所以进行预防是可能的。要有效地防雹减灾，必须重视降雹预报，注意降雹发生征兆的研究。应积极创造条件，采用现代仪器设备识别冰雹云，提高降雹预报的及时性和准确率。

④人工防雹。爆炸法是利用火药制成火箭或炮弹，再用炮筒打入云中的上升气流，我国目前主要采用爆炸法防雹。过去，防雹的主要工具是土炮，炮中装几两火药，没有炮弹。各地普遍采用和推广了空炸炮和土迫击炮，可发射至 $300\sim1000$ 米高空。这种炮造价低、爆炸力强，深受群众欢迎。近二十年来各地普遍使用高射炮火箭，可射到几千米高空集中轰击，增温化雹。爆炸为什么能防雹呢？有人认为爆炸时产生的冲击波能影响冰雹云的气流，或使冰雹云改变移动方向。有的人认为是爆炸冲击波使过冷的水滴冻结，从而抑制冰粒增长，而小冰雹很容易化为雨，这样就收到了防雹的效果。化学催化法：利用火箭或高射炮把带有催化剂（碘化银）的弹头射入冰雹云的过冷却区，药物的微粒起了人工冰核作用，过多的冰核分食过冷水而不让雹粒增大或拖延冰雹的增长时间，即化雹为雨，变害为利。

⑤果实套袋

果实套袋是优质果品生产的一项重要措施，也是减轻雹灾损失的有效方法。据调查，在雹灾严重到好果率为零的情况下，套袋与不套袋相比，残果率降低 9.9 个百分点，仍有 5% 好果，明显地减轻了损失。在易发生雹灾的地区，疏果定果时更应留有余地，修剪时也要适当多保留些枝叶。适度增加枝叶密度，可相对减轻雹灾。

⑥搭建防雹网

防雹网是在果园上方和周边设立柱上罩专用的尼龙网，阻挡冰雹冲击，从而起到保护果树的作用。

防雹网的架材主要有钢管、铁丝及扎丝尼龙网材、水泥、沙子等。根据果园地形选平面式搭架,架高4米,管距15～20米,且45°下地牛(拉斜线牵引),管底焊"十"字架,并用混凝土固定,管与管之间用8号铁丝连接并用紧线钳拉紧,再用10号铁丝拉网。根据搭架情况,在地面将网子联结成整块,网边缘缝在竹竿上,上网后用扎丝固定在铁网上。

(3)灾后补救措施

①抓紧清园。对枝破皮裂无全叶、无好果的重灾绝收果园,先摘除树上破伤果及伤残叶,剪除破伤枝条,全面清除地面落叶、落果,及时深埋,并立即喷杀菌剂保护枝干雹伤;对枝皮有破损,果、叶损伤过半的较重果园,先摘除无商品价值的果实和破损较大叶片,尽量保留其余叶片;对叶面有破损、果面有小雹坑的较轻果园的果实,不必摘除。

②无论冰雹受灾轻重,应及时喷布杀菌剂,保护枝、叶和果实;对受灾较轻的果园可追施三元素复合肥;对重灾果园迅速追施速效氮肥加磷酸二铵;对雹伤枝干涂抹保护剂,促进伤口愈合。

③中耕果园。对重灾果园及时中耕松土,提高土壤透气性,增强根系功能。

5.6　雨涝的影响及防御

5.6.1　雨涝发生规律

(1)雨涝的概念:雨涝是湿(渍)害、涝害的总称,是我国主要的农业气象灾害之一。按照水分多少,雨涝可分为湿害(渍害)和涝害。连阴雨时间过长,雨水过多,或洪水、涝害之后,排水不良长期阴雨,土壤水分长时间处于饱和状态,使果树根系因缺氧而发生伤害,称为湿害(渍害);雨水过多,地面积水长期不退,使果树受淹,称为涝害。

(2)陕西苹果产区着色采收期连阴雨发生规律:陕北北部果区由于降雨日数少,苹果着色期遭遇连阴雨的风险为轻度,有利于苹果干物质积累,且病虫害明显发生较少,是扩大苹果种植规模的首选之地;陕北南部(除甘泉县)及渭北果区降雨日数适中,是苹果生产的最佳优生区,品质好,色泽艳丽。甘泉县受地形小气候影响,局地降雨日数偏多,导致苹果果面不光洁、锈斑严重、着色不够艳丽,外观品质较差,且近几年病虫害发生较重;宝鸡果区由于受西南暖湿气流影响较大,降雨量多,着色期遭遇连阴雨的风险为重度。

(3)陕西苹果产区暴雨发生规律:历时短、强度大、局地性强,以7、8月份最多,占全年暴雨的81.25%;9月、6月次之,分别占全年的9.23%和6.55%,易造成局部严重的或毁灭性的洪涝灾害。陕西暴雨最早出现在2月20日,最晚出现在11月19日。苹果产区年暴雨日数小于0.6天。

5.6.2　雨涝对苹果生产的影响

陕西突出的雨涝灾害是苹果采收期的连阴雨。果树对水的需求是有一定限度的,水分过多或过少,都对果树不利。水分亏缺产生旱害,抑制果树生长发育;土壤水分过多产生涝害或湿害,造成高温、高湿的环境,使病害猖獗,早期落叶和果实病害(烂果)严重(图5.9)。雨多果树生长过旺,花芽分化不良,影响第二年产量;如果雨多沥涝,土壤中氧气匮乏,果树根部病害加剧,缺铁症状突出(黄叶病),严重时烂根,可造成死树。

(1)湿害

图 5.9　凤翔县苹果受雨涝危害情况　　　图 5.10　礼泉县阴雨引起苹果褐斑病

土壤湿度过大,水分处于饱和状态,土壤含水量超过田间最大持水量,根系完全生长在沼泽化泥浆中,这种涝害叫湿害。湿害能使作物生长不良,原因:一是土壤全部空隙充满水分,根部呼吸困难,根系吸水吸肥能力都受到抑制。二是由于土壤缺乏氧气,使好气性细菌(如氨化细菌、硝化细菌和硫细菌等)的正常活动受阻,影响矿物质的供应;而嫌气性细菌(如丁酸细菌等)特别活跃,使土壤溶液的酸度增加,影响植物根系对矿物质的吸收。与此同时,还产生一些有毒的还原产物,如硫化氢和氨等,能直接毒害根部。湿害虽不是典型的涝害,但实际上也是涝害的一种类型。

(2)涝害

土壤水分过多对果树产生的伤害称为涝害。水分过多的危害并不在于水分本身,而是由于水分过多引起缺氧,从而产生一系列危害。在低湿地、沼泽地带和河湖边,发生洪水或暴雨后,常有涝害发生。广义的涝害包括湿害,指土壤过湿,土壤含水量超过田间最大持水量时植物受到的伤害。狭义的涝害指地面积水,淹没了作物的部分或全部,使其受到伤害。

涝害会影响果树的生长发育。但涝害对果树的危害主要原因不在水自身,而是由水分过多诱导的次生胁迫造成的。这些危害包括对植物细胞膜的损害、对物质代谢的影响、对呼吸作用的抑制、对矿物质营养元素吸收的减少、根际缺氧对植物激素合成和代谢平衡的影响等。

5.6.3　暴雨预警及防御措施

(1)暴雨预警

暴雨预警信号分四级,分别以蓝色、黄色、橙色、红色表示。

①暴雨蓝色预警:12 小时内降水量达 50 mm 以上,或者已达 50 mm 以上且降雨可能持续。

②暴雨黄色预警:6 小时内降水量将达 50 mm 以上,或者已达 50 mm 以上且降雨可能持续。

③暴雨橙色预警:3 小时以内降雨量将达 50 mm 以上,或者已达 50 mm 以上且降雨可能持续。

④暴雨红色预警:3 小时内降水量将达 100 mm 以上,或者已达 100 mm 以上且降雨可能持续。

(2)防御措施

①加大水利设施投入，因地制宜修建各类水利设施，治理河道，健全排水系统，及时排除积水，是防止雨涝的根本措施。

果园可采用明沟排水法，即果园周围修排水沟，并与坑塘、沟渠连通。当果园积水时，水由园中的渠道流入排水沟，再顺排水沟流入坑塘等。山地果园则需在最上一道梯田之上修建拦水沟，每道梯田的里边修建竹节沟，梯田两端的路旁修建排水沟，使沟沟相通。当水少时积存在竹节沟内，水多时顺沟流下山，不至冲垮梯田和道路。无排水沟的果园可人工排水，即在果园周围筑起田埂，用小型抽水机把水抽出园外，或用人工提水的方法把园中的水排除。平地果园提倡起垄栽培，即把果树植在事先筑起的高垄上，两行树中间呈浅沟状。

②健全雨涝灾害监测预警系统及服务体系

为减轻雨涝灾害的影响和损失，建立雨涝灾害实时监测、预警系统是非常必要的。开展雨涝监测、预警、评估业务，应在洪涝发生之前进行预测、预警；在洪涝发生过程中，不断实时监测雨涝的强度、发展态势及对人民生活生产的影响，及时向有关部门提供洪涝可能发生的区域、时间和危害程度以及防汛减灾的对策措施，为防灾减灾服务。

③采取积极有效的农业技术措施防御雨涝

果园起垄栽培、深翻熟化、生草覆盖、中耕松土、晾晒树根、叶面喷肥等是防止雨涝危害的重要农业措施。果树起垄配套栽培是克服平原低洼地区果树栽培中存在的幼树徒长、难成花、产量低、旱涝严重等不良现象的优良方式。采取起垄栽培可增加土层厚度，增加土壤通透性，扩大根系活动范围，有利于提高果树地下新根的数量和比例。起垄栽培的果园，暴雨后地表水能迅速从垄沟排出，避免田间渍水，降低田间湿度，预防渍害和病害。深翻熟化疏松果园，增强蓄水保墒能力；果园生草可减缓雨涝对果树的危害。生草果园雨后地表积水较少，加上草被的大量蒸腾作用可加快雨水的散发，与清耕园相比，生草园因雨涝带来的危害较轻。

果园受涝水分排出后，应及时将树盘周围根茎和粗根部分的土壤扒开进行晾晒树根，可使水分尽快蒸发，待经历 3 个晴好天气后再覆土。对受涝而烂根较重的果树，应清除已溃烂的树根。对外露树干和树枝用 1∶10 的石灰水刷白，并用稻草、麦草包扎，以免太阳暴晒，造成树皮开裂。同时，果树受灾后，树体长势减弱，急需补充大量的营养。因此，必须加强肥水管理，加大施肥量；多喷叶面肥，补充果树养分，使树势尽快恢复。应先追施尿素、果树专用肥、磷酸二铵等，施肥量依树体大小而定，但要较常规施肥量多些，做到少量多次。8 月上旬喷施以 0.3% 的尿素液为主的叶面肥，以后喷施以 0.3% 的磷酸二氢钾液为主的叶面肥。同时将树体内的过密枝和徒长枝疏除，适当回缩部分过长枝。摘除部分小果，以减轻负载量。高温多湿的气候环境，有利于白粉病、早期落叶病等多种病害的发生和蔓延，且受灾后整个树体生命力降低，应在天晴上午或下午喷药防止病害发生，尽可能降低雨涝造成的损失。

（3）灾后应急措施

①暴雨过后，应迅速组织人员对产区果园树体受害情况进行全面检查和调研，在第一时间内将受灾基本情况上报相关部门，为救灾决策提供依据；加强灾害信息的收集和灾情分析，针对实际受灾情况提出具体应对方案，并发放相应资料给受灾农户。

②全面评估暴雨灾害对果树的组织、器官所产生的各方面影响和损失、危害程度，并实施积极的应对措施，及时组织灾后果园管理、抗灾减灾，尽可能将灾害损失降至最小。

③加强病虫害防治。果树遭受暴雨后，树体、枝干遭受不同程度的伤害，容易发生病虫害。因此，要注意加强病虫害综合防治，尽量减少造成的产量和经济损失。

5.7　雪灾的影响及防御

5.7.1　雪灾发生规律

（1）雪灾的概念：雪灾是由于降雪造成大范围积雪，对交通、工农业生产和人民生活等造成影响的灾害。陕西降雪量大于 10 mm 或地面积雪大于 1 cm 就会对果树造成影响。

（2）雪灾发生规律：陕西降雪日数分布具有山区多、平原少、中西部地区多、南部少的特点。从北部白于山、黄龙山、经子午岭东南部到六盘山东部和秦岭一线年降雪日数 20～50 天，其中大于 30 天的区域分别位于子午岭、宝鸡北部和南部的秦岭。苹果主产区的降雪日数为 10～15 天，最大积雪深度 25～30 cm，年积雪深度大于 1 cm 的日数分布特点是陕北、关中西部多，大部分大于 15 天，其中延安西南部的子午岭一带最多，达到 40 天。关中东部和南部大部为 5～10 天。

5.7.2　雪灾对苹果生产的影响

（1）引起降温，使果树遭受冻害

研究资料表明，苹果树越冬冻害的临界温度 10 月下旬为 −5℃，11 月上旬为 −7℃，11 月中旬为 −10℃，11 月下旬为 −12℃，12 月上旬为 −15℃，12 月中旬为 −20℃，12 月下旬至翌年 2 月上旬为 −23～−25℃，2 月中下旬分别为 −22℃ 和 −17℃，3 月各旬分别为 −14℃、−12℃ 和 −8℃。在这些时期内如遇雪灾，降温至临界温度以下，均可对树体造成不同程度的冻害。尤其在冬初时节，树体缺乏抗寒锻炼，遇到雪灾，气温骤降，即使近似上述界限温度，也会发生较强冻害。

（2）加重病害发生

在冰雪消融期，由于融冻交替，冷热不均，果树枝干部位阴阳面受热不均，昼夜温差较大，因而在枝干的阴阳交界处，容易造成树皮爆裂，从而导致来年腐烂病、粗皮病和干腐病严重发生。同时，暴雪对未进行保护的剪锯口也会造成不同程度的冻害，加剧腐烂病的发生。对未清理的果园，残枝落叶被暴雪覆盖，温度高、湿度大，很容易导致来年以褐斑病为主的早期落叶病严重发生。

（3）加重害虫危害

秋末冬初如降雪，地面尚未冻结，使地温偏高，有利于地下越冬害虫安全越冬，以致来年虫害严重发生。

（4）影响来年产量和品质

如果秋末冬初气温偏高，之后又突遇大雪，气温随之大降，冷热天气的急剧变化不利于苹果花芽的进一步分化形成，对来年苹果的产量和品质会有影响。

（5）暴雪造成交通中断，严重影响苹果运输和销售

暴雪造成交通中断，导致大量苹果从产区无法正常运出，严重影响苹果前期的出口和内销。另外因运输成本增加，会导致前期苹果市场价格上涨，直接影响苹果的消费。后期交通运输恢复，苹果的销售压力骤增，有可能苹果降价，直接损害广大果农的利益。

5.7.3　暴雪预警及防御措施

（1）暴雪预警信号

暴雪预警信号分四级，分别以蓝色、黄色、橙色、红色表示。

①暴雪蓝色预警信号表示，12 小时内降雪量将达 4 mm 以上，或者已达 4 mm 以上且降雪持续，可能对交通或者农牧业有影响。

②暴雪黄色预警信号表示，12 小时内降雪量将达 6 mm 以上，或者已达 6 mm 以上且降雪持续，可能对交通或者农牧业有影响。

③暴雪橙色预警信号表示，6 小时内降雪量将达 10 mm 以上，或者已达 10 mm 以上且降雪持续，可能或者已经对交通或者农牧业有较大影响。

④暴雪红色预警信号表示，6 小时内降雪量将达 15 mm 以上，或者已达 15 mm 以上且降雪持续，可能或者已经对交通或者农牧业有较大影响。

（2）防御雪灾的措施

暴雪是伴随寒潮或冷空气侵袭产生的，目前人类虽无法控制，但是减轻或避免危害还是可以实现的。在苹果生产中采用的防御暴雪的基本措施主要有：

①适地适栽。苹果一般不易遭受暴雪灾害，但特殊情况例外。所以，在发展果树时，应注意根据当地温度条件，要在其适宜区发展，选择适宜的品种建园，尽量不要在次适宜区种植。

②加强果园管理。树势强壮的苹果树在暴雪侵袭时受害较轻。因此，管理精细、施肥水平高、修剪及时、无病虫害的健壮苹果树体内养分积累多，抗暴雪灾害能力就强。因此，在果树栽培中要始终做到精细管理，在生长后期应控制氮肥用量，控水、摘心，多施磷、钾肥，促使早停长，及时修剪，使树体枝条充分成熟，以提高抗害能力。

③营造防风林带。实践证明，营造防风林带可有效减小风力，减缓降温速度，其效果随着防护林树龄的增长而增加。有防护林保护的果园其产量和质量比无护林高出不少。

④设防寒屏障和架设暖棚。陕北果区可在果园或苗圃的迎风面设立防寒屏障，以阻挡寒冷气流的侵袭。有条件的可架设暖棚，支架北低南高，向阳面挂草帘，昼除夜覆，必要时应整天遮盖。

⑤根际培土、树干包扎及树盘覆盖。冬季在树干基部培土，能减少土壤水分蒸发，提高土温，可保护根系和根茎不受害；用谷草包扎树干、覆盖树盘或用薄膜覆盖树盘可有效减轻暴雪冻害。

⑥喷布抑蒸保温剂。在树冠上喷布石蜡类有机化合物，能有效地在树体表面形成保护膜，以减少水分蒸发，提高树体自身抗寒防冻能力。

（3）灾后应急措施

①大雪过后，应迅速组织对产区果园树体受害情况进行全面检查，针对实际受灾情况提出具体应对方案。

②全面评估雪灾对果树的组织、器官所产生的各方面影响、危害程度，并实施积极的应对措施，尽可能将灾害损失降至最小。

③加强病虫害防治。果树遭受雪灾后，树体、枝干遭受不同程度的伤害，容易发生病虫害。因此，要注意加强病虫害综合防治，尽量减少因病虫害造成的产量和经济损失。

第 6 章　苹果气象灾害风险区划技术

6.1　农业气象灾害风险评价技术研究进展

6.1.1　农业气象灾害风险评价研究概况

（1）农业气象灾害风险评价的发展概况

我国是世界上两条巨型自然灾害地带（北半球中纬度重灾带与太平洋重灾带）都涉及的国家，也是世界上受农业气象灾害影响最严重的国家之一。在发生的自然灾害中，干旱、涝渍、冷害、寒害等主要农业气象灾害占 70% 左右。近年来，在以全球气候变暖为主要特征的气候变化背景下，极端天气气候事件增加，农业气象灾害发生频率和强度呈明显上升的态势，对我国农业可持续发展和粮食安全构成严重威胁。随着农业现代化的快速推进，我国农业的种植模式、产业布局发生了明显的变化，农业气象灾害的不利影响和风险也随着发生变化，加强农业气象灾害的影响评估和风险评价研究，对提升农业防灾减灾能力、保障农业增产、农民增收和农村繁荣等具有重要的现实意义。农业气象灾害是指大气变化产生的不利气象条件对农业生产和农作物等造成的直接和间接损失。农业气象灾害风险是指在历年的农业生产过程中，由于孕灾环境的气象要素年际之间的差异引起某些致灾因子发生变异，承灾体发生相应的响应，使最终的承灾体产量或品质与预期目标发生偏离，影响农业生产的稳定性和持续性，并引发一系列严重的社会和经济问题。农业气象灾害风险区划是反映社会若干年内农业气象灾害可能达到的灾害风险程度，即某一地区可能发生的灾害的概率，或超越某一概率的灾害最大等级。准确、定量地评估农业气象灾害的影响及风险，可为农业产业结构调整、农业防灾减灾对策和措施的制定提供可靠依据。

国内有关农业气象灾害风险评估的研究始于 20 世纪 90 年代，以 2001 年为界可分为两个阶段。第一阶段，以灾害风险分析技术方法探索研究为主的起步阶段。如杜鹏（1997）在农业生态地区法的基础上建立了龙眼、荔枝、芒果和香蕉 4 种热带果树生长风险分析模型，这是中国较早将风险分析方法应用于农气象灾害研究。《中国农业灾害风险评价与对策》（1999）一书中以风险分析技术为核心，探讨了农业自然灾害风险分析的理论、概念、方法和模型，但有关农业气象灾害风险评估理论的基础研究仍较薄弱。相关研究大多以灾害的实际发生频率为基础，随着资料序列的延长，灾害的致灾强度及其出现频率将会随时间变化，无法真正反映灾害的真实风险状况。另外，农业气象灾害风险评价标准还缺乏统一的认识和实践检验，实用性和可操作性强的风险评价模型甚少；第二阶段，以灾害影响评估风险化、数量化技术方法为主的研究发展阶段，构建灾害风险分析、跟踪评估、灾后评估、应变对策的技术体系。针对农业生产中大范围农业气象灾害影响的定量评估需求，将风险原理有效地引入农业气象灾害影响评价，基于地面、遥感两种信息源，建立了主要农业气象灾害影响评估的技术体系。相关研究成果丰富和拓展灾害风险的内涵，包括概念的提出、定义的论述、辨别机理的揭示、函数关系的构建，实现和量化了灾害风险的评价，包括评估体系框架的构建、估算技术方法的研制、理论模型的构建及其应用量化。但在目标农业气象灾害风险评价中，还无法精确解决单一灾种的风险识别技术，致使风险评估模型不能精确反映实际情况。

21世纪以来，在国家"十五"科技攻关课题"农业气象灾害影响评估技术研究"支持下，霍治国等人从灾害风险分析的角度构建了一个由我国北方冬小麦干旱（2005）、江淮冬小麦渍害（2003）、东北农作物低温冷害（2003）以及华南荔枝和香蕉冬季寒害（2003）组合的灾害风险评估体系。该体系由风险辨识、风险估算和风险评价组成，风险辨识分别阐明了上述各灾种的孕灾环境、致灾因子和承灾体的灾情特征。在风险评估方面，基于灾害性质、灾损和抗灾性能的含义，提出了相应的风险概念模型，根据多年产量资料和气象资料，提出了应用性强、可操作的各种灾害的灾害强度风险概率模拟模式和灾损风险概率模拟模式、抗灾性能模式，并采用逐年产量和气象资料的样本序列，由上述模拟模式估算了各种灾害强度和不同灾损发生的风险概率及风险指数，阐述了风险水平的地区差异。在风险评价方面，根据对各种灾损的风险指标进行综合，分别提出了风险区划指标，并进行了风险区域划分。

（2）农业气象灾害风险评价存在问题与发展方向

农业气象灾害的风险评价虽取得了一些成果，但研究成果不多。因此，农业气象灾害风险评价领域仍需发展和完善，气象灾害单灾害风险识别技术仍未解决，且风险评价标准不统一，没有形成农业气象灾害的风险评价体系。今后的农业气象灾害风险评价仍需在以下几个方面发展和完善。

①需引入一些新的评价方法，理论和概念也需不断发展和完善。目前我国开展的农业气象灾害风险评价研究，大多是基于长时间气象和作物资料出发，通过计算灾害概率、灾损统计、变异系数等分析灾害的风险性。而这种基于长序列资料的概率风险估算模型未考虑对灾害不确定性的描述，而且概率统计方法要求掌握大量的相关资料，若利用此方法开展短资料的灾害风险评价，势必引起一定的误差。因此要在农业气象灾害风险评价中探讨和引用新的风险评价方法，对推进风险评价技术发展十分必要。

②需建立相对统一的标准。由于农业气象灾害的致灾因子在不同的孕灾环境表现不同，对不同承灾对象的影响也不一样。目前农业气象灾害的指标大多还没形成标准化的指标体系，风险评价的标准也没有统一，不同学者对同一种承灾体提出不同的风险指标和不同的风险评估模型，由于标准相对不统一，造成同一孕灾环境下同一灾害的风险结果有较大差异，也无法在农业气象业务和农业保险中应用。因此，在农业气象灾害风险评价中对风险评价指标和风险评估模型建立相对统一的标准，是今后风险评价产品应用于农业气象业务和农业保险中的关键。

③解决单一灾害对作物生长（或产量的影响）的定量提取技术。目前开展的农业气象灾害风险评价中单一灾害对作物生长（或产量）的提取，主要假设在灾害发生年，作物最终产量的减少，全部是由一种灾害影响造成的。这种假设是基于单灾种灾损提取技术不能精确解决情况下提出的一种解决办法，但是在实际生产中，作物生长除受到所分析的灾种影响外，还有许多其他灾害，忽略其他灾害对作物生长（或产量）的影响是不科学的。一些学者如张雪芬提出利用作物生长模式定量提取单一灾害对作物造成影响的思路，可能还有一些其他新的单灾种灾

损提取的方法逐步涌现出来,需要在今后的灾害风险评价工作中不断探索、研究和应用。

④需开展区域灾害系统的综合研究。通常各种自然灾害并非独立发生,而是在某一种自然灾害发生后诱发一种或几种自然灾害,而且彼此相互作用,形成复杂的灾害链或灾害群,这就是自然灾害的群发性。所以,进行风险评价时不仅要对单灾种进行研究,更重要的是从系统的角度综合研究区域灾害,通过运用复杂性与非线性科学,对区域灾害的相关性、时空变化、耦合性质等进行定量的、系统的讨论,以此提高灾害风险评价的可操作性。

⑤需开展对作物全程农业气象灾害综合风险评价的研究。作物在其生长的全过程会陆续遇到不同农业气象灾害。如小麦生长中可能遇到冬季冻害、春季晚霜冻害、干旱、病虫害、干热风、青枯雨等灾害。分析某一种灾害的风险固然重要,但对其全生育期的农业气象灾害的综合风险分析更具有价值。

⑥需加强农业气象灾害风险评价技术研究。侧重多灾种对多种承灾体的综合风险评价,建立实用性和可操作性强的系统综合的农业气象灾害风险评价技术体系;从农业气象灾害风险综合形成机理出发,对农业气象灾害的孕灾环境的危险性、承灾体的暴露性、脆弱性和防灾减灾能力进行综合评价风险评价;农业气象灾害指标选取在考虑其自然属性的基础上,要充分考虑其社会经济属性;在研究方法上,要摒弃以往自然要素之间的简单叠加的方法,建立各自然要素之间的耦合关系及其与农业气象灾害的关系,在系统研究农业气象灾害风险形成机理的基础上,构建农业气象灾害风险评价指标体系和评估模型;在技术手段上,以综合应用现在灾害风险评价技术、作物生长模式、作物种植模式、区域气候模式预测技术以及“3S”等高新技术手段,通过典型农业气象灾害案例分析、野外田间试验、定点观测试验和实验室测试分析,利用多学科交叉理论和方法及结合数理方法,实现多源信息融合,进行客观的农业气象灾害风险评价,得到定量、可视化的评估结果,使得农业气象灾害风险评价结果更接近实际。

6.1.2　农业气象灾害风险评价方法研究进展

气象灾害风险评价方法按资料序列的长短可分为两种方法,一种是资料完备型风险评价,即资料年代序列较长可采用基于概率和灾害损失的评估方法,称为静态评估方法,另一种是资料序列较短可采用信息扩散法、模糊数学等方法。

(1)资料完备型风险评价方法

如果致灾因子或灾害样本的历史资料比较齐全(包括空间分布和时间分布),且样本数超过 30 个,可以求出各地致灾因子或灾害样本出现的出现概率,计算其风险值。根据气象灾害成灾机理,农业气象灾害风险(Risk)是致灾因子危险性(Hazard)、暴露性(Exposure)以及承灾体脆弱性(Vulnerability)等因素综合作用的结果,基于灾害风险指数的气象灾害风险区划方法是参考自然灾害风险指数模型,构建农业气象灾害风险评估模型如下:

$$R = H^\alpha \times E^\beta \times V^\delta$$

式中,R 为灾害风险,H 为致灾因子危险性,E 为承灾体暴露性,V 为承灾体脆弱性;α、β、δ 分别为致灾因子危险性、承灾体暴露性和承灾体脆弱性三个评价因子的权重。利用该模型对灾害风险进行评价经常需要对各指标进行相加或相乘计算,根据各指标对于计算结果的作用或贡献大小存在差异,多采用层次分析法(Analytic hierarchy process,简称 AHP 法)对各指标的权重进行赋值,据此进行农业气象灾害风险区划。马树庆等(2008)根据自然灾害风险理论和低温冷害形成的机制,认为玉米低温冷害风险主要是由危险性、暴露性和敏感性 3 个因素综合作用的结果,选取5—9月平均气温之和作为指标来判断低温冷害的发生频率、玉米的种植面积指标表示受灾区暴露物体受低温冷害的程度、玉米单产指标评价低温冷害敏感性程度,采用层次分析法确定各评价因子的权重,构建了黑龙江玉米低温冷害风险评估模型,基于自然断点法对黑龙江省玉米低温冷害风险程度进行了区划。殷剑敏等(2008)利用历史长期柑橘冻害数据,根据历史冻害发生时植株的外在形态、产量变化、受冻面积、低温的强度和持续时间等灾害详情划分其冻害级别,再结合同期最低气温建立不同品种基于最低气温的柑橘冻害气象指标体系,在调查分析冬季时当地气温直减率随时间和海拔的变化的基础上,利用DEM数据,计算不同地形条件下各网格点冬季逐日最低气温数据,并按照柑橘冻害指标体系划分冻害级别,统计不同级别冻害发生频次,计算其发生概率,根据各网格点不同等级冻害发生的概率,计算该等级冻害的每个网格点的重现期,得到冻害气候风险分布图,以表征当地柑橘种植的气候风险;最后将柑橘冻害气候风险分布图与该地区基于遥感影像计算机监督分类得到的柑橘可种植土地利用类型专题图进行叠加分析,得到广西南丰蜜橘可种植区冻害风险区划结果。吴东丽等(2011)综合考虑了影响华北地区冬小麦干旱灾害风险大小的自然属性和社会属性,从多角度选取了干旱灾害强度、基于冬小麦干旱指数的干旱频率、基于灾损的干旱频率、灾后减产率变异系数、区域农业经济发展水平、抗灾性能指数等6个风险评估指标,通过引入典范对应分析(CCA)排序法,揭示了不同风险评价指标之间的相关关系以及评价指标与相对气象产量的关系,并以此为基础,构建了不考虑抗灾和考虑抗灾的两种冬小麦干旱风险评价模型,实现了华北地区冬小麦干旱风险区划。

(2)资料不完备型风险评价方法

面对农业气象灾害资料少,时间序列短的特点,在信息不完备的条件下进行农业气象灾害风险区划,通常采用信息扩散的模糊数学方法,把单个样本信息看作是一个样本代表,看作一个集值,是一个模糊集观测样本。基于这一认识,黄崇福等(1998)将信息扩散的模糊数学方法引入自然灾害风险分析领域。信息扩散理论基于这样一个假设:可以用一个给定的知识样本估计一个关系,直接使用该样本得到的结果就是非扩散估计,当且仅当样本量不完备时,就一定存在一个适当的扩散函数和相应的算法,使得扩散估计比非扩散估计更接近真实情况。

假设 X 是某一区域在过去 m 年内的风险评估指标的实际观测值的样本集合:

$$X = \{x_1, x_2, x_3, \cdots, x_m\}$$

式中 x_i 是观测样本点,m 是观测样本总数。

设 U 为 X 集合中每个实际观测值样本的信息扩散范围集合:

$$U = \{u_1, u_2, u_3, \cdots, u_n\}$$

式中 u_j 是位于区间 $[u_1, u_n]$ 内固定间隔离散得到的任意离散实数值,n 是离散点总数。

将样本集合 X 中的每一个单值观测样本值 x_i 依照下式使其携带的信息扩散到指标论域中的所有点:

$$f_i(u_j) = \frac{1}{h\sqrt{2\pi}} \exp\left[-\frac{(x_i - u_j)^2}{2h^2}\right]$$

式中 h 是信息扩散系数,根据样本集的大小取不同的值。其解析表达式如下:

$$h = \begin{cases} 0.8146 \times (b-a) & m=5 \\ 0.5690 \times (b-a) & m=6 \\ 0.4560 \times (b-a) & m=7 \\ 0.3860 \times (b-a) & m=8 \\ 0.3362 \times (b-a) & m=9 \\ 0.2986 \times (b-a) & m=10 \\ 2.6851 \times (b-a)/(n-1) & m \geqslant 11 \end{cases}$$

式中 $a = \min (x_i, i=1,2,\cdots,m)$，$b = \max (x_i, i=1,2,\cdots,m)$；$m$ 是观测样本总数。取

$$C_i = \sum_{j=1}^{n} f_i(u_j), i=1,2,\cdots,m$$

则样本 x_i 的归一化信息分布为：

$$\mu_{x_i}(u_j) = \frac{f_i(u_j)}{C_i}$$

$i=1,2,\cdots,m$；$j=1,2,\cdots,n$

假设：

$$q(u_j) = \sum_{i=1}^{m} \mu_{x_i}(u_j), j=1,2,\cdots,n$$

$$Q = \sum_{j=1}^{n} q(u_j)$$

可知：

公式就是所有样本落在 $U=(u_1,u_2,u_3,\cdots,u_n)$ 处的频率值，将其作为概率的估计值。其超越概率的表达式如下：

$$P(u_j) = \frac{q(u_j)}{Q}$$

式中 P 为不同灾害情形下的风险值。

通过信息扩散的理论和方法，优化利用样本模糊信息，对样本进行集值化的模糊数学处理，弥补信息不足，根据不同灾害情形下的风险值，进行灾害风险区划。黄崇福等(1998)根据获取的湖南省 14 年水旱灾灾情历史数据，利用信息扩散的理论求出湖南省各县的水灾和旱灾风险指数，应用地理信息系统软件 Mapinfo，形成了湖南省水旱灾风险区划图。张丽娟(2009)基于信息扩散理论提出直接估计黑龙江低温冷害、干旱和洪涝的风险评估方法，并将计算结果与风险指数法和主观频率法做比较，认为此法需要的资料年限短的优点，对开展乡(镇)级小区域自然灾害风险评价具有借鉴作用。

6.1.3　苹果气象灾害风险区划研究进展

近年来，随着苹果产业的快速发展，部分学者已开始关注气象灾害对苹果产量和品质的影响，开展了苹果气象灾害风险研究工作。李美荣等(2006)应用历史记录和灾害调查，完成了陕西果区及北扩可能区域花期冻害发生频率和风险分析，以县为单位对果区苹果花期冻害风险进行了量化分析与研究；刘映宁等(2010)统计分析了陕西果区苹果花期物候和最低气温资料，

提出陕西苹果花期低温冻害农业保险的三个等级,并结合种植环境的复杂性和灾害等级的不确定性,提出了农业保险参保风险指数指标;李美荣等(2011)利用陕西果区 8 月中旬—10 月中旬逐日降水资料,提出以该时段连续 3 天以上降雨日数为阴雨灾害指数,对苹果果区各地连阴雨灾害风险进行了分析与评价;王景红等(2011)利用气候资料(陕西 96 个气象台站 1971—2010 年的气温、降水量、湿度、风速、冰雹五类常规地面观测资料)、地理信息数据(1:25 万陕西 DEM 数字高程模型)、社会经济统计数据(陕西省 2010 年统计年鉴中基地县苹果产量、人均可支配收入等数据)、灾情数据(陕西省经济作物气象服务台科技工作人员进行的田间试验、多年下乡实地调查总结及参考灾害年鉴等相关文献)四大类资料,依据灾害风险形成理论体系,从气候危险性、孕灾环境的敏感性、承灾体的易损性及防灾抗灾能力四个方面,利用 GIS 技术,完成陕西苹果花期冻害、越冬冻害、高温热害、冰雹、干旱、着色—成熟期连阴雨 6 种灾害的风险区划研究。随着县域经济的繁荣发展,以及种植业、保险业对风险分析时空尺度上的精细化需求,以县域为单位的小区域、小范围的精细化风险分析与区划,显示出重要的应用价值;为了更精细地用于指导果业生产,在已有陕西苹果气象灾害风险区划成果的基础上,王景红等(2013)在陕西苹果种植区,选取分别代表陕北、渭北西部、渭北东部和关中西部果区具有不同气候代表性的洛川、旬邑、白水、凤翔 4 个县,采用时空尺度更加精细的气候资料,包括 4 个县及其周边县气象台站共 28 个气象台站近 40 年(1971—2010 年)、89 个区域气象站近 4 年(2009—2012 年)日最高气温、日最低气温、日平均气温、日降水量以及灾情等资料(基地县历史灾情和灾情详查数据),综合应用人工气候箱模拟、灾情详查、果园试验、历史灾情反演、查阅文献等方法,建立了多因子复合型陕西富士苹果主要气象灾害指标体系。结合渭北黄土高原果区气候特征,构建和优化了苹果主要气象灾害的风险评估模型,借鉴博弈论中"概率移植"的概念和意义,将其延伸应用在农业气象灾害风险概率研究中,根据各示范县气象台站与周围区域站气温的关系,借助县站长序列历史资料,计算获得各区域站的不同等级花期冻害、越冬冻害和高温热害发生概率,基于 GIS 技术,开展精细到乡镇级的 4 个基地县分灾种分生育期苹果气象灾害风险分布研究与区划。下面,分别就 2011 年和 2013 年王景红等人完成的陕西省级和县域苹果气象灾害风险区划方法、区划成果及其应用情况进行详细叙述。

6.2　陕西省级苹果气象灾害风险区划成果

6.2.1　区划方法

(1)苹果生长气象灾害风险源分析与风险评估指标选取

陕西苹果种植区主要分布在渭北塬区和陕北南部丘陵沟壑区,位于 $34°38' \sim 37°02'$N,$105°35' \sim 110°37'$E,海拔高度 800~1400 米,既有符合苹果生产优生区的气象指标区位优势,同时又处在各种气象灾害的易发区。其中以春季苹果花期冻害灾害最为严重且频发,重灾年份甚至造成局地果园减产 70%以上;其他较为严重的气象灾害有干旱、高温热害、冰雹、越冬期冻害和连阴雨等五种常见气象灾害。近年来,随着气候变化加剧,重大气象灾害和极端天气气候事件发生的频率和强度均明显增强,花期冻害、果实膨大期高温热害、冰雹、干旱等重大气象灾害发生频次和强度均有所增加,对陕西苹果产量和品质的影响和危害日趋严重,成为影响陕西苹果生产的 6 大主要气象灾害。

根据灾害风险形成理论体系,气象灾害风险是由致灾因子危险性、孕灾环境敏感性、承灾体易损性和防灾抗灾能力四部分共同形成的。

致灾因子的危险性主要表现为气象灾害的发生概率(或频次)和发生强度,一般用气象灾害强度和发生概率(频次)来表征。陕西省苹果主产区的致灾因子主要考虑气温和降水两方面气候条件导致的 6 种主要气象灾害,分别是越冬期低温冻害、春季花期冻害、生育期的干旱灾害、夏季果实膨大期高温热害、秋季果实成熟期的连阴雨灾害和关键生育期的冰雹灾害。苹果气象灾害风险评估中,越冬期低温冻害、春季花期冻害、果实膨大期高温热害和生育期干旱致灾因子的危险性评价,根据各自轻度、中度、重度 3 种强度级别的发生概率及相应的灾损系数,计算得到不同气象灾害的气候危险性指数;而冰雹和连阴雨灾害,通过计算其发生频次得到不同气象灾害气候危险性指标。

孕灾环境针对不同的灾害其敏感性有强有弱,在气候条件相同的情况下,某个孕灾环境的地理条件与苹果越冬期低温冻害、春季花期冻害、夏季高温热害灾害配合,在一定程度上能加剧或减弱灾害致灾因子及次生灾害。结合陕西地理地貌特征,孕灾环境敏感性评估中选取海拔高度作为孕灾环境敏感性指标,反映不同地区孕灾环境敏感性情况,并对该三种灾害的孕灾环境敏感性赋予不同的影响权重。

承灾体易损性表示承灾体整个社会系统,包括人口、农业、GDP 等,易于遭受灾害威胁和损失的性质和状态。气象灾害造成的危害程度与承受气象灾害的载体有关,它造成的损失大小一般取决于发生地的经济、人口密集程度。陕西苹果气象灾害承灾体易损性评估中,选取各苹果基地县的苹果产量数据作为易损性评价指标。

防灾抗灾能力是应对气象灾害所造成的损害而进行的工程和非工程措施,即灾害发生时人的主观能动性以及采取防灾减灾措施。考虑到这些措施和工程的建设必须要有当地政府的经济支持,苹果气象灾害风险中防灾减灾能力评价主要考虑了人均可支配收入,另外可根据当地收集数据的情况,尽可能多的考虑到抗灾因素,其中,冰雹灾害的防灾抗灾能力评价指标选取苹果基地县高炮、火箭数量来衡量一个地区的防灾减灾能力大小。

(2)苹果主要气象灾害风险评估模型建立

①危险性评价模型

苹果气象灾害危险性评价中,以极端最低气温、极端最高气温和降水距平百分率分别代表苹果越冬期和花期的冻害、果实膨大期高温热害和生育期干旱指标,根据苹果生态特征,结合历史灾害反演和不同灾害的成灾机理,将不同灾害划分为轻度、中度和重度三个等级,计算不同等级灾害的发生频次,再分别用三个不同灾害等级的发生频次乘各自的灾损系数得到苹果气象灾害致灾因子危险性风险指数。

$$VH = SD \cdot ws + MD \cdot wm + LD \cdot wl$$

式中:VH 为致灾因子危险性风险指数,用于表示致灾因子风险大小,其值越大,则气候致灾风险程度越大;SD、MD、LD 分别为重度、中度、轻度气象灾害多年(1971—2010 年)出现频次,ws、wm、wl 分别为重度、中度、轻度灾害的灾损系数。

对于冰雹灾害,以冰雹灾害发生日数作为致灾因子,通过计算各果业县成灾时段内多年平均冰雹日数,得到苹果冰雹灾害致灾因子危险性风险指数。

对于苹果连阴雨灾害,则以各果业基地县连阴雨过程次数、过程总降雨量、过程总天数作为致灾因子,通过计算各果业基地县历年成灾时段内连阴雨过程次数、总降雨量、总天数后,分别对 3 组分析数据进行标准化处理,按照连阴雨出现总次数、总天数、总降水量数据标准化后的序列按 20%、30%、50% 灾损贡献综合后所得指数作为气象灾害危险性风险指数。

　　苹果越冬冻害、花期冻害、果实膨大期高温热害、萌芽—幼果期干旱、果实膨大期干旱、着色—成熟期干旱、越冬期干旱、冰雹灾害和连阴雨灾害致灾因子危险性区划指标见表 6.1~表 6.6。

表 6.1　陕西苹果越冬冻害致灾因子危险性区划指标

灾害类型	分析时段	致灾气候因子	成灾等级指标及灾损系数		
			等级	指标	灾损系数
越冬冻害	11月—2月（越冬期）	极端最低气温（℃）	轻	$-24<T_D\leqslant-20$	0.3
			中	$-28<T_D\leqslant-24$	0.5
			重	$T_D\leqslant-28$	0.7

表 6.2　陕西苹果花期冻害致灾因子危险性区划指标

灾害类型	分析时段	致灾气候因子	成灾等级指标及灾损系数		
			等级	指标	灾损系数
花期冻害	4月上旬—中旬（渭北及关中）4月中旬—下旬（延安及以北）	极端最低气温（℃）	轻	$-2<T_D\leqslant0$	0.3
			中	$-4<T_D\leqslant-2$	0.5
			重	$T_D\leqslant-4$	0.7

表 6.3　陕西苹果高温热害致灾因子危险性区划指标

灾害类型	分析时段	致灾气候因子	成灾等级指标及灾损系数		
			等级	指标	灾损系数
高温热害	6—7月（果实膨大期）	极端最高气温（℃）	轻	$35\leqslant T_G<38$	0.15
			中	$38\leqslant T_G<40$	0.25
			重	$T_G\geqslant40$	0.35

表 6.4　陕西苹果生育期干旱致灾因子危险性区划指标

灾害类型	分析时段	致灾气候因子	成灾等级指标及灾损系数		
			等级	指标	灾损系数
干旱	3—5月（萌芽—幼果期）6—8月（果实膨大期）9—10月（着色—成熟期）11—2月（越冬期）	降水距平百分率（%）	轻	$-50<P_a$	0.15
			中	$-70<P_a\leqslant-50$	0.25
			重	$P_a\leqslant-70$	0.35

表 6.5　陕西苹果冰雹灾害致灾因子危险性区划指标

灾害类型	分析时段	致灾气候因子	灾害指标
冰雹灾害	5—9月	冰雹日数	多年平均冰雹日数

表 6.6　陕西苹果连阴雨灾害致灾因子危险性区划指标

灾害类型	分析时段	致灾气候因子	灾害指标计算依据
连阴雨	9 月上旬—10 月上旬（着色—成熟期）	过程降雨量	连阴雨:测站连续 4 天及以上日降水量大于或等于 0.1 mm,且测站过程降水大于 20 mm 的降水天气;测站连续 2 天无大于等于 0.1 mm 的降水,则认为连阴雨天气结束。 以分析时段内连阴雨出现总次数、总天数、总降水量数据标准化后的序列按 20%、30%、50% 灾损贡献综合后所得指数作为气象灾害危险性风险指数。

为消除各评价因子的量纲差异,分别对苹果越冬冻害、花期冻害、果实膨大期高温热害、生育期干旱和冰雹灾害的致灾因子危险性指数进行归一化处理,使每组数据均落在[0,1]区间内,各指标的标准化公式:

$$X_{ij} = (x_{ij} - \min_i)/(\max_i - \min_i)$$

式中,X_{ij} 是第 j 个站点的第 i 个指标的归一化值,x_{ij} 是站点第 j 个站点的第 i 个指标值,$\max_i$ 和 $\min_i$ 分别是第 i 个指标值中的最小值和最大值。

在此基础上,利用 GIS 技术,对标准化处理后致灾因子危险性指数进行空间化处理,得到苹果 6 种灾害致灾因子危险性区划结果。

②孕灾环境敏感性评价模型

结合陕西地理地貌特征,考虑到温度致灾因子危险性指数空间化时已包含经纬度信息,同时参考陕西极端气温空间化研究结果,苹果越冬和花期的冻害与果实膨大期高温热害孕灾环境敏感性评价模型中的海拔高度指标选择模糊集的线性隶属函数的方法,分别采用以下公式对孕灾环境敏感性进行标准化处理。

$$\mu(x_1) = \begin{cases} 0 & x_1 \leqslant 1000 \\ \dfrac{x_1 - 1000}{400} & 1000 < x_1 \leqslant 1400 \\ 1 & x_1 > 1400 \end{cases}$$

$$\mu(x_2) = \begin{cases} 0 & x_2 > 1400 \\ \dfrac{1400 - x_2}{400} & 1000 < x_2 \leqslant 1400 \\ 1 & x_2 \leqslant 1000 \end{cases}$$

式中,x_1 为苹果越冬和花期的冻害孕灾环境敏感性评价模型中的海拔高度;x_2 为果实膨大期高温热害孕灾环境敏感性评价中的海拔高度。

利用 GIS 空间技术,得到苹果越冬冻害、花期冻害和果实膨大期高温热害的孕灾环境敏感性区划结果。

③苹果气象灾害易损性评价模型

苹果 6 种气象灾害易损性评价中,选取各县的苹果产量数据作为苹果气象灾害易损性指标,利用标准化公式对其进行标准化处理,利用 GIS 技术得到以县域行政单元为基础的苹果气象灾害承灾体易损性评价结果。

④防灾减灾能力评价模型

苹果气象灾害防灾减灾能力评价中,苹果越冬冻害、花期冻害、高温热害、生育期干旱和连阴雨 5 种灾害,选取各县的 2010 年人均可支配收入数据作为苹果气象灾害防灾减灾能力评价指标,苹果冰雹灾害选取各县高炮、火箭数量作为防灾减灾能力评价指标,利用标准化公式对其进行标准化处理,利用 GIS 技术得到以县域行政单元为基础的苹果气象灾害防灾减灾能力评价结果。

(3)陕西苹果主要气象灾害风险区划方法

苹果气象灾害风险是致灾因子气候危险性、孕灾环境敏感性,承灾体易损性和防灾减灾能力综合作用的结果。依据自然灾害风险数学公式,利用加权综合评价法,建立苹果气象灾害风险评估模型:

$$FDRI = VH \cdot wh + VS \cdot ws + VE \cdot we + (1 - VR) \cdot wr$$

FDRI 为苹果气象灾害风险指数,用于表示灾害风险程度,其值越大,表示灾害风险越大;VH、VS、VE、VR 分别为致灾因子危险性指数、承灾体易损性指数、孕灾环境敏感性指数、防灾抗灾能力指数;wh、ws、we、wr 分别为各评价因子的权重。

依据各因子对不同灾害的影响程度大小,采用专家打分法确定陕西苹果气象灾害风险评估模型中各风险源致灾权重系数(表 6.7)。

表 6.7　陕西苹果气象灾害风险区划各风险源致灾权重系数

灾害类型	不同成灾风险源的权重系数			
	致灾因子危险性	孕灾环境敏感性	承灾体易损性	防灾减灾能力
越冬冻害	0.85	0.08	0.04	0.03
花期冻害	0.8	0.08	0.04	0.08
高温热害	0.85	0.06	0.04	0.05
干旱	0.9	—	0.05	0.05
冰雹	0.8	—	0.1	0.1
连阴雨	0.8	—	0.15	0.05

基于 GIS 技术,依据陕西苹果气象灾害风险区划各风险源致灾权重,对各评价因子栅格图层,进行空间叠加分析,得到陕西苹果气象灾害风险区划结果(图 6.1～6.9)。陕西苹果气象灾害风险区划流程见图 6.10。

6.2.2　区划成果

(1)苹果越冬冻害风险区划评述

重度风险区主要包括吴起、志丹、安塞、子长、子洲及米脂共 6 个县的大部分区域,呈东北—西南走向的带状分布,西部最低气温低于东部。主要受海拔高、纬度偏北,越冬期寒潮降温强度大、频率高影响,导致越冬冻害风险大。该区苹果越冬期在西北向迎风口、谷地、低洼地重度越冬冻害发生极为频繁,同时,中度越冬冻害 5～10 年一遇,轻度越冬冻害至少两年一遇。

中度风险区主要包括富县、甘泉、宝塔区、延川、清涧及绥德,另有陇县和旬邑偏西北地区。该区同样呈东北—西南走向的带状分布,地理位置分布略偏北,海拔略偏高,冬季遇到较强的寒潮降温过程,易导致苹果树越冬期冻害。该区中度越冬期冻害最多 8 年一遇,同时存在 2～8 年一遇的轻度越冬期冻害,基本无重度越冬冻害发生。

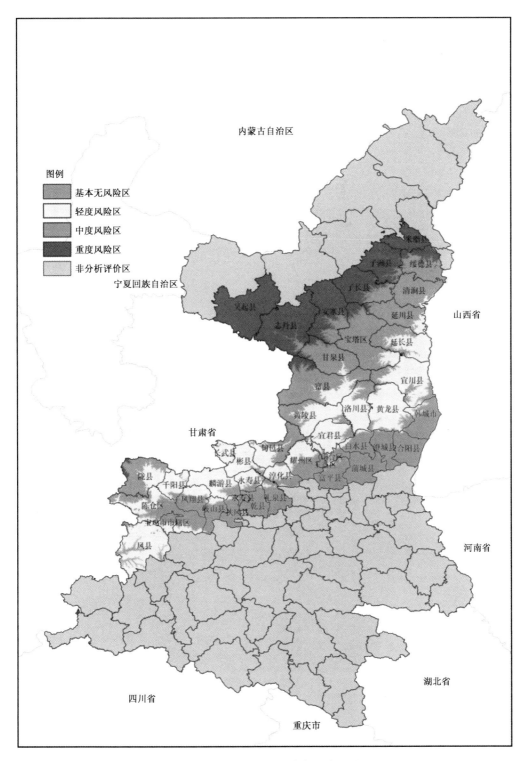

图 6.1　陕西苹果越冬冻害风险区划

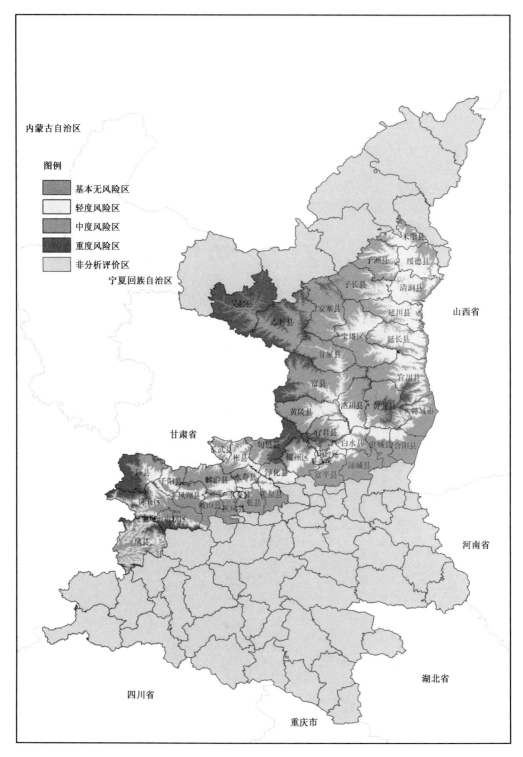

图 6.2　陕西苹果花期冻害风险区划

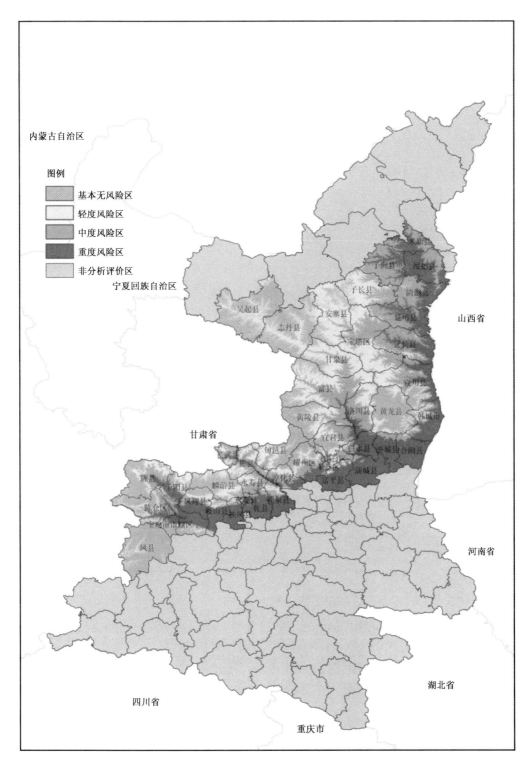

图 6.3　陕西苹果果实膨大期高温热害风险区划

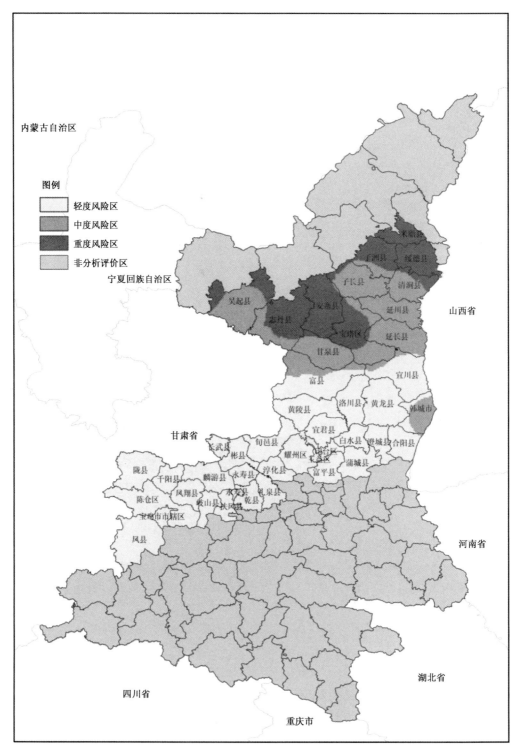

图 6.4　陕西苹果萌芽—幼果期干旱风险区划

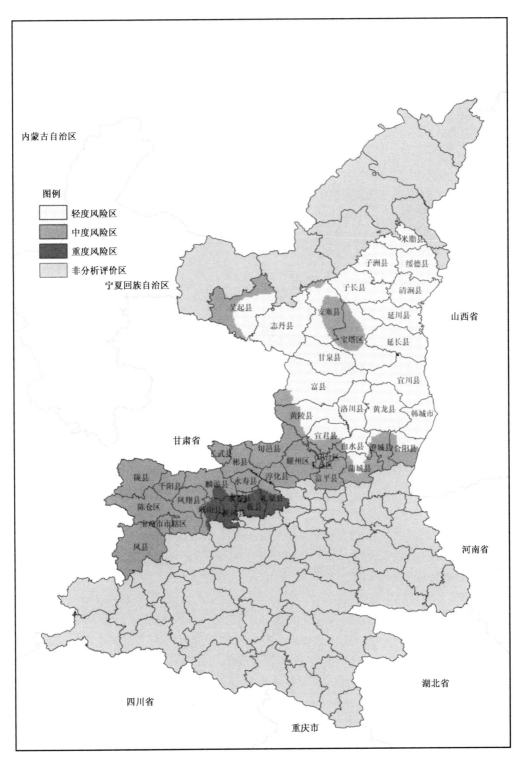

图 6.5　陕西苹果果实膨大期干旱风险区划

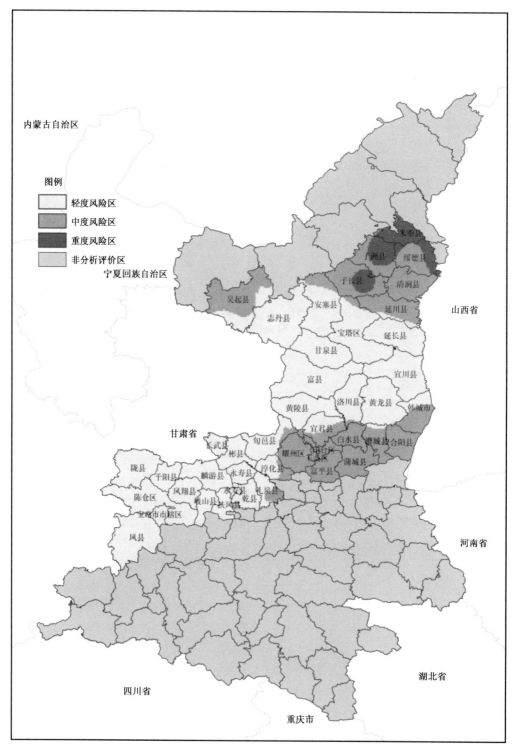

图 6.6　陕西苹果着色—成熟期干旱风险区划

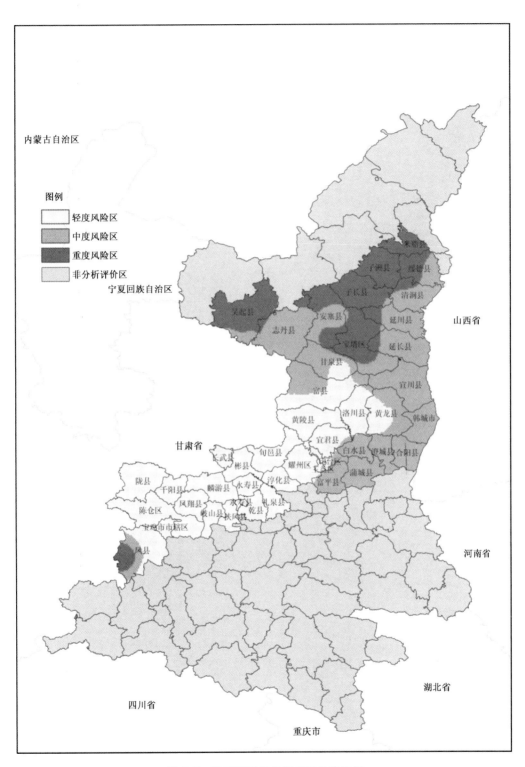

图 6.7　陕西苹果越冬期干旱风险区划

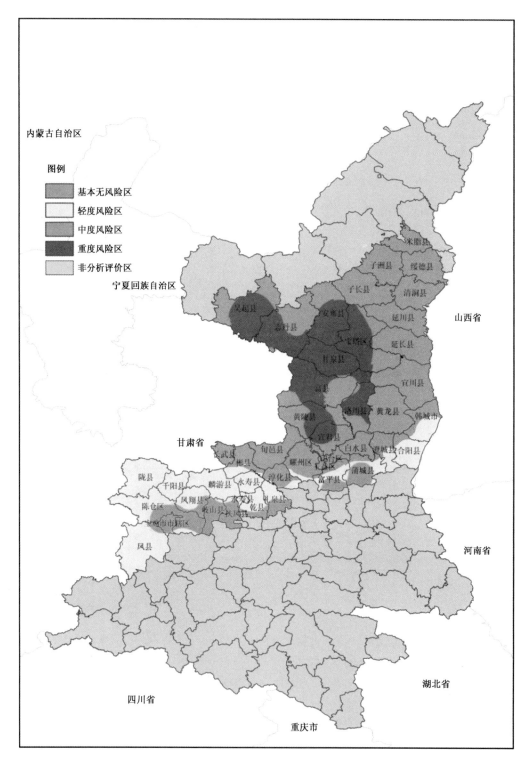

图 6.8　陕西苹果冰雹灾害风险区划

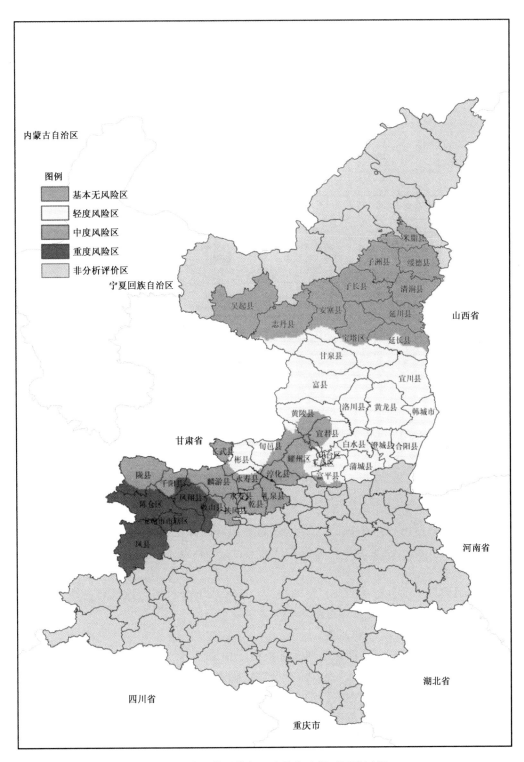

图 6.9　陕西苹果着色—成熟期连阴雨风险区划

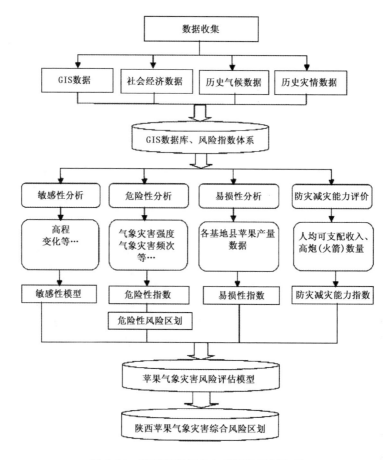

图 6.10　陕西苹果气象灾害风险区划流程

轻度风险区主要分布在延安南部及渭北西部大部分县（区）及凤县，同样呈东北—西南走向的带状分布。该区海拔约在 900～1200 米，越冬期寒潮降温幅度小、危害轻，主要发生苹果树轻度越冬冻害。该区轻度越冬期冻害约 4 年以上一遇，基本无中度及以上等级越冬冻害发生。

基本无风险区主要分布在渭北以南海拔约 900 米以下分析区。该区越冬期气温较高，寒潮降温影响轻，苹果树基本可以安全越冬。

（2）苹果花期冻害风险区划评述

重度风险区主要分布在陕西果区西北部沿白于山、子午岭和陇山，海拔约 1400 米以上的部分地区，包括吴起、志丹、富县、旬邑、陇县、凤县、陈仓和宜川等境内部分地区。该区地理位置分布偏北，地势较高，春季冷空气活动强度大、频率高，冷空气活动过程中低温极值极低是花期冻害发生的主要原因。该区重度花期冻害 2～5 年一遇，同时存在 2～3 年一遇的中度花期冻害，约 5 年一遇的轻度花期冻害。

中度风险区主要分布在延安中部、西部和渭北西部，海拔 1100～1400 米的部分地区。此区海拔略偏高，春季冷空气活动较为频繁，冷空气活动的频次和强度综合叠加可导致苹果花期冻害。该区中度花期冻害 3～4 年一遇，同时存在最多 4 年一遇的重度冻害及 3～4 年一遇的轻度花期冻害。

　　轻度风险区主要分布在黄河沿岸以西、渭河沿岸以北,海拔约 700～1100 米的地区,包括延安东部的大部分地区和渭北中度风险区南部的带状分布区域。该区海拔较重度和中度风险区略低,地理位置或偏东或偏南,苹果花期冷空气活动势力弱、强度较低,易造成苹果轻度花期冻害。该区轻度花期冻害约 3 年一遇,同时存在 6～10 年一遇的中度花期冻害,重度花期冻害发生概率极低。

　　基本无风险区主要分布在黄河沿岸以西、渭河沿岸以北,海拔约 700 米以下地区。此区海拔较低,苹果花期冷空气活动频率小、强度低,春季气温回升早,苹果开花期基本无中度及以上冻害发生。

　　(3)苹果果实膨大期高温热害风险区划评述

　　重度风险区主要分布在黄河西岸及其支流两岸、渭北塬区及渭河支流两岸,海拔约 900 米以下的苹果种植区。此区地势偏低,主要是河谷川道地形,夏季苹果膨大期受下沉气流影响,高温日数多,极端最高气温高,是发生高温热害的高风险区。该区重度高温热害 10 年以上一遇,同时存在 2～6 年一遇的中度高温热害及 1～3 年一遇的轻度高温热害。

　　中度风险区主要分布在渭北塬区重度风险区以北、黄河西岸重度风险区以西,海拔约 900～1100 米的大部分地区。受阳坡地形或河谷沿岸下沉气流影响,夏季苹果膨大期高温热害时有发生。中度高温热害 7～14 年一遇,同时存在 2～9 年一遇的轻度高温热害,重度高温热害发生概率较小。

　　轻度风险区主要分布在渭北中度风险区以北、延安中西部,海拔约 1100～1300 米的大部分地区。受海拔较高和地形地势影响,夏季苹果膨大期无明显高温热害天气。该区轻度高温热害约两年一遇,中度及以上高温热害发生概率极小。

　　基本无风险区主要分布在秦岭、陇山、子午岭、白于山、黄龙山山区,海拔约 1300 米以上的大部分地区。该区海拔较高,夏季气候温凉,果实膨大期基本无高温热害发生。

　　(4)苹果萌芽—幼果期干旱风险区划评述

　　苹果萌芽—幼果期(3—5 月)是对水分最为敏感的一个生育期。据研究,苹果萌芽—幼果期正常生长所需降水量约 170 mm 以上。陕西苹果种植区 3—5 月降水量多在 170 mm 以下,多数年份苹果萌芽—幼果期降水量不能满足果树生长需求,各地均有不同程度的旱情存在。

　　重度风险区主要分布在延安西北部及榆林东南部,包括米脂、绥德、子洲、志丹、安塞、宝塔区的部分地区。该区受大气环流影响,常年春季降水少、风沙大,气候干燥;3—5 月多年平均降水量 65～85 mm,极端年份最小降水量约 20 mm。该区苹果树萌芽—幼果期水分需求矛盾突出,干旱灾害 1～2 年一遇。

　　中度风险区主要分布在延安北部,甘泉、子长、清涧、延长、延川的大部及宝塔区、富县、志丹的部分地区和韩城的部分地区。该区受大气环流和地形地势影响,春季降水较少,年际间降水稳定性差;3—5 月多年平均降水量 75～95 mm,极端年份最小降水量少于 30 mm。该区苹果萌芽—幼果期干旱影响较重,干旱灾害约 2 年一遇。

　　轻度风险区主要分布在延安南部、渭北和关中西部,包括富县中南部和宜川及以南除韩城中东部以外的所有分析区域。该区春季降水显著多于延安北部,但受大陆性季风气候影响,春季升温快,降水稳定性差,多数年份春季降水仍不能满足苹果萌芽—幼果期生理生态需水要求。该区 3—5 月多年平均降水量 90～130 mm,极端年份最小降水量少于 50 mm,苹果萌芽—幼果期干旱灾害 2～3 年一遇。

(5)苹果果实膨大期干旱风险区划评述

果实膨大期(6—8 月)是产量、品质形成的关键期,是苹果一生中需水最多的生育期。据研究,该时期苹果正常生长所需降水量约 300 mm 左右。然而,受西太平洋副热带高压进退和雨季来临早晚影响,陕西苹果种植区 6—8 月降水量年际间稳定性差,时段分配上不均匀,大雨或暴雨较为多见,初夏旱和伏旱较为多见。

重度风险区主要分布在关中小部分地区,包括岐山、扶风、乾县、礼泉大部分地区及永寿南部旱腰带地区。该区受西太平洋副热带高压进退和雨季来临早晚影响,年际间降水量波动大、稳定性差;多年平均 6—8 月降水量 260～295mm,极端年份最小降水量约 70 mm 以下。该区苹果膨大期干旱灾害 1～2 年一遇;应重视发挥灌溉条件优势,缓解干旱威胁。

中度风险区主要包括渭北大部、关中西部部分地区及延安的安塞、宝塔区、黄陵的部分地区。该区苹果膨大期虽然已进入多雨期,但受地形地势影响,降水多以大雨或暴雨形式出现,径流量大,且年际间降水量波动大、稳定性差,水分供需矛盾仍比较突出;多年平均 6—8 月降水量 290～350 mm,极端年份最小降水量约 170 mm 以下。该区干旱对苹果果实膨大影响较大,干旱灾害约两年一遇。

轻度风险区主要分布在延安和榆林东南部,包括黄陵东部、宜君、蒲城北部、白水、合阳北部及其以北除安塞东南部和宝塔区东北部。该区夏季降水相对集中、稳定,苹果膨大期干旱威胁较轻;多年平均 6—8 月降水量 230～330 mm,极端年份最小降水量约 250 mm 以下。该区苹果膨大期干旱灾害 2～3 年一遇。

(6)苹果着色—成熟期干旱风险区划评述

9—10 月是苹果果实着色—成熟期,需水量相对较多,缺水对果实膨大和正常着色、成熟有明显影响。据研究,该时期苹果正常生长所需降水量约 120 mm 左右。陕西苹果种植区 9—10 月多连阴雨天气,降水比较充沛,年际间波动小,苹果着色—成熟期旱情较其他生育期轻,危害小。

重度风险区主要分布在榆林东南部,包括米脂全部,子洲、绥德北部,子长中部部分地区。该区秋季受雨带南移影响,9—10 月降水明显减少,干旱对果实二次膨大和正常着色、成熟有明显影响。该区多年平均 9—10 月降水量 90～110 mm,极端年份最小降水量约 30 mm 左右。苹果着色—成熟期干旱灾害 2～3 年一遇。

中度风险区主要分布在渭北东部和延安北部,包括绥德、清涧、延川大部分地区及子长、子洲、安塞部分地区,韩城、合阳、澄城、蒲城、白水、富平、铜川城郊三区等部分地区。该区多年平均 9—10 月降水量 100～135 mm,极端年份最小降水量少于 60 mm。苹果着色—成熟期干旱灾害约 3 年一遇。

轻度风险区主要分布在渭北西部和延安中南部,包括志丹、安塞、宝塔区、延长及其以南,韩城北部、洛川、宜君北部及以北所有县(区),旬邑、淳化西部、礼泉西部及其以西所有分析区。该区 9—10 月受华西秋雨影响比较明显,多连阴雨天气,雨日多、雨量大,干旱威胁轻。多年平均 9—10 月降水量 100～170 mm,极端年份最小降水量少于 90 mm。苹果着色—成熟期干旱灾害 3～4 年一遇。

(7)苹果越冬期干旱风险区划评述

受大气环流影响,冬季苹果种植区受蒙古高压控制,高压系统稳定,空气干燥,雨雪稀少。

降水少是导致干旱的主要因素,尤其偏北地区冬春水分供需矛盾突出,冬春连旱对苹果安全越冬及产量形成有着显著影响。

重度风险区主要包括榆林东南部的米脂、子洲、绥德西部地区,延安的子长、宝塔区、安塞及凤县大部地区。该区冬季多处于蒙古冷高压主要控制区,高压系统稳定,空气干燥,雨雪量少,冬季果树干旱抽条比较严重。该区多年平均越冬期降水量 15～25 mm,极端年份无降水。总体降水量明显不足,水分供需矛盾十分突出,冬旱或冬春连旱时有发生,对苹果生长发育和产量形成有显著影响。

中度风险区主要分布在渭北东部和延安黄河西岸各县及延安西部的志丹、安塞、甘泉、富县。该区冬季处于蒙古冷高压控制范围,冷气团控制时间较长,降水量较少,果树易发生冬季干旱。该区多年平均越冬期降水量约 20～40 mm,极端年份几乎无降水,不能满足果树安全越冬生理生态需要,加之该区越冬期多大风、气温偏高,土壤水分丢失明显,越冬期干旱危害较重。

轻度风险区主要分布在渭北西部、关中东部、延安西南部,包括富县东南部、甘泉南部、洛川、宜君、铜川郊区及其以西和以南,除凤县部分地区。该区冬季冷气团势力弱且活动时间短,初冬和早春冷暖气团交锋频繁,降水量相对较多,越冬期干旱相对较轻,该区多年平均越冬期降水量 30～45 mm,极端年份最小降水量 5 mm 左右。该区轻度越冬期干旱 3～5 年一遇,重度和中度越冬期干旱发生概率均较小。

(8)苹果冰雹灾害风险区划评述

重度风险区主要分布在延安中西部,包括志丹、安塞、宝塔区、甘泉、富县、洛川、黄陵、宜君的大部地区。该区为白于山、子午岭冰雹带区域,冰雹灾害发生频繁且强度大、危害重,是雹灾的重度风险区;多年平均雹日约 2 天。

中度风险区包括韩城、合阳、澄城、蒲城、富平北部、耀州、淳化、彬县、长武大部及以北所有非重度风险区。该区主要受西路和北路冷气流影响,冰雹灾害强度较大、危害较重;多年平均雹日 1～2 天。该区及重度风险区均是陕西冰雹主要活动地带,同时也是陕西省苹果的主产区,冰雹危害较为严重,但近些年来该区加大了防雹高炮、火箭人工消雹作业及防雹网的配置力度,防灾减灾能力有所提升。

轻度风险区主要分布在关中西北部,关中东部有小区域分布,包括韩城、合阳、澄城、蒲城、富平的南部,礼泉、乾县北部,永寿、凤翔、千阳、陇县、陈仓区、凤县等。该区为西路和北路冰雹路径的尾部,一般情况下,冷气流势力减弱,形成雹灾的概率大大降低;多年平均雹日不足 1 天。

基本无风险区主要分布在关中西部小部分地区,包括陈仓、凤翔东部,岐山、扶风大部,乾县、礼泉、富平、蒲城南部。该区苹果主要生长期冰雹灾害很少发生。

(9)苹果着色—成熟期连阴雨风险区划评述

重度风险区主要分布在关中西部的陈仓、凤翔、岐山一带和凤县。受华西秋雨和副热带高压进退的影响,关中地区 9—10 月份连阴雨出现频率极高,其中西部重于东部,西部以宝鸡为连阴雨多发中心。该重度风险区基本位于陈仓及其周围县,9 月上旬—10 月上旬连阴雨持续天数长、过程降雨量大,重灾年份对该区苹果的正常着色与成熟有很大影响。该区多年平均连阴雨灾害约 1 年一遇,过程总天数 8～11 天,过程总降雨量 67 mm 以上。

中度风险区主要分布在关中西部的陇县、千阳、长武、扶风、乾县、礼泉、淳化,及永寿、旬邑、黄陵南部和耀州、宜君西部部分地区。该区 9 月上旬—10 月上旬连阴雨灾害少于关中东部,多于关中西部。多年平均连阴雨灾害少于 1 年一遇,过程总天数 6～8 天,总降雨量 60～70 mm。

轻度风险区主要分布在延安南部、渭北东部及旬邑、彬县的部分地区。受华西秋雨和副热带高压进退的影响,延安地区 8—9 月份连阴雨出现频率较高,其中南部重于北部,南部的洛川为连阴雨多发中心。该轻度风险区包括了关中西部、陕北南部部分地区,多年平均连阴雨灾害 1～2 年一遇,过程总天数 5～7 天,总降雨量 30～60 mm。

基本无风险区主要分布在延安北部及榆林南部,轻度风险区以北的苹果种植区。该区连阴雨灾害发生频率小,降水量小,持续天数短,对苹果成熟前着色基本不会造成影响。

6.3 陕西县域苹果气象灾害风险区划成果

6.3.1 区划方法

(1)县域苹果灾害风险区划指标的确定

综合应用人工气候箱模拟、果园试验、灾情详查、历史灾情反演、查阅文献等方法,对陕西省级主要气象灾害指标及其灾损进行了完善和修订,得到县域苹果越冬期冻害、花期冻害、高温热害等气象灾害风险区划指标。

①越冬期冻害指标

利用《1980—2011 年苹果主要气象灾害个例及其灾损调查表》中收集的 13 个苹果越冬期冻害灾情个例及《灾害大典》、《陕西救灾年鉴》中气象、果业等部门记录的苹果越冬期冻害灾情 15 例,对陕西富士系苹果越冬期冻害的区划指标进行灾情反演验证。将所有收集到的苹果越冬期冻害灾情按照从轻到重进行排序和分组,并标注冻害过程中的最低气温、持续时间等相关气象信息。其中苹果产量损失率小于 30% 的认为是轻度组,产量损失率在 30%～50% 之间的认为是中度组,产量损失率大于 50% 的认为是重度组;对应查看其受冻当年越冬期冻害过程极端最低气温,结果证实原灾害等级分级指标与实际情况基本相符,指标设计科学合理,因而未做进一步修订(表 6.8)。

表 6.8　陕西富士系苹果越冬期冻害等级划分指标及灾损权重

灾害类型	分析时段	致灾气候因子	成灾等级指标及灾损权重		
			等级	指标	灾损权重
越冬期冻害	11 月—2 月（越冬期）	极端最低气温（℃）	轻	$-24 < T_{min} \leqslant -20$	0.3
			中	$-28 < T_{min} \leqslant -24$	0.5
			重	$T_{min} \leqslant -28$	0.7

②花期冻害指标

基于省级灾害指标,分别于 2012 年和 2013 年在旬邑县,通过人工气候箱对苹果花期冻害在冻害强度和冻害类型进行冻害指标试验的基础上,证实原冻害指标灾害等级分级界定符合陕西富士系苹果花期冻害灾情实际,指标设计科学合理,因而县域苹果花期冻害风险区划各等级临界指标不做修订,增加持续时间。结合专家评估和历史灾情反演两种方法,对原有苹果花期冻害不同等级灾损系数进行了修订(表 6.9),修订后的苹果花期冻害不同等级冻害灾损系数分别为轻度 0.1、中度 0.3、重度 0.5(表 6.10)。

表 6.9　修订前的陕西富士系苹果花期冻害灾害等级划分指标及灾损权重

灾害类型	分析时段	致灾气候因子	成灾等级指标及灾损权重		
			等级	指标	灾损权重
花期冻害	4 月上、中、下及 5 月上旬(花期)	极端最低气温 (℃)	轻度	$-2 < T_{min} \leqslant 0$	0.3
			中度	$-4 < T_{min} \leqslant -2$	0.5
			重度	$T_{min} \leqslant -4$	0.7

表 6.10　修订后的陕西富士系苹果花期冻害灾害等级划分指标及灾损权重

霜冻等级	极端最低气温 (℃)	0℃以下低温持续时间(小时)	受冻率 (%)	受冻表现	灾损权重
轻度	-2	$\leqslant 6$	<30	花瓣呈黄褐色,内圈雄蕊花药、所有花丝、子房均完好。	0.1
	-3	$\leqslant 5$			
中度	-2	$\geqslant 7$	$30\sim80$	雌蕊轻微受冻发黄;部分外圈的雄蕊花药呈黄褐色,内圈雄蕊花药、所有花丝、子房均完好。	0.3
	-3	$\geqslant 6$			
	-4	$\leqslant 4$			
重度	-4	$\geqslant 5$	>80	雌蕊严重受冻,柱头全黑,花丝全黑、变形;雄蕊花粉头内部变黑,花丝变黑;子房内部全部变黑。	0.5
	-5	$\geqslant 4$			

③高温热害指标

通过苹果园高温热害试验,从高温程度和高温持续时间两方面因素着手,对原有指标进行修订。将已有高温热害温度指标作为指标修订基础(表 6.11),整理各次灾害过程中全省苹果基地县日最高气温与持续日数($35℃ < T_{max} \leqslant 38℃$、$38℃ < T_{max} \leqslant 40℃$、$T_{max} > 40℃$)资料,结合对应灾情调查资料,确立轻度、中度和重度高温热害指标。利用高温热害灾情调查结果,以及历史灾情资料,共整理有效灾情样本 85 个,其中轻度高温热害样本 17 个,中度高温热害样本 25 个,重度高温热害样本 43 个。通过对以上三类样本高温程度及持续时间、果园试验等情况进行分类及统计分析,最终得到修订后的苹果高温热害指标(表 6.12)。

表 6.11　修订前的苹果高温热害指标

高温热害等级	温度(日最高气温)	危害程度
轻度	$35℃ < T_{max} \leqslant 38℃$	光合作用受到抑制,影响光合产物积累。
中度	$38℃ < T_{max} \leqslant 40℃$	加速植株蒸腾,破坏水分代谢,果实出现轻度灼伤。
重度	$T_{max} > 40℃$	严重破坏水分代谢,局部植株细胞代谢活动异常,造成严重灼伤或局部组织坏死。

表 6.12　修订后的陕西苹果高温热害指标

高温热害等级	高温程度(日最高气温)	持续时间(d)	危害程度
轻度	$T_{max} \geqslant 35℃$	[3,5)	光合作用受阻
中度	$T_{max} \geqslant 35℃$	[5,8)	加速植株蒸腾,果实出现轻度灼伤。
	$T_{max} \geqslant 38℃$	[3,5)	
重度	$T_{max} \geqslant 35℃$	$\geqslant 8$	植株细胞代谢活动明显异常,造成严重灼伤或局部组织坏死。
	$T_{max} \geqslant 38℃$	$\geqslant 5$	
	$T_{max} \geqslant 40℃$	$\geqslant 3$	

(2)县域苹果灾害风险区划评估模型的构建

①苹果气象灾害风险评价模型的选择

对 4 个代表县进行的风险区划重点针对风险区划中的致灾因子危险性——诱发气象灾害的气候风险进行精细的降尺度风险分析,获得 4 个示范县的气候风险指数序列,以此进行风险区划。某种气象灾害致灾因子的危险性——气候危险性风险,主要表现为该气象灾害的危害强度和发生概率(频次),因而某种气象灾害的气候风险可用其发生时的危害强度和发生概率(频次)来表征。为了提高县域内不同区域苹果主要气象灾害气候危险性风险辨识度,区划采用了 4 个示范县及其周边县域内共 89 个区域自动气象站 2009—2012 年的气温、降水资料,并用对应县站长序列气象资料进行订正,显著提高了县域内苹果主要气象灾害风险评估的空间精度。

根据苹果花期冻害、越冬期冻害、干旱、高温热害等 4 种主要气象灾害各自的成灾机理,分别确定了 4 种气象灾害的轻度、中度和重度灾害三个等级的指标,通过对历史气候数据等的分析,确定三个不同等级灾害的发生概率(频次);并通过实地调查、历史灾情反演结合经验估计、专家评估等方法,分别修订了不同种类灾害三个灾害等级不同的灾损系数,以表征其发生时所造成的损失大小。基于以上分析可得到苹果单灾种气象灾害危险性风险评估模型。

$$VH = sd \cdot sc + md \cdot mc + ld \cdot lc$$

式中:VH 为单灾种气候危险性风险指数,用于表示气候致灾因子风险大小,其值越大,则气候致灾风险程度越大,灾害发生时造成损失越大;sd、md、ld 分别为重度、中度、轻度气象灾害的发生概率(频次),sc、mc、lc 分别为重度、中度、轻度灾害的灾损系数。

②花期冻害降尺度风险评估模型的构建

依据气候危险性风险模型,单灾种风险区划模型构建中所设计的风险参数,主要包括表征轻度、中度、重度等级灾害发生时分别造成的损失程度,即灾损系数,以及对应等级灾害的发生概率两项参数。

针对陕西省富士系苹果花期冻害的降尺度风险评估模型的构建,主要采取基于传统统计方法延伸应用的概率移植方法(方法 1)和积寒指标值大小(方法 2)两种方法进行。在概率移植方法中将整理和计算各示范县区域站近 3 年的花期低温观测资料,并以县站相同历史时期的资料对其进行指标临界订正,再以订正后的临界指标计算各区域站的花期冻害风险概率。同时通过苹果开花期低温过程的积寒的计算,对通过概率移植得到的苹果花期冻害风险概率值进行验证。根据各示范县及其区域站不同等级花期冻害的发生概率,对比当地的历史上不同程度灾害发生情况及其灾损程度,采用灾情反演方法初步确定不同等级花期冻害的灾损系数;另外结合专家评估方法,确定苹果花期冻害轻度、中度、重度等级的灾损系数分别为 0.1、

0.3、0.5,建立苹果花期冻害气候危险性降尺度风险区划模型为 $VH = 0.1P1 + 0.3P2 + 0.5P3$。

③越冬期冻害降尺度风险评估模型的构建

陕西省苹果种植区越冬冻害的可能受灾时段确定为当年 11 月—次年 2 月,即为苹果越冬冻害分析时段。针对陕西省富士系苹果越冬期冻害的降尺度风险评估模型的构建,与花期冻害分析方法相似,主要采取基于传统统计方法延伸应用的概率移植方法进行。在概率移植方法中将整理和计算各示范县区域站近 3 年的越冬期低温观测资料,并以县站相同历史时期的资料对其进行指标临界订正,再以订正后的临界指标计算各区域站的越冬期冻害风险概率。

根据各示范县及其区域站不同等级越冬期冻害的发生概率,对比当地的历史上不同程度越冬期冻害发生情况及其灾损程度,采用灾情反演方法初步确定不同等级越冬期冻害的灾损系数;另外结合专家评估方法,确定苹果越冬期冻害轻度、中度、重度等级的灾损系数分别为 0.3、0.5、0.7,建立苹果越冬期冻害气候危险性降尺度风险区划模型为 $VH = 0.3P1 + 0.5P2 + 0.7P3$。

④高温热害降尺度风险评估模型的构建

陕西省苹果种植区高温热害的可能受灾时段确定为当年 6—7 月,即为苹果高温热害分析时段。针对陕西省富士系苹果高温热害的降尺度风险评估模型的构建,鉴于最新修订指标仅经过 1 年验证指标,还需要实践检验和继续验证,在灾害预警服务中已应用,本次区划仍然采取概率移植方法进行分析。依据对所收集高温热害历史灾情反演结果,将高温热害轻度、中度、重度等级灾损系数 0.15、0.25、0.35 分别修订为 0.15、0.25、0.4,建立苹果高温热害气候危险性降尺度风险区划模型为 $VH = 0.15P1 + 0.25P2 + 0.40P3$。

⑤干旱灾害降尺度风险评估模型的构建

结合陕西黄土高原果区降水分布特征,以果树水分供需平衡为基础设计了适用本区域的干旱风险评价新模型。采用以不同生育期苹果需水量、实际降水量、无降水日数等特征值构建新的苹果干旱风险评价模型。

$$Dri = \frac{\text{生育期需水量}}{\text{生育期降水量}} \cdot \frac{\text{无降水日数}}{\text{生育期日数}} \approx \frac{\text{无降水日数}}{\text{生育期降水量}} \cdot Ki$$

式中:Dri 为果树不同生育期干旱风险指数;因为苹果不同生育期需水量、生育期日数两项指标在一定历史时期是相对稳定的,所以用 Ki 代表它们的比值,Ki 作为系数,表示果树不同生育期平均 1 天的生理需水量。以渭北果区为例,苹果不同生育期 Ki 值分别是:萌芽—幼果期 1.41、果实膨大期 2.83、着色—成熟期 1.64、越冬期 0.08。Dri 指数值越大,表示旱情越严重。

在该公式中,"无降水日数"可有效表征果区无降水天气状况下气候相对干燥状况,果树多处于不同程度干旱状态的气候特点;"生育期降水量"表示相关生育期的自然供水量情况。由此可见陕西苹果干旱风险指数"Dri"能够有效区别陕西省苹果种植区干旱风险大小。另外,Dri 值不仅可以用于干旱风险区划,而且可以指导市、县气象部门开展苹果干旱气象服务,使市、县气象服务更加客观、定量。

在 4 个县苹果各主要生育期降尺度干旱灾害风险区划中,由于各区域站降水资料年代短,以及各区域站坡向、海拔、降水径流量等差异比较大,因而未计算各区域站的 Dri 值;而是基于修订后的干旱风险评估模型,采用陕西省 30 个苹果基地县苹果不同生育期的降水数据,计算了各基地县不同生育期的苹果干旱风险指数 Dri 值。根据每个示范县干旱灾害风险指数 Dri 值大小,结合各县的地形小气候环境、境内区域站所处地理位置特点及降水量、调查资料反映的历史干旱程度差异等,划分为轻、中、重三个干旱灾害风险等级,并进行客观评述。

(3)县域苹果气象灾害风险区划方法

在采用新指标、新模型和延伸应用"概率移植"理论方法计算获得的 4 个示范县及其周边各区域站灾害风险概率的基础上,利用 GIS 技术,采用反距离权重法完成苹果 4 种气象灾害降尺度风险区划;并通过野外调查、历史灾情对照等对区划结果进行验证,结果表明降尺度的县域风险区划结果与实际基本相符,苹果生产管理应用价值更高。

6.3.2 区划成果

(1)花期冻害风险区划及评述

①洛川县苹果花期冻害风险区划及评述

重度风险区主要分布在土基镇以西局部地区,京兆乡、水乡乡、旧县镇以北部分地区。该区海拔约在 1200 米以上,海拔相对较高,花期低温天气过程强度较大。该区重度花期冻害约 5 年一遇,中度和轻度约 3 年一遇(见图 6.11)。

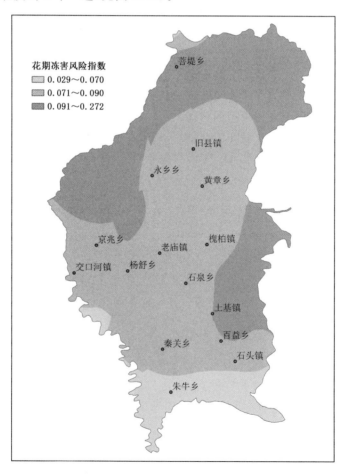

图 6.11　洛川县苹果花期冻害风险区划

中度风险区主要分布在石头镇以北,京兆乡、水乡乡、旧县镇以南,不包括土基镇以西局部地区的区域。该区由西南向东北海拔逐渐升高,约在 800～1200 米之间。该区中度花期冻害约 8～9 年一遇,轻度约 3～4 年一遇。

轻度风险区主要分布在石头镇以南区域。该区为洛河与沙家河交汇地带,海拔低,春季低温过程强度相对较弱。该区中度花期冻害约 10～15 年一遇,轻度约 4～5 年一遇。

②旬邑县苹果花期冻害风险区划及评述

重度风险区主要分布在马栏农场及其以北、以西。该区以山地为主,包括子午岭、长蛇岭、斜梁等,海拔约在 1400 米以上,不适宜种植苹果。该区重度花期冻害约 5 年一遇,中度约 3～5 年一遇(见图 6.12)。

中度风险区主要分布在太村镇、郑家镇、张洪镇、原底乡周边的部分区域及马栏镇以东,马栏农场以西部分区域。西部太村镇等周边因为地势平坦、海拔较周围相对偏低,春季冷空气较容易堆积,花期冻害风险增大;东部因逐渐向子午岭等山地过渡,海拔升高,春季低温活动频繁,因而苹果花期遭受冻害概率较大。该区中度花期冻害约 6～7 年一遇,轻度约 3～4 年一遇。

轻度风险区主要分布在马栏镇以西,除太村镇、郑家镇、张洪镇、原底乡周边的部分区域。该区以台塬地为主,地面平整,苹果种植集中,海拔在 1000～1200 米;春季如遇强寒潮天气过程,苹果花期有遭遇冻害的可能。该区中度花期冻害约 8～10 年一遇,轻度约 3 年一遇。

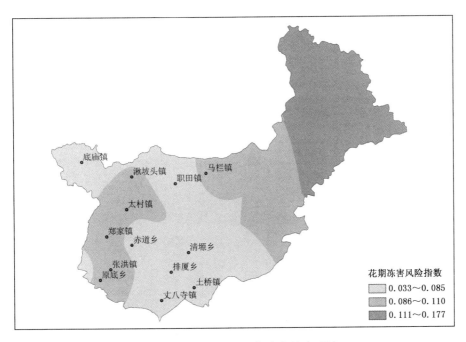

图 6.12　旬邑县苹果花期冻害风险区划

③白水县苹果花期冻害风险区划及评述

中度风险区主要分布在北部的北塬乡、纵目乡及西南部的云台乡以西的山地。北部区域因靠近黄土高原,地势升高,春季花期冻害风险增大;西南部是向云蒙山过渡的山地,海拔升高,春季冻害风险增大。该区中度花期冻害至少 10 年一遇,轻度约 3 年一遇(见图 6.13)。

轻度风险区主要分布在中部绝大部分地区,包括收水乡、史官乡、纵目乡、尧禾镇、杜康镇、林皋镇、北井头乡。该区以塬为主,地势平坦,海拔略高,春季遇强寒潮天气,苹果花期较易受影响。该区中度花期冻害约8年一遇,轻度约2年一遇。

基本无风险区主要分布在雷牙乡以南、冯雷镇以东的北井头、雷村两大塬的大部分,为洛河南岸,地势平缓而低,春季先暖。该区苹果开花期基本无冻害发生。

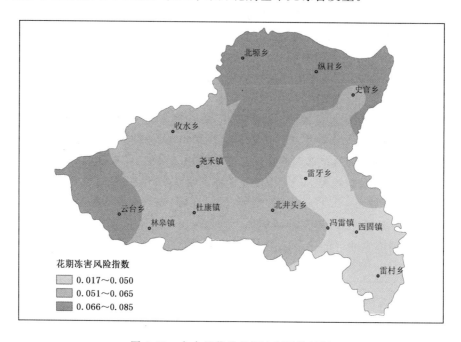

图 6.13　白水县苹果花期冻害风险区划

④凤翔县苹果花期冻害风险区划及评述

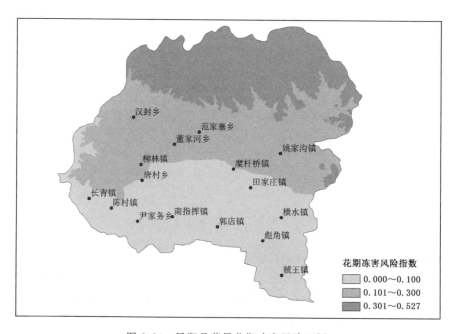

图 6.14　凤翔县苹果花期冻害风险区划

中度风险区主要分布在凤翔北部的千山山区;该区地形起伏,沟谷发育,海拔约在1300米以上。因地形和海拔共同导致春季花期冻害风险较大。该区中度花期冻害约3~4年一遇,轻度约3年一遇(见图6.14)。

轻度风险区主要分布在柳林镇、糜杆桥镇以北,重度风险区以南的区域。该区海拔约在900~1300米之间,地形以起伏较小的沟谷和小台塬为主;春季遇强冷空气入侵,苹果花期较易受冻。该区中度花期冻害约4~10年一遇,轻度约3~5年一遇。

基本无风险区主要分布在柳林镇、糜杆桥镇以南。该区为塬面开阔、地势平坦的黄土台塬,向南接近渭河平原,海拔约在900米以下,春季较为暖和,花期冻害风险较小。

⑤4个示范县花期冻害积寒分析

从2000年至2010年共11年,旬邑、洛川、白水、凤翔4个示范县的苹果花期冻害个例中,筛选出21个记载翔实的个例,对其花期冻害积寒值进行计算,并将积寒值和对应灾情进分析和反演,辅助确定不同等级花期冻害的灾损权重。苹果果区21个个例积寒计算结果见表表6.13。

表6.13　苹果果区21个苹果花期冻害个例积寒值及其等级

花期冻害出现年份	洛川	灾损等级	旬邑	灾损等级	白水	灾损等级	凤翔	灾损等级
2000年	0.21	△	0.34	□				
2001年	1.41	□	3.79	☆	0.06	△	0.34	□
2002年			0.32	△				
2003年			0.01					
2004年	0.06	△	0.18	△				
2005年	0.09	△	0.25	△				
2006年	1.79	□	3.04	□	0.06	□		
2007年							0.18	△
2008年			0.21	□				
2010年	2.49	□	2.78	☆	0.84	△	0.21	□

注:"△"表示灾损等级为轻度,因灾减产率约在10%以下;"□"表示灾损等级为中度,因灾减产率约在10%~30%;"☆"表示灾损等级为重度,因灾减产率约在30%~50%。

通过对比分析可以得到以下几点:1)将以前所用苹果花期冻害轻度、中度、重度灾损系数0.3、0.5、0.7分别修订为0.1、0.3、0.5。修订后的各等级花期冻害灾损系数更符合实际。2)2000年至2010年4个示范县21个灾害个例中,共有轻度冻害个例9例、中度冻害9例、重度冻害2例。其中代表渭北西部果区的旬邑和代表陕北果区的洛川苹果花期冻害比代表渭北东部果区的白水和代表关中果区的凤翔苹果花期冻害发生频次高,灾损等级高。3)对以上灾害个例的总体分析,洛川苹果中度花期冻害约3~5年一遇,轻度冻害约3年一遇;旬邑苹果花期重度冻害约5年一遇,中度约3~5年一遇,轻度约3年一遇;白水苹果花期基本无重度冻害发生,中度冻害约10年一遇,轻度约4~5年一遇;凤翔苹果花期基本无重度冻害发生,中度冻害约5年一遇,轻度约10年一遇。上述结论与用概率移植方法对县站所属分布区的各等级冻害发生概率计算结果基本一致。4)综合以上个例,可基本得出用"积寒值"划分陕西苹果花期不同等级冻害的临界值大约是:轻度≤0.2、中度0.2～2.0、重度>2.0。该"积寒"划分临界值还有待于用更多的个例来验证和修订。5)苹果花期受寒潮降温天气过程影响造成冻害的实际等级,不仅仅取决于低温强度,或者说积寒值大小,同时也受是否伴随大风、果园旱情是否严重、果树树势强弱等的影响,因而最终的灾损等级并非与积寒大小完全一致。

(2)越冬冻害风险区划及评述

据从多种文献中相关气象灾害灾情收集和实地的灾情调查,苹果越冬冻害在关中和渭北东部果区发生频率极小,一般不会对苹果生产造成中度以上危害。因此对白水和凤翔两个县不进行苹果越冬冻害的风险区划。

①洛川县苹果越冬冻害风险区划及评述

中度风险区主要分布在菩提乡、旧县镇以东大部区域及土基镇以东部分区域。该区基本处于黄龙山土石山区,海拔相对较高,越冬期低温天气过程强度较大。该区中度越冬期冻害约10年一遇,轻度约5年一遇(见图6.15)。

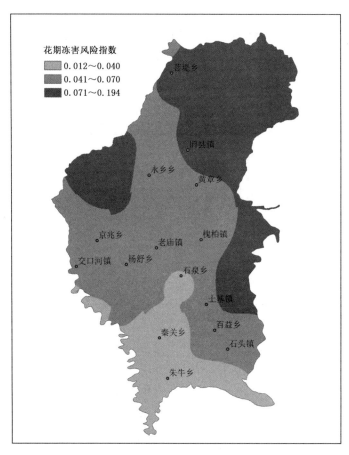

图6.15 洛川县苹果越冬期冻害风险区划

轻度风险区主要分布在石泉乡以北,菩提乡、旧县镇以西的大部区域及土基镇、百益乡、石头镇周边部分区域。该区向西、向北海拔逐渐升高,冬季低温天气过程中极端最低气温较东南部高。该区轻度越冬期冻害约6～8年一遇。

基本无风险区主要分布在石泉乡以南和以西及石头镇以南区域。该区为洛河与沙家河交汇地带,海拔相对较低,位置偏南,因而冬季冷空气强度相对较弱。该区苹果树基本可以安全越冬。

②旬邑县苹果越冬冻害风险区划及评述

中度风险区主要分布在马栏农场及其以北、以西。该区以山地为主,包括子午岭、长蛇岭、斜梁等,海拔约在 1400 米以上,不适宜种植苹果。该区中度越冬期冻害约 3 年一遇,轻度约 5 年一遇。

轻度风险区主要分布在湫坡头镇、太村镇、赤道镇、郑家镇、张洪镇、原底乡周边的部分区域及风子梁、后陡坡以东,马栏农场以西部分区域。西部分布区因为地势平坦、海拔较周围相对偏低,冬季冷空气较容易堆积,越冬期冻害风险增大;东部因逐渐向子午岭等山地过渡,海拔升高,冬季低温活动频繁,因而苹果越冬冻害概率增大。该区中度越冬期冻害约 10 年一遇,轻度约 5 年一遇。

基本无风险区主要分布在风子梁与后陡坡以西,除湫坡头镇、太村镇、赤道镇、郑家镇、张洪镇、原底乡周边的部分区域。该区以台塬地为主,地面平整,苹果种植集中,海拔在 1200~1400 米,虽海拔略高,但冬季冷空气不易堆积,越冬期冻害相对较轻。

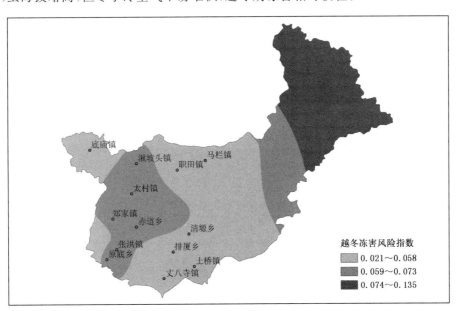

图 6.16 旬邑县苹果越冬期冻害风险区划

(3)高温热害风险区划及评述

据历史高温热害灾情收集与调查,渭北西部和延安果区基本未发生此灾害,个别年份的短时高温未对苹果造成影响,因此对旬邑和洛川不进行苹果高温热害的风险区划。

①白水县苹果果实膨大期高温热害风险区划及评述

中度风险区主要分布在白水县东北角的史官乡和东南角的雷村乡。该区位于渭北塬区东南边缘,地形相对平坦,夏季易受下沉气流影响,极端最高气温达 38℃以上,中度高温热害为 3 年两遇(见图 6.17)。

轻度风险区主要分布在白水县中东部及西部个别地区,包括北井头乡、冯雷镇、西固镇、收水乡和云台乡。该区位于渭北塬区,受坡地地形影响,夏季时有高温热害发生。该地区极端最高气温达 37.9℃,轻度高温热害约 3 年一遇。

　　基本无风险区主要分布在白水县西部及东部个别地区,包括北塬乡、纵目乡、尧禾镇、杜康镇、林皋镇和雷牙乡。该区位于渭北塬区,受海拔较高和地形地势影响,夏季苹果膨大期很少有高温热害天气。

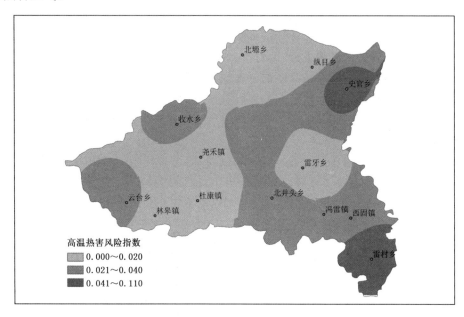

图 6.17　白水县苹果果实膨大期高温热害风险区划

②凤翔县苹果果实膨大期高温热害风险区划及评述

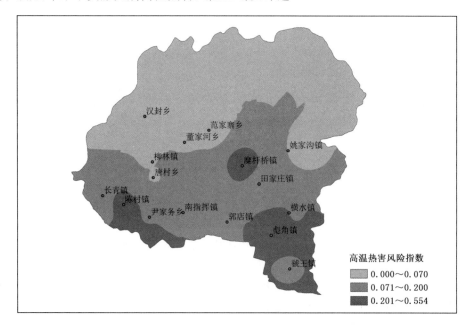

图 6.18　凤翔县苹果果实膨大期高温热害风险区划

　　重度风险区零星分布在凤翔县南部及中部部分地区,包括糜杆桥镇、陈村镇、彪角镇和横水镇部分地区。该区夏季极端最高气温达 40.5℃,重度高温热害 1 年一遇,中度高温热害 3 年一遇(见图 6.18)。

中度风险区主要分布在凤翔县中南部地区,包括常青镇、尹家务乡、南指挥镇、郭店镇、田家庄镇、横水镇和虢王镇。该区夏季极端最高气温达 40.1℃,中度高温热害 3 年两遇。

轻度风险区主要分布在凤翔县北部地区,包括汉封乡、柳林镇、唐村乡、董家河乡、范家寨乡和姚家沟镇。该区夏季极端最高气温达 39.7℃,轻度高温热害 3 年一遇。

(4)干旱风险区划及评述

①洛川县苹果干旱风险区划及评述

洛川县地处渭北黄土高原腹地,受其地理位置和大气环流、夏季季风的综合影响,在夏季和秋季,是陕北地区的多雨中心;冬春季节,雨带南移,恢复干旱少雨气候。洛川县站近 30 年年平均降水量 592.6 mm,其中萌芽—幼果期降水量 107.8 mm,果实膨大期降水量 313.7 mm,着色—成熟期降水量 130.5 mm,越冬期降水量 41.6 mm。洛川县苹果主要生育期干旱风险分区结果如表 6.14 所示。

表 6.14　洛川县苹果主要生育期干旱风险分区

生育期	风险等级	风险区分布	降水量
萌芽—幼果期	轻	旧县镇、黄章乡、槐柏镇以西	>105 mm
	中	旧县镇以北、菩提乡以南,槐柏镇、石泉乡一线以南	97~105 mm
	重	菩提乡及以东	<97 mm
果实膨大期	轻	石泉乡、交口镇一线以北	>310 mm
	中	石泉乡、交口镇一线以南,秦关乡、石头镇一线以北	300~310 mm
	重	石头镇一线以南	<300 mm
着色—成熟期	轻	旧县镇、黄章乡、槐柏镇以西	>125 mm
	中	旧县镇以北、菩提乡以南,槐柏镇、石泉乡一线以东、石头镇以西	120~125 mm
	重	菩提乡及其以东,石头镇及其以东	<120 mm
越冬期	轻	菩提乡及其以东,土基镇、朱牛乡一线以东	>42 mm
	中	旧县镇以北、菩提乡以南,槐柏镇、石泉乡、秦关乡及其周边部分区域	40~42 mm
	重	旧县镇、黄章乡、槐柏镇以西	<40 mm

②旬邑县苹果干旱风险区划及评述

旬邑县地处渭北黄土高原南部,受其地理位置和大气环流、季风等的综合影响,苹果各生育期降水量基本呈由西向东递减趋势,其中旬邑县站近 30 年年平均降水量 589.4 mm,萌芽—幼果期降水量 112.1 mm,果实膨大期降水量 288.9 mm,着色—成熟期降水量 145.9 mm,越冬期降水量 43.1 mm。旬邑县苹果主要生育期干旱风险分区结果如表 6.15 所示。

③白水县苹果干旱灾害风险区划及评述

白水县地处渭北东部黄土高原与关中平原过渡地带,地形地貌较为复杂。受下垫面与大气环流、盛行季风等的共同影响,春、夏、秋三季,降水自西北向东南逐渐减少,冬季则相反,其中白水县站近 30 年年平均降水量 567.7 mm,萌芽—幼果期降水量 101.7 mm,果实膨大期降水量 295.6 mm,着色—成熟期降水量 132.1 mm,越冬期降水量 39.3 mm。白水县苹果主要生育期干旱风险分区结果如表 6.16 所示。

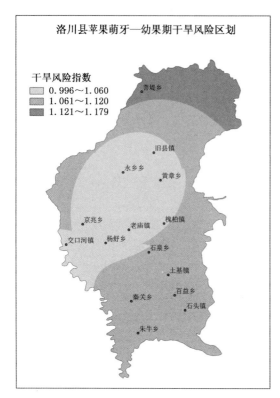

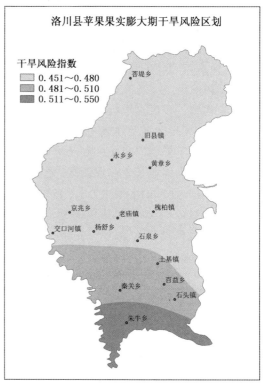

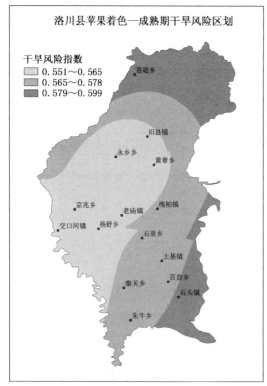

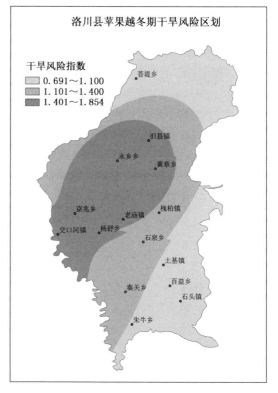

图 6.19　洛川县苹果干旱风险区划

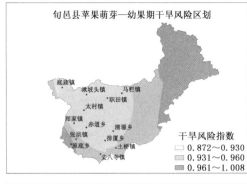

图 6.20　旬邑县苹果干旱风险区划

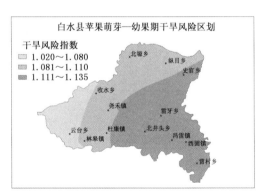

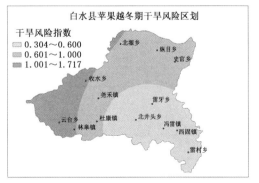

图 6.21　白水县苹果干旱风险区划

图 6.22　凤翔县苹果干旱风险区划

表 6.15　旬邑县苹果主要生育期干旱风险分区

生育期	风险等级	风险区分布	降水量
萌芽—幼果期	轻	马栏镇、土桥镇以西,张洪镇以东和以北	>110 mm
	中	马栏镇、土桥镇以东,马栏农场以西,张洪镇、丈八寺镇局地	105～110 mm
	重	原底乡局地,马栏农场以东	<105 mm
果实膨大期	轻	职田镇以西、赤道乡以北,郑家镇以东区域	>285 mm
	中	底庙镇、郑家镇、排厦乡、清塬乡、职田乡、马栏镇部分地区	280～285 mm
	重	张洪镇、排厦乡一线以南及马栏部分区域	<280 mm
着色—成熟期	轻	马栏镇、土桥镇以西,张洪镇以东和以北	>143 mm
	中	张洪镇,马栏镇以东、马栏农场以西部分区域	140～143 mm
	重	原底乡部分区域,马栏农场及以东	<140 mm
越冬期	轻	马栏镇、土桥镇一线以西	>40 mm
	中	马栏镇、土桥镇一线以东,马栏农场以西	38～40 mm
	重	马栏农场以东区域	<38 mm

表 6.16　白水县苹果主要生育期干旱风险分区

生育期	风险等级	风险区分布	降水量
萌芽—幼果期	轻	收水乡、林皋镇一线以西	>105 mm
	中	收水乡、林皋镇一线以东,杜康镇、尧禾镇、史官乡一线以西	103～105 mm
	重	杜康镇、尧禾镇、史官乡一线以东	<103 mm

续表

生育期	风险等级	风险区分布	降水量
果实膨大期	轻	纵目乡、北塬乡、收水乡、云台乡部分区域	＞300 mm
	中	纵目乡、收水乡一线以东、冯雷镇以西	290～300 mm
	重	西固镇及其以东	＜290 mm
着色—成熟期	轻	收水乡、林皋镇一线以西	＞138 mm
	中	收水乡、林皋镇一线以东，杜康镇、尧禾镇、史官乡一线以西	133～138 mm
	重	杜康镇、尧禾镇、史官乡一线以东	＜133 mm
越冬期	轻	杜康镇以东，雷牙乡及其以南	＞39 mm
	中	收水乡、林皋镇一线以东，杜康镇以西，尧禾镇以北部分区域	38～39 mm
	重	收水乡、林皋镇一线以西	＜38 mm

④凤翔县苹果干旱灾害风险区划及评述

凤翔县地处关中盆地西端北部，地形北高南低。受其所处特殊地理位置及季风气候等的共同影响，苹果不同生育期各地降水分布不均，全年总体略呈南多北少的趋势，其中凤翔县站近 30 年年平均降水量 608.1 mm、萌芽—幼果期降水量 118.1 mm、果实膨大期降水量 302.6 mm、着色—成熟期降水量 152.8 mm、越冬期降水量 35.1 mm。凤翔县苹果主要生育期干旱风险分区结果如表 6.17 所示。

表 6.17　凤翔县苹果主要生育期干旱风险分区

生育期	风险等级	风险区分布	降水量
萌芽—幼果期	轻	横水镇、郭店镇、长青镇一线以南	＞120 mm
	中	横水镇、郭店镇、长青镇一线以北，老爷庙、苟家岭一线以南	117～120 mm
	重	老爷庙、苟家岭一线以北	＜117 mm
果实膨大期	轻	汉封乡、长青镇一线以西	＞308 mm
	中	汉封乡、长青镇一线以东，糜杆桥镇、郭店镇一线以西	305～308 mm
	重	糜杆桥镇、郭店镇一线以东	＜305 mm
着色—成熟期	轻	郭店镇、凤凰山一线以南	＞155 mm
	中	郭店镇、凤凰山一线以北，王家山、苟家岭一线以南	150～155 mm
	重	王家山、苟家岭一线以北	＜150 mm
越冬期	轻	汤房庙村、柳林镇、高嘴头一线以东	＞34 mm
	中	汉封乡、长青镇一线以东，汤房庙村、柳林镇、高嘴头一线以西	33～34 mm
	重	汉封乡、长青镇一线以西	＜33 mm

6.4　陕西苹果气象灾害风险区划成果应用

（1）应用于政府及管理部门

近年来，随着陕西苹果主要气象灾害风险区划研究成果的应用，为陕西果业主管部门开展苹果生产抗灾防灾减灾、产业结构调整、防灾减灾工程性投资等各级政府宏观决策提供科学依据和技术支撑,有效提升了陕西果业气象灾害防御能力。2010年,根据气象资料和有关研究成果,陕西省气象局向政府决策部门提供了"警惕倒春寒天气危害,积极防御果树花期冻害"的重大气象信息专报,预计2010年陕西省果树花期冻害为中等趋势,延安和渭北西部果区局地冻害较重,建议各地要充分认识上年我省苹果普遍丰收和11月中旬强降温暴雪天气使部分果树尤其是幼树受害严重,果树营养消耗大、积累少、树势弱、抗冻能力差等特点,狠抓果树春季管理和花期冻害防御工作;2013年,根据陕西省果区实地调查结果和前期气象条件分析,向政府决策部门提供了"苹果花期将提前两周,遭遇冻害风险极大,需高度重视防范果树花期冻害对果业生产的影响"重大气象信息专报,预计2013年苹果开花期将比上年提前10~15天,2013年苹果花期冻害为偏重冻害发生年,建议各果区及早准备,做好苹果花期冻害防御工作。陕西苹果花期冻害风险区划科研成果的及时有效应用,对2010年和2013年陕西苹果花期冻害天气的防灾减灾工作起到了明显的积极作用。与此同时,向洛川、旬邑、凤翔、白水4个基地县政府部门提供精细化的苹果花期冻害、越冬期冻害、高温热害、干旱等气象灾害的风险区划成果,对各县进行产业发展规划、品种调整和产业布局优化,最大限度地发挥气候资源优势,规避气象灾害,提供了科技支撑和重要帮助,有效提升苹果种植效益,促进苹果产业可持续发展。

　　依据区划结果,在苹果气象灾害防御技术的基地县推广应用中取得了明显的社会经济效益。2011年5月—2013年4月,分别在洛川、白水和旬邑3个县重点果区推广应用"苹果园双覆盖调水节水技术",示范推广面积达0.7万公顷,产生了近570万元的防灾减灾效益;2012年6月,针对陕西关中果区苹果果实膨大期的高温热害,在凤翔县0.3万公顷苹果示范园推广应用树冠喷水等防灾减灾措施,明显减轻了果实灼伤伤情,据灾后实地考察和估算,产生的防灾减灾效益达250万元;2013年入冬以来,陕西省11—12月平均气温为近31年来最低,12月下旬气温达到入冬以来的最低值,陕北和渭北部分果园发生较严重的越冬冻害,分别在洛川和旬邑县2.3万公顷示范果园推广应用树盘覆盖、推迟修剪等防灾减灾措施,通过与未采取措施的1~2年生幼枝受冻对比估算,产生防灾减灾效益约175万元;2013年4月5—10日,陕西苹果产区遭遇近10年来最严重的花期冻害天气过程,在洛川、旬邑和白水县重点果区3.3万公顷苹果园推广应用熏烟、喷施防冻液等防灾减灾措施,使示范园苹果花朵花序受冻率减少30%左右,产生防灾减灾效益约500万元。

　　(2)应用于专项服务

　　根据苹果树关键生育期气象灾害风险区划研究中得到的指标体系、风险指数等成果,为苹果主要气象灾害政策性农业保险等级划分、气象保险指数设计、保险费率厘定确定及赔付依据等提供技术支撑。近年来,陕西苹果产区气象灾害预测准确率高、预警服务及时,针对苹果气象灾害过程进行灾前、灾中、灾后全过程跟踪评估服务,及时为参保果农、保险公司提供灾害影响评估报告,为保险公司进行灾后快速、合理理赔提供了科学依据。

　　(3)应用于公众服务

　　近年来,针对苹果关键生育期主要气象灾害风险区划成果、相关防灾减灾措施方法等,通过宣讲、现场技术培训等多种方式向果业技术人员和果农进行公众服务,有效地帮助了基层农业技术人员掌握和应用主要气象灾害预警方法以及专题气象灾害风险区划成果,使其在区域果业生产中遇有气象灾害发生时,根据本地风险概率演变规律特点,以及与历史极端灾害情况的对比,及时采取适当有效的防灾减灾措施,间接和直接减少了苹果气象灾害的损失,防灾减灾效益大大提升,科学种植管理带来的果业提质增效与果农增收明显。

第7章 苹果气象服务技术体系

苹果气象服务技术体系是基于农业气象理论和苹果气象服务多年实践,不断探索形成。业务体系主要包括气候及物候观测、野外调查、预报预警、试验研究等内容,服务体系主要包括决策服务、公众服务、专项服务等内容。

7.1 业务体系

7.1.1 气候及物候观测

陕西苹果果区气候及物候观测站网,主要包括所在区域的国家级地面观测站、区域气象观测站、土壤水分观测站、物候观测站、多功能小气候对比观测站。多种类型观测站网结合,使得苹果气候及物候观测的空间与时间尺度更加精细,为实现趋利避害、科学准确开展苹果气象服务奠定了数据基础。

(1)国家级地面气象观测站

国家级地面气象观测站设置原则为一县一站,可分为基准站、基本站、一般站3种类型,观测要素一般包括日照、气温、湿度、气压、雨量、风向、风速、天气现象等。因其观测要素齐全,技术规范,数据质量可靠,资料序列较长,一般为50年以上,是苹果气象观测站网中的骨干。陕西苹果果区39个国家级地面气象观测站点信息详见表7.1。

表 7.1 陕西果区国家级地面气象观测站点信息

果区	站号	站名	经度(°)	纬度(°)	海拔(m)	站类	建站时间
陕北	53931	富县	109.38	36.00	921	一般站	1956 年 12 月
	53942	洛川	109.50	35.82	1160	基准站	1954 年 11 月
	53854	延长	110.07	36.58	805	基本站	1956 年 11 月
	53857	宜川	110.18	36.07	840	一般站	1956 年 10 月
	53841	安塞	109.32	36.88	1068	一般站	1960 年 10 月
	53848	甘泉	109.35	36.27	1006	一般站	1970 年 1 月
	53750	米脂	110.18	37.77	931	一般站	1959 年 1 月
	53754	绥德	110.22	37.50	930	基准站	1953 年 1 月
	53738	吴旗	108.17	36.92	1331	基本站	1956 年 10 月
	53845	延安	109.50	36.60	959	基本站	1951 年 1 月
	53850	延川	110.18	36.88	805	一般站	1961 年 1 月
	53748	子长	109.70	37.18	1063	一般站	1956 年 11 月
	53832	志丹	108.77	36.77	1219	一般站	1956 年 12 月
	53751	子洲	110.05	37.62	895	一般站	1956 年 11 月

续表

果区	站号	站名	经度(°)	纬度(°)	海拔(m)	站类	建站时间
渭北西部	57023	彬县	108.10	35.03	841	一般站	1956 年 10 月
	57031	淳化	108.55	34.82	1013	一般站	1957 年 9 月
	53929	长武	107.80	35.20	1207	基本站	1956 年 9 月
	57003	陇县	106.83	34.90	924	基本站	1957 年 10 月
	57021	千阳	107.13	34.65	752	一般站	1960 年 1 月
	53938	旬邑	108.30	35.17	1277	一般站	1956 年 11 月
	53945	宜君	109.07	35.43	1395	一般站	1955 年 10 月
	57030	永寿	108.15	34.70	995	基本站	1958 年 11 月
渭北东部	53941	白水	109.58	35.18	804	一般站	1961 年 10 月
	53949	澄城	109.92	35.18	679	一般站	1956 年 12 月
	57042	富平	109.18	34.78	471	一般站	1960 年 1 月
	53955	韩城	110.45	35.47	458	基本站	1956 年 11 月
	53950	合阳	110.15	35.23	709	一般站	1962 年 1 月
	53948	蒲城	109.58	34.95	499	基本站	1959 年 1 月
	53947	铜川	109.07	35.08	979	一般站	1955 年 1 月
	57037	耀县	108.98	34.93	710	基本站	1959 年 1 月
关中西部	57020	宝鸡县	107.40	34.37	563	一般站	1973 年 10 月
	57026	扶风	107.88	34.37	586	一般站	1958 年 12 月
	57025	凤翔	107.38	34.52	781	基本站	1958 年 12 月
	57029	礼泉	108.48	34.50	543	一般站	1958 年 7 月
	57024	岐山	107.65	34.45	670	一般站	1956 年 9 月
	57035	乾县	108.23	34.55	637	一般站	1958 年 10 月
	57113	凤县	106.53	33.90	986	一般站	1957 年 9 月

（2）区域气象观测站

陕西苹果产区涉及延安、铜川、咸阳、渭南、宝鸡 5 个市 39 个基地县，辖区内区域气象观测站网有 410 个，多数开展降水与气温 2 个气象要素的自动连续观测，部分站还有气压、风向、风速观测。区域气象观测站建站时间较短，资料时间序列短，多数 3～5 年（受固态降水影响，冬季降雪资料缺失），是苹果气象观测网重要补充。陕西果区区域气象观测站点信息详见表 7.2。

（3）自动土壤水分观测站

陕西果区的自动土壤水分观测站，建站原则为一县一站。站点分布主要有 3 种类型，分别建在苹果园、农田和国家地面观测站的观测场内。观测土壤深度大部为 0～50 厘米，个别站点为 0～100 厘米，实时观测并上传逐小时土壤相对湿度数据。土壤水分观测数据为及时掌握苹果生产中的水分供需变化、苹果农事活动气象适宜度预报及旱涝预报预警提供基础数据。

表 7.2　陕西果区区域气象观测站点信息

果区	县名	区域站点数量(个)			
		2 要素	4 要素	6 要素	区域站点合计
陕北	富县	12	—	1	13
	洛川	6	1	—	7
	延长	10	1	—	11
	宜川	9	1	—	10
	安塞	6	—	—	6
	甘泉	5	1	—	6
	米脂	11	—	—	11
	绥德	14	—	2	16
	吴起	6	1	—	7
	宝塔区	8	1	1	10
	延川	5	1	—	6
	子长	15	1	—	16
	志丹	10	1	—	11
	子洲	11	—	3	14
渭北西部	彬县	10	2	—	12
	淳化	6	2	—	8
	长武	4	1	1	6
	陇县	16	—	1	17
	千阳	12	—	1	13
	旬邑	8	1	1	10
	宜君	10	4	1	15
	永寿	8	1	—	9
渭北东部	白水	9	2	—	11
	澄城	11	2	—	13
	富平	8	1	1	10
	韩城	10	—	—	10
	合阳	9	—	—	10
	蒲城	14	1	—	15
	铜川	12	5	2	19
	耀州区	10	3	1	14
关中西部	陈仓区	14	1	—	15
	扶风	10	1	—	11
	凤翔	16	—	—	16
	礼泉	10	—	—	10
	岐山	12	1	—	13
	乾县	12	—	1	13
	凤县	10	2	—	12

(4)苹果物候观测

陕西的苹果物候观测,以农业气象观测人员为主、其他人员为辅,承担苹果树主要物候期观测任务,并实时上报观测资料。陕西苹果主要物候期观测及标准详见表7.3,陕西果区代表站苹果花期历史出现时间详见表7.4。

表7.3　苹果主要物候期观测及标准

苹果树物候期	观测标准
芽膨大	芽开始膨大,鳞片错开,鳞片上出现颜色较浅的部分(苹果有些品种的芽为绒毛状,这种绒毛状芽的膨大,可以根据芽的末端出现发亮的银白色茸毛来判断)。
芽开放	芽进一步膨大,鳞片裂开,顶端幼叶露出了绿色的叶尖。
展叶	开放的芽出现1～2片幼叶并开始平展为始期;半数树枝上的叶片完全平展为盛期。
开花	花序上第一批花朵的花瓣开放为始期;全树半数以上花序的花瓣开放为盛期;多数花朵凋落为末期。
抽梢	叶腋间生出的新梢出现长约0.5厘米的茎体。
新梢停止生长	新梢生长停止,顶端叶片完全展开,形成顶芽;抽梢和新梢停止生长分春梢、秋梢分别进行观测记载。
可采成熟	半数果实具有该品种固有的大小、色泽和风味等特征。
叶变色	秋季第一批叶子绿色减退开始变黄为始期;秋季观测枝条上一半以上叶片变黄为盛期。
落叶	树上变黄的叶子第一批脱落为始期;叶子几乎完全脱落为末期。

注:在不漏测物候期的前提下,一般隔日进行观测,物候期相隔时间较长的,可采取隔5日或10日观测,如苹果春梢停止生长期到果实成熟期,旬末必须巡视观测。

(5)果园小气候观测站

苹果园小气候观测站主要有标配型和改进型两种,分别适用于长序列数据积累需要与特殊业务服务及科研需求。标配型,主要观测空气温湿度、降水、辐射、风、土壤温湿度等6～8个要素,安装在示范园区果园或区域代表性果园;改进型,可根据试验、服务需求,增减传感器数量,同时具有园内外对比观测,安装在果树试验站或区域代表性果园。苹果园小气候观测站网建设,为开展科学精细化苹果气象服务提供了重要的数据支撑。

安塞县果园内小气候站

表 7.4　陕西果区代表站苹果始花期历史出现时间

年份	洛　川 （延安果区）	旬　邑 （渭北西部果区）	白　水 （渭北东部果区）	礼　泉 （关中西部果区）
1981	—	—	—	—
1982	—	—	—	4 月 13 日
1983	—	—	—	4 月 12 日
1984	—	—	—	—
1985	—	5 月 2 日	—	—
1986	—	5 月 3 日	—	—
1987	—	4 月 30 日	—	—
1988	—	5 月 3 日	—	—
1989	—	4 月 28 日	—	4 月 17 日
1990	—	5 月 1 日	—	—
1991	—	4 月 29 日	—	—
1992	—	4 月 27 日	—	4 月 14 日
1993	—	4 月 28 日	—	—
1994	—	4 月 21 日	—	—
1995	—	4 月 20 日	—	—
1996	—	4 月 25 日	—	—
1997	—	4 月 24 日	—	—
1998	4 月 16 日	4 月 14 日	—	4 月 9 日
1999	4 月 16 日	4 月 14 日	—	—
2000	4 月 18 日	4 月 15 日	—	4 月 1 日
2001	4 月 18 日	4 月 14 日	4 月 5 日	3 月 31 日
2002	4 月 25 日	4 月 21 日	3 月 28 日	3 月 28 日
2003	4 月 24 日	4 月 20 日	4 月 13 日	4 月 11 日
2004	4 月 21 日	4 月 17 日	4 月 3 日	3 月 30 日
2005	4 月 14 日	4 月 9 日	4 月 4 日	3 月 30 日
2006	4 月 15 日	4 月 19 日	4 月 8 日	4 月 3 日
2007	4 月 19 日	4 月 18 日	4 月 11 日	4 月 1 日
2008	4 月 18 日	4 月 15 日	4 月 4 日	3 月 31 日
2009	4 月 12 日	4 月 8 日	4 月 2 日	4 月 7 日
2010	4 月 21 日	4 月 18 日	4 月 10 日	4 月 4 日
2011	4 月 25 日	4 月 21 日	4 月 16 日	4 月 14 日
2012	4 月 23 日	4 月 19 日	4 月 13 日	4 月 12 日
2013	4 月 9 日	4 月 8 日	4 月 5 日	4 月 4 日
2014	4 月 18 日	4 月 20 日	4 月 13 日	4 月 5 日

旬邑县果园内小气候站

旬邑县果园外小气候站

白水县果园内小气候站

白水县果园外小气候站

果园小气候观测及采集控制系统配置如下。

①果园内小气候观测

空气温湿度:设 1.5 米、3.0 米、6.0 米三个垂直梯度进行观测。传感器:温度量程－20～60℃,精度±0.2℃(0～50℃),分辨率 0.1℃;湿度量程 0～100%,精度±3%,分辨率 1%。

土壤温度:设 10 厘米、20 厘米、30 厘米、40 厘米、60 厘米五个垂直梯度层次。传感器:量程－40～80℃,精度±0.2℃(0～50℃)。

土壤湿度:设 10 厘米、20 厘米、30 厘米、40 厘米、60 厘米五个垂直梯度观测。传感器量程 0～饱和,精度±1%。

太阳总辐射:设 6.0 米高度处观测。传感器量程 0～3000 W/m² · s⁻¹,精度±3%。

光合有效辐射:设 6.0 米高度处观测。传感器量程 0～2500 μmol/m² · s⁻¹,精度±5%。

紫外线辐射:设 6.0 米高度处观测。传感器量程 210～380 nm,灵敏度 0.25mV · (W · m⁻²)⁻¹,工作温度－20～60℃。

线性光合有效辐射:由 10 个传感器组成,输出一个光合有效辐射和的平均值,用于测量冠层内外的光合有效辐射,在行距中心设 6.0 米、1.5 米两个垂直梯度进行观测。传感器量程 0～2500 μmol/m² · s⁻¹,精度±5%,。

风速:设 1.5 米、3.0 米、6.0 米三个垂直梯度进行观测。传感器量程 0～60 米/秒,精度±2%,起动风速 0.5 米/秒。

风向:设 6 米高度处观测。传感器量程 0～360 度,精度±5 度,起动风速 0.5 米/秒。

雨量:设 6 米高度处观测。传感器量程 0～700 mm/天,精度±2%,分辨率 0.25 mm。

树体温度:近地面果树茎干体温,选择周围 5 株树进行观测。传感器量程－45～65℃,精度±0.2℃。

冠层温度:设 6 米高度处朝向树冠测量。传感器量程－20～60℃,精度±0.3℃,灵敏度 49mV/℃,分辨率 0.02℃。

②果园外小气候对比观测系统

空气温湿度:设 1.5 米高度处进行观测。传感器:温度量程－20～60℃,精度±0.2℃(0～50℃),分辨率 0.1℃;湿度量程 0～100%,精度±3%,分辨率 1%。

风速:设 6.0 米高度处进行观测。传感器量程 0～60 米/秒,精度±2%,起动风速 0.5 米/秒。

风向:设 6 米高度处观测。传感器量程 0～360 度,精度±5 度,起动风速 0.5 米/秒。

雨量:设 6 米高度处观测。传感器量程 0～700 mm/天,精度±2%,分辨率 0.25 mm。

③采集器控制系统

采集器控制系统架设在三角铁塔 1 米高度位置处,由专门的防护机箱保护采集系统,以保证雨天或高热天气条件下安全使用,方便现场定期手动下载数据。系统采用太阳能板加蓄电池方式供电,保证系统正常运行。系统采集器为核心,使用 48 个左右的模拟通道,8 个脉冲通道,12 位 A/D 转换精度带 LCD 液晶显示,2 MB 存储空间,USB 和 RS232 接口,支持 GPRS、CDMA 等多种无线网络通信功能。各个传感器通过地下预埋管线连接到采集器上,进行测量。观测系统实现全自动观测,采用无线 GPRS 方式进行每天往中心站传输数据,保证数据及时准确传回现场采集的观测要素值。

7.1.2　野外调查

苹果野外调查业务主要包括定期果树生长与生产情况调查、不定期灾害调查和定期苹果产量调查三方面。

(1)果树生长与生产情况调查

每月定期在固定时间或关键生育期深入 4 大果区代表性果园,采取定园定株与大面积调查相结合的方式,开展全省果树生长与生产情况调查。调查内容主要包括果园描述(品种、地理位置、面积、密度、树龄、树势等)、天气气候影响、果园管理情况、病虫害发生情况、果农看法、果园生产投入情况、果树长势照片等内容。其中,病虫害调查需加强与植保部门之间的联系,调查地点应以物候观测地段为主,需观测、记载病虫害名称、开始、猖獗、终止日期,对果树的为害症状及采取的措施和恢复情况等的调查。陕西苹果野外调查采访记录表见表 7.5。

表 7.5　陕西苹果野外调查采访记录表

调查时间			调查人员		调查地点	
果园描述	种植品种	地段描述	果园密度	经纬度、海拔	树龄、树势、管理水平	
天气气候影响						
果园管理情况						
病虫害发生情况						
果农看法						
果园生产投入情况						
果树长势照片档案						

按照野外调查规范,调查前需提前制定出当次的调查内容,规划调查线路。调查人员开展调查时,要严格执行规定的调查内容、线路,调查采访当地果业管理人员、农技人员、果农等,实时采集数据、图像、有代表性果树植株样本,在调查时间允许的前提下扩大果园调查的数量与范围,力争做到野外调查客观、全面、翔实。如遇灾情,调查灾害持续时间、强度、受损情况等,实时采集灾区现场场景图像,为灾损分析和风险评估提供客观、科学数据。调查结束后,调查组第一时间撰写调查工作报告,对野外调查照片进行整理分类与说明,及时向全体业务人员汇报野外调查情况,并对相关调查资料数据进行归档。对主产县,配合每月调查和灾情情况,及时电话联系当地果业信息员,进一步了解生产和灾情状况。

(2)灾害调查

不定期灾害调查是苹果主产区遇气象灾害发生时,及时组织开展的野外调查工作。苹果气象灾害调查主要包括越冬期冻害、花期冻害、低温阴雨、高温热害、干旱、冰雹、大风等 7 种灾害的调查。调查地点以物候观测地段为主,重大的灾害性天气,应尽可能对附近生产单位及全县受灾果园进行全面调查。调查时间一般在灾害性天气出现后及时进行,其中冰雹、大风、霜冻等突发性灾害应在出现后立即进行调查;旱、涝、低温冷害等灾害及时进行调查,必要时跟踪连续调查。灾害强度调查要求对实际出现的使果树受害的气象要素值调查,其中,由于温度异常引起的冻害、阴雨低温和高温等灾害,要调查气温平均值、最高、最低、相应旬(月)的气温距平值,阴雨低温还应调查降水量、持续天数;降水异常引起的干旱;冰雹的持续时间(时、分)、最大直径(毫米)、积雹厚度(厘米);风力异常引起的风沙、大风等灾害,调查连续大风日数、最大风速、日平均风速、风沙情况。受害部位及症状调查应包含对整个植株的某些器官受害,如根、茎、叶、花蕾、花、果实、种子等;受害症状有叶卷缩或脱落,枝、茎折断,花蕾和果实脱落、整株死亡等,果树受害部位及症状描述详见表 7.6。以苹果花期冻害为例,苹果在早春芽开放—开花期的遭受霜冻灾害,会造成严重减产,但遭受冻害后受害特征不能很快表现出来,增加了调查的困难。因此要在其易受低温危害时段加大调查密度,灾后及时跟踪调查,调查灾害造成叶片、一年生小枝、大枝、树干的受害和死亡情况,分析其对树势及产量的影响。如受灾后外部尚不明显,可将花、果实、叶、芽、枝条用刀片纵剖相等两部分,在放大镜下检查受害花、芽枝髓是否呈浅黄、深褐、黑色、干枯,或果实子房发育或授粉程度。受害程度的调查一般用植株受害百分率和部位受害百分率表示,果树受害程度描述见表 7.7。陕西苹果气象灾害调查记录表见表 7.8。

表 7.6　果树受害部位及症状描述

受害部位	症状描述
植株	植株倒伏及其程度,以约估 15°、45°、60°、90°等记录;被水淹没程度(下部、一半、全部等)。
根	被水淹没或部分外露、全部外露或翻蔸。
干和枝	梢受害,上部或基部、某节位受害。干枝变色、干枯、折断及部位。
叶	叶子边缘或植株上部、下部叶子完全变色,卷缩凋萎,干枯,脱落,腐烂。
花序、花蕾、花	植株上部或下部花蕾、花变色、脱落。
果实	未正常成熟萎缩脱落、腐烂。

表 7.7　果树受害程度描述

受害程度	描述方式
植株受害百分率	在观测地段或选定的地方,先数其一定的总株数,再数其中受害株数(不论受害轻重),然后将五个测点的总株数和受害株数分别相加,计算其植株受害百分率。植株受害百分率(%)=受害植株数/总株数×100(%)。
部位受害百分率	用以下等级进行估计和记载:个别部位受害(10%)、受害 25%、50%、75%、90%以上。如叶片受害,则估计受害叶片占总数的百分率。例如,受害植株中有 25%的叶子凋萎。
综合描述	根据植株和部位的受害症状、受害百分率以及预计灾害对未来产量的影响,综合评定受害程度,分轻微、轻、中、重、很重记载。如果某次灾害仅某些地方植株受害,必须概述这些地方的地形、土壤特征、果树品种和采取的技术措施等。

(3)苹果产量调查

定期苹果产量调查包括苹果果实膨大期普遍调查和果实膨大末期(8月)定点定园定株定量专项调查。

①苹果产量普遍调查

苹果产量普遍调查一般在每年 5 月份苹果坐果后每月月末定期开展,其中 6 月底各果区完成套袋后为重点调查时段。调查内容主要包括定点果园与非定点果园的苹果的留果数、套袋量、果径测量等;果农对当年苹果年景趋势、较上年增减情况所持看法,以及县果业部门及果农对当年苹果产量/优果率的意见,与上年比较增(减)等内容的调查。

表 7.8　陕西苹果气象灾害调查记录表

灾害种类(选择其中一个灾种,并针对所选灾种填下表)

低温冻害□ 越冬期冻害□ 高温热害□ 干旱□ 冰雹□ 连阴雨□

发生时间	____年___月___日~___日	受灾县:	_____县
成灾地点及面积	____ ____ ____ ____乡(镇) _____(个)村		
	成灾面积_____亩,约占总种植面积_____%		

受害情况	花	轻度□ 中度□ 重度□
	叶	轻度□ 中度□ 重度□
	枝干	轻度□ 中度□ 重度□
	果	轻度□ 中度□ 重度□
	备注	
当年减产率	约5%□ 约10%□ 约20%□ 约30%□ 或者您认为约____%	

您认为本次灾害在历史上属于:轻度□ 中度□ 重度□

以下气象条件是否对本次灾害形成有影响	光照:是□否□	若有影响,影响较大□ 一般□ 较小□
	温度:是□否□	若有影响,影响较大□ 一般□ 较小□
	降水:是□否□	若有影响,影响较大□ 一般□ 较小□
	风速:是□否□	若有影响,影响较大□ 一般□ 较小□
	沙尘:是□否□	若有影响,影响较大□ 一般□ 较小□

针对本次灾害,您认为以下造成损失的各项原因所起的作用分别占的百分率(各条件总百分率之和为100%)	气象条件:_____%
	地形条件:_____%
	防灾减灾能力:_____%
	灌溉条件(仅针对干旱):_____%
	其他:_____%

您认为本次灾害是否是影响当年该作物生产的最重灾害	是□	若是,由于本灾害导致减产百分率约_____%
	否□	若否,对当年影响最大的灾害是:_____,相应导致减产百分率约_____%

其他补充说明:

②苹果定点定园定株定量专项调查

苹果定点定园定株定量专项调查时间一般在每年8月底。在陕西有气候代表性的延安、渭北西部、渭北东部和关中西部果区,各挑选两个代表县,每个县选择2～3个定点果园,每个果园选择树势中等的3棵树,于8月底定点定园定株开展苹果产量专项调查。同时,对当年苹果生育期主要气象灾害与病虫害防治情况、果园亩套袋数及人力、灌溉、施肥、农药等投入情况等方面进行详细的了解和调查。陕西苹果产量定量调查内容详见表7.9。

表 7.9　陕西苹果产量定量调查表

调查地点				果园编号		
调查时间			调查人员			
经　度			海　拔			
纬　度			面积/株行距			
品种/树龄			树势/管理水平			
果实调查		树 1		树 2		树 3
		横经	纵径	横径	纵径	纵径	纵径
挂果数（个/棵）						
南（S）*	果径（mm）					
	果重（g）					
东南（SE）	果径（mm）					
东（E）	果径（mm）					
东北（NE）	果径（mm）					
北（N）*	果径（mm）					
	果重（g）					
西北（NW）	果径（mm）					
西（W）	果径（mm）					
西南（SW）	果径（mm）					
中 1*	果径（mm）					
	果重（g）					
中 2	果径					
备注						

7.1.3　预报预警业务

陕西苹果预报预警业务主要包括：苹果生产农事活动适宜性预报、苹果关键生育期生长适宜性预报、物候期预报、气象灾害预报、气象灾害预警、果品产量预报等 6 个方面。

（1）苹果生产农事活动适宜性预报

野外调查中果农普遍反映农事活动主要根据经验进行，存在很大的不确定，往往事倍功半，效果不佳。在综合文献资料和果业生产调查基础上，选择天气状况、气温、气温日较差、风速和空气相对湿度等气象因子指标，研究开发了苹果生产套袋、除袋、着色、农药喷洒、果园冬春灌溉气象指数等农事活动农用天气预报产品，有利于帮助果农综合判断气象预报信息，科学合理地开展农业生产活动，提高农事活动效率。苹果生产主要农事活动适宜性评价指标见表 7.10。

表 7.10　苹果生产农事活动适宜性评价指标

农事活动	天气状况		日平均气温（℃）		气温日较差（℃）		风速（m/s）		相对湿度（%）	
	适宜	不适宜	适宜	不适宜	适宜	不适宜	适宜	不适宜	适宜	不适宜
套袋	多云且48小时无雨	晴天或雨天	18~22	<18 或 >25			<3	>5		
除袋	多云且48小时无雨	晴天或雨天	10~13	<10 或 >16	>10	<8	<3	>5		
着色	—	雨天或阴天	8~11	>15 或 <8	>10	<8				
农药喷洒	多云且48小时无雨	晴天或雨天	18~22	<18 或 >26			<3	>5	60~80	<30 或 >80
冬春灌溉	—	雨雪天气	2~4	<0 或 >4						

　　在确定农事活动气象指标的基础上，设定隶属函数为线性关系，将气象因子指标作为模糊集合，利用模糊集的隶属函数来计算单项指标的评判值，据此建立各气象指标适宜度隶属函数模型，再利用线性加权求和的方法，建立各农事活动气象指数预报模型，进行综合量化评估。以苹果除袋指数为例，其除袋气象条件适宜度隶属函数模型为：

$$\mu(I_w) = \begin{cases} 1 & 多云或阴天 \\ 0 & 雨天或晴天 \end{cases} \qquad \mu(I_t) = \begin{cases} 1 & 10 \leqslant I_t \leqslant 13 \\ \dfrac{16 - I_t}{3} & 13 < I_t \leqslant 16 \\ 0 & I_t < 10 \ 或 \ I_t > 16 \end{cases}$$

$$\mu(I_c) = \begin{cases} 1 & I_c > 10 \\ \dfrac{I_c - 8}{2} & 8 < I_c \leqslant 10 \\ 0 & I_c \leqslant 8 \end{cases} \qquad \mu(I_f) = \begin{cases} 1 & I_f < 3 \\ \dfrac{5 - I_f}{2} & 3 \leqslant I_f < 5 \\ 0 & I_f \geqslant 5 \end{cases}$$

　　上述隶属函数模型中，I_w 为天气现象，I_t 为日平均气温，I_c 为气温日较差，I_f 为风速，I_u 为空气相对湿度。

　　根据不同气象要素对各农事活动的影响程度，采用专家打分法，给各个气象因子赋予不同的权重系数：$a_i = (a_1, a_2, a_3, \cdots, a_n)$，（$a_i$ 为第 i 个气象因子的权重系数，$0 < a_i \leqslant 1$，$\sum a_i = 1$）；然后建立其预报模型：$I = \sum u(I_i) \cdot a_i$，（$u(I_i)$ 为第 i 个气象因子的隶属度）；最后依据预报值 I 判断农事活动适宜气象条件等级，当预报值 $I > 0.7$ 时，预报为适宜，$I < 0.3$ 时，预报为不适宜，$0.3 < I < 0.7$ 时，预报为较适宜。据此方法分别建立苹果生产主要农事活动气象指数预报模型（表 7.11），开展苹果生产农事活动适宜气象条件等级预报服务。

表 7.11　苹果生产农事活动气象指数预报模型

气象指数	预报模型
套袋气象指数	$I = 0.5I_w + 0.3I_t + 0.2I_f$
除袋气象指数	$I = 0.5I_w + 0.25I_t + 0.15I_c + 0.1I_f$
着色气象指数	$I = 0.6I_w + 0.15I_t + 0.25I_c$
农药喷洒气象指数	$I = 0.5I_w + 0.25I_t + 0.15I_f + 0.1I_u$
果园冬灌气象指数	$I = 0.4I_w + 0.6I_t$

（2）苹果关键生育期生长适宜性预报

结合苹果主要生育期对气候生态环境的生理生态需求和代表站物候观测资料,选取天气状况、日平均气温、空气相对湿度、风速等气象因子,分析苹果主要生育期果树生理需求与气候生态环境的供需矛盾,评价气象条件的利弊,能够帮助果业技术人员和广大果农全面了解和掌握果区气候生态环境特点,有针对性地采取措施,将资源优势转化为生产优势。陕西苹果关键生育期苹果生长适宜性评价指标详见表 7.12。

表 7.12　苹果主要生育期气象要素评价指标

物候期	天气状况		日平均气温（℃）		风速（m/s）		相对湿度（%）	
	适宜	不适宜	适宜	不适宜	适宜	不适宜	适宜	不适宜
开花期	晴天或多云	雪、雨夹雪、沙尘、霜冻	15～20	<14 或>25	<5	>9	60～70	<40 或>80
幼果期	多云	干旱、冰雹	19～21	<16 或>25	<5	>9	60～70	<40 或>80
膨大期	多云	伏旱、冰雹、暴雨	20～27	<18 或>30	<5	>9	65～74	<40 或>80
果实着色期	晴天或多云	连阴雨	18～22	<14 或>28	<5	>9	65～74	<40 或>80

苹果树生长在大气环境中,气象因子的影响既有单因子的主导作用,也有多因子之间相互制约的综合影响效应。选取线性隶属函数建模方法,分别建立陕西苹果关键生育期生长适宜性预报模型（表 7.13）,开展陕西苹果生长适宜气象等级预报服务。

表 7.13　陕西苹果关键生育期生长气象条件适宜性预报模型

生育期	生育时段	适宜性评价模型	主要气象问题
开花期	4 月上旬—4 月下旬	$I = 0.2I_w + 0.6I_t + 0.1I_f + 0.1I_u$	低温冻害及高温引起的"穿花"和"药害"
幼果期	5 月上旬—5 月下旬	$I = 0.3I_w + 0.5I_t + 0.1I_f + 0.1I_u$	干旱
果实膨大期	6 月上旬—8 月下旬	$I = 0.3I_w + 0.3I_t + 0.2I_f + 0.2I_u$	高温热害、伏旱
果实着色期	9 月上旬—9 月下旬	$I = 0.5I_w + 0.3I_t + 0.1I_f + 0.1I_u$	低温、连阴雨

注：I 表示苹果生育期气候适宜性预报值,I_w 表示天气状况,I_t 表示气温,I_f 表示风速,I_u 表示空气相对湿度;当预报值 $I > 0.7$ 时预报为适宜,$I < 0.3$ 时预报为不适宜,$0.3 < I < 0.7$ 时预报为较适。

(3)苹果关键物候期预报

结合陕西果业生产实际,陕西苹果关键物候期预报主要开展苹果始花期预报。陕西苹果开花期物候观测资料显示各观测站最早和最晚开花期一般相差10～20天。开花期过早,花期遭遇低温冻害的风险明显增加,花期冻害对苹果产量、品质及商品率产生显著影响;开花期过晚,气温偏高,开花期缩短,且易遭遇高温引起的"穷花"和"药害",影响苹果授粉受精和坐果率。苹果始花期预报可以指导果农采取措施适当调控开花期,避免开花过早或过晚对苹果生产的不利影响。

利用宝塔区、洛川、旬邑、长武、白水、铜川、礼泉、凤翔8个代表站,1971—2010年40年日平均气温资料和有历史记录以来的苹果花期物候资料,根据各个果区历史苹果开花时间特点,通过分析苹果花期日序样本与对应年份开花前7个不同时段(时段1:3月20日前、时段2:3月25日前、时段3:3月31日前、时段4:4月5日前、时段5:4月10日前、时段6:4月15日前、时段7:4月20日前)的相关气候因子(主要包括0℃活动/有效积温、1℃活动/有效积温、2℃活动/有效积温、3℃活动/有效积温、4℃活动/有效积温、5℃活动/有效积温)的相关性,筛选与分果区苹果花期相关性较高的多项气候因子,据此建立单项或多项分果区苹果花期预测回归模型(表7.14),以此开展陕西苹果始花期预报服务。

表7.14　陕西苹果各果区苹果始花期预报模型

果区	预报模型
延安	$Y = 121.185 - 0.123 JIW_{54}$
渭北西部	$Y = 123.057 - 0.117 JIW_{55}$
渭北东部	$Y = 108.141 - 0.107 JIW_{31}$
关中西部	$Y = 115.963 + 0.016 JIW_{52} - 0.148 JIW_{53}$

注:Y为测始花期预的日序(如2月1日日序为32),JIW代表有效积温,JIW右下角的两位数字,个位上的数字代表时段号,十位上的数字代表积温计算的临界温度,如JIW_{54}表示4月5日前(时段4)的5℃有效积温。

(4)苹果气象灾害预报

陕西苹果果区地处渭北黄土高原,是气象灾害多发区,花期冻害、果实膨大期高温热害、伏旱、着色期连阴雨等是苹果生育期主要气象灾害,对苹果生长发育、产量和品质产生不同程度的影响。针对这4种气象灾害,从全省30个苹果生产基地县中,分别选取受其影响较大且灾害多发的果业基地县,利用1961—2009年各代表站气象资料和2001—2009年苹果物候期观测资料,根据能够反映气象灾害特征、状况和强度的原则,分别设计了花期冻害、高温热害、伏旱和连阴雨气象灾害指数,并设强、偏强、中等、偏弱和弱五个等级,利用典型K阶自回归AR(K)预测模式进行独立样本预测试验。结果表明花期冻害指数预测模型准确率为66.7%,伏旱指数准确率为70%,高温热害指数准确率为58%,连阴雨指数准确率为83%,预报效果尚好,并已在2010—2013年的苹果气象服务业务中应用。

①花期冻害预报

根据苹果花期低温冻害指标,设计花期冻害指数为

$$H_a = N_{Te \leqslant 5} / \overline{T}$$

上式中H_a为花期冻害指数,$N_{Te \leqslant 5}$为开花期日最低气温小于等于5℃的日数,$\overline{T}$为开花期平均气温。

在延安(宝塔、洛川)、渭北西部(旬邑)、渭北东部(铜川、白水)和关中西部(礼泉、凤翔)四大果区中分别选择 7 个代表县,通过计算各县近 40 年各代表站花期冻害指数,根据陕西果区气候特点和近年来花期冻害发生分布情况,确定花期冻害指数的频率分布,并将频率适当向偏重等级方向倾斜,使 H_a 整体频率分布呈略偏态分布。这种做法对于减少冻害漏报有利,将 7 个果业代表县的花期冻害指数分成重、偏重、中等、偏轻和轻 5 个等级(表 7.15)。

表 7.15　果业代表县花期冻害指数分级

果区	代表县	等级 1(轻)	等级 2(偏轻)	等级 3(中等)	等级 4(偏重)	等级 5(重)
延安	宝塔区	$H_a \leqslant 0.15$	$0.15 < H_a \leqslant 0.28$	$0.28 < H_a \leqslant 0.45$	$0.45 < H_a \leqslant 0.71$	$H_a > 0.71$
	洛川	$H_a \leqslant 0.21$	$0.21 < H_a \leqslant 0.54$	$0.54 < H_a \leqslant 0.76$	$0.76 < H_a \leqslant 1.01$	$H_a > 1.01$
渭北西部	旬邑	$H_a \leqslant 0.43$	$0.43 < H_a \leqslant 0.69$	$0.69 < H_a \leqslant 1.16$	$1.16 < H_a \leqslant 1.4$	$H_a > 1.4$
渭北东部	印台区	$H_a \leqslant 0.21$	$0.21 < H_a \leqslant 0.5$	$0.5 < H_a \leqslant 0.75$	$0.75 < H_a \leqslant 0.97$	$H_a > 0.97$
	白水	$H_a \leqslant 0.3$	$0.3 < H_a \leqslant 0.43$	$0.43 < H_a \leqslant 0.86$	$0.86 < H_a \leqslant 1.17$	$H_a > 1.17$
关中西部	礼泉	$H_a \leqslant 0.08$	$0.08 < H_a \leqslant 0.33$	$0.33 < H_a \leqslant 0.65$	$0.65 < H_a \leqslant 0.9$	$H_a > 0.9$
	凤翔	$H_a \leqslant 0.2$	$0.2 < H_a \leqslant 0.35$	$0.35 < H_a \leqslant 0.67$	$0.67 < H_a \leqslant 0.87$	$H_a > 0.87$

依据代表县 1970—2009 年 40a 花期冻害指数序列,用典型 K 阶自回归 AR(K)预测方法建立主要果区花期冻害指数预报模型(表 7.16)。

表 7.16　各果区苹果花期冻害指数年型预报模型

果　区	代表县	预报模型
延　安	宝塔区	$\hat{y} = 0.2732 + 0.4013 x_5$
	洛川	$\hat{y} = 0.4286 + 0.5810 x_{25}$
渭北西部	旬邑	$\hat{y} = 1.4097 - 0.4352 x_{16}$
渭北东部	印台区	$\hat{y} = 0.9938 + 0.3537 x_{16}$
	白水	$\hat{y} = 1.1599 - 0.4460 x_{23}$
关中西部	礼泉	$\hat{y} = 0.8863 - 0.4488 x_{12}$
	凤翔	$\hat{y} = 0.8697 - 0.4088 x_{16}$

注:$\hat{y}$ 为花期冻害指数的预测值,x_k 为 K 阶预报因子

运用 7 个基地县 1970—2006 年、1970—2007 年和 1970—2008 年的花期冻害指数序列,对 2007 年、2008 年和 2009 年的花期冻害指数作独立样本预测试验,结果显示预测准确率达 66.7%。

②高温热害预报

选择苹果果实膨大期 6—8 月日最高气温大于 35℃日数和降水日数,设计高温热害指数为

$$G_r = N_{T_g \geqslant 35} / N_{R \geqslant 0.1}$$

式中,$N_{T_g \geqslant 35}$ 为果实膨大期日最高气温 $\geqslant 35$℃的日数,$N_{R \geqslant 0.1}$ 为 $R \geqslant 0.1$ mm 的雨日数。选取韩城、礼泉、蒲城、耀州区、合阳、澄城、凤翔、陈仓区、岐山、乾县、富平和扶风 12 个站,通过计算近 40 年代表站高温热害指数,根据陕西果区气候特点和近年来高温热害发生分布情况,

将 12 个县的高温热害指数(Gr)分成重、偏重、中等、偏轻和轻 5 个等级(表 7.17)。

表 7.17　陕西苹果代表县高温热害指数(Gr)分级

县名	等级 1(轻)	等级 2(偏轻)	等级 3(中等)	等级 4(偏重)	等级 5(重)
韩城	$Gr \leqslant 0.19$	$0.19 < Gr \leqslant 0.33$	$0.33 < Gr \leqslant 0.68$	$0.68 < Gr \leqslant 0.85$	$Gr > 0.85$
礼泉	$Gr \leqslant 0.06$	$0.06 < Gr \leqslant 0.2$	$0.2 < Gr \leqslant 0.5$	$0.5 < Gr \leqslant 0.7$	$Gr > 0.7$
蒲城	$Gr \leqslant 0.21$	$0.21 < Gr \leqslant 0.34$	$0.34 < Gr \leqslant 0.85$	$0.85 < Gr \leqslant 1.14$	$Gr > 1.14$
耀州区	$Gr \leqslant 0.03$	$0.03 < Gr \leqslant 0.08$	$0.08 < Gr \leqslant 0.26$	$0.26 < Gr \leqslant 0.54$	$Gr > 0.54$
合阳	$Gr \leqslant 0.06$	$0.06 < Gr \leqslant 0.12$	$0.12 < Gr \leqslant 0.27$	$0.27 < Gr \leqslant 0.56$	$Gr > 0.56$
澄城	$Gr \leqslant 0.05$	$0.05 < Gr \leqslant 0.17$	$0.17 < Gr \leqslant 0.43$	$0.43 < Gr \leqslant 0.5$	$Gr > 0.5$
凤翔	$Gr = 0$	$0 < Gr \leqslant 0.07$	$0.07 < Gr \leqslant 0.2$	$0.2 < Gr \leqslant 0.33$	$Gr > 0.33$
陈仓区	$Gr \leqslant 0.05$	$0.05 < Gr \leqslant 0.14$	$0.14 < Gr \leqslant 0.33$	$0.33 < Gr \leqslant 0.59$	$Gr > 0.59$
岐山	$Gr \leqslant 0.05$	$0.05 < Gr \leqslant 0.12$	$0.12 < Gr \leqslant 0.34$	$0.34 < Gr \leqslant 0.59$	$Gr > 0.59$
乾县	$Gr \leqslant 0.08$	$0.08 < Gr \leqslant 0.22$	$0.22 < Gr \leqslant 0.37$	$0.37 < Gr \leqslant 0.68$	$Gr > 0.68$
富平	$Gr \leqslant 0.18$	$0.18 < Gr \leqslant 0.36$	$0.36 < Gr \leqslant 0.84$	$0.84 < Gr \leqslant 1.09$	$Gr > 1.09$
扶风	$Gr \leqslant 0.06$	$0.06 < Gr \leqslant 0.21$	$0.21 < Gr \leqslant 0.42$	$0.42 < Gr \leqslant 0.73$	$Gr > 0.73$

根据 12 个基地县高温热害指数序列,利用气象要素自身年变化具有准周期性和自记忆性的自相关关系,用自回归统计方法建立各基地县高温热害指数 K 阶预报模式。通过自回归预测模式的回代检验,将预测的结果按 3 级评定:一致的和相差一级的视为预测准确和基本准确,达 58.0%,说明该预测模式能较客观地反映出陕西苹果,生产基地县的高温热害强度和趋势,具有一定的预测能力。

③伏旱预报

伏旱是一种伏期长期干燥少雨稳定的气候现象,表现为缺乏足够的降水,反映的是气候水热平衡特性。常规多用降水量距平来讨论伏旱,但是由于降水距平百分率对于平均值的依赖较大,对于降水空间分布极不均匀的陕西果业基地不宜使用统一的降水距平百分率标准,应当确定一个能够反映伏期降水特征、干旱状况和伏旱强度,并且物理意义明确的指标来表征伏旱特点,据此设计伏旱指数为

$$F_h = N_{R=0} / R_{7\text{中}-8\text{上}}$$

上式中,F_h 为伏旱指数,$N_{R=0}$ 为伏期(7 月中旬—8 月上旬)无降水日数,该日数越大,伏旱强度可能越强;$R_{7\text{中}-8\text{上}}$ 为伏期(7 月中旬—8 月上旬)降水量,该值越小伏旱可能越严重。

该伏旱指数表达式的物理意义为伏期每毫米降水需要维持的无降水(伏旱)日数。F_h 越大,伏旱越严重;反之则越轻。选取白水、礼泉、洛川、宝塔区、旬邑、淳化、耀州、凤翔、彬县和蒲城 10 个站,通过计算近 40 年代表站伏旱指数,根据陕西干旱气候背景特点以及陕西省自然灾害纪实,参考其中干旱等级的频率分布特点,来确定伏旱指数的频率分布,使其接近干旱气候背景特征。将 10 个代表县的伏旱指数分成强、偏强、中等、偏弱和弱 5 个等级(表 7.18)。

根据 10 个基地县伏旱指数序列,利用气象要素自身年变化具有准周期性和自记忆性的自相关关系,用自回归统计方法建立各基地县伏旱指数 K 阶预报模型(表 7.19)。

表 7.18　陕西苹果代表县伏旱指数分级

伏旱等级	伏旱强度	白水	礼泉	洛川	旬邑	淳化
1	弱	$F_h<0.10$	$F_h<0.16$	$F_h<0.08$	$F_h<0.12$	$F_h<0.12$
2	偏弱	$0.10\leqslant F_h<0.16$	$0.16\leqslant F_h<0.25$	$0.08\leqslant F_h<0.11$	$0.12\leqslant F_h<0.15$	$0.12\leqslant F_h<0.16$
3	中等	$0.16\leqslant F_h<0.30$	$0.25\leqslant F_h<0.55$	$0.11\leqslant F_h<0.25$	$0.15\leqslant F_h<0.30$	$0.16\leqslant F_h<0.36$
4	偏强	$0.30\leqslant F_h<0.63$	$0.55\leqslant F_h<1.50$	$0.25\leqslant F_h<0.60$	$0.30\leqslant F_h<0.52$	$0.36\leqslant F_h<0.75$
5	强	$F_h\geqslant0.63$	$F_h\geqslant1.50$	$F_h\geqslant0.60$	$F_h\geqslant0.52$	$F_h\geqslant0.75$
伏旱等级	伏旱强度	彬县	蒲城	宝塔区	耀州区	凤翔
1	弱	$F_h<0.12$	$F_h<0.12$	$F_h<0.10$	$F_h<0.12$	$F_h<0.10$
2	偏弱	$0.12\leqslant F_h<0.18$	$0.12\leqslant F_h<0.18$	$0.10\leqslant F_h<0.13$	$0.12\leqslant F_h<0.20$	$0.10\leqslant F_h<0.15$
3	中等	$0.18\leqslant F_h<0.30$	$0.18\leqslant F_h<0.30$	$0.13\leqslant F_h<0.25$	$0.20\leqslant F_h<0.35$	$0.15\leqslant F_h<0.28$
4	偏强	$0.30\leqslant F_h<0.60$	$0.30\leqslant F_h<0.90$	$0.25\leqslant F_h<0.55$	$0.35\leqslant F_h<0.55$	$0.28\leqslant F_h<0.80$
5	强	$F_h\geqslant0.60$	$F_h\geqslant0.90$	$F_h\geqslant0.55$	$F_h\geqslant0.55$	$F_h\geqslant0.80$

表 7.19　各代表县伏旱指数 K 阶自回归预报模型

基地县	N	K	K 阶自回归预测模式	$|R_K|_{max}$	f	$|R_K|_{2\alpha}$
白水	40	19	$\hat{y}=0.3386-0.1885x_{19}$	0.261	20	0.359
礼泉	40	20	$\hat{y}=0.3188+0.3509x_{20}$	0.382	19	0.369
洛川	40	4	$\hat{y}=0.1574+0.2829x_4$	0.366	35	0.277
旬邑	40	19	$\hat{y}=0.1641+0.3362x_{19}$	0.501	20	0.359
淳化	40	12	$\hat{y}=0.1847+0.3829x_{12}$	0.474	27	0.312
彬县	40	20	$\hat{y}=0.1209+0.5886x_{20}$	0.548	19	0.369
蒲城	40	4	$\hat{y}=0.2865+0.3209x_4$	0.313	35	0.271
宝塔区	40	17	$\hat{y}=0.0900+0.8796x_{17}$	0.583	22	0.344
耀州区	40	2	$\hat{y}=0.4751-0.2786x_2$	0.282	37	0.269
凤翔	40	14	$\hat{y}=0.1549+0.4609x_{14}$	0.469	25	0.323

注：N 为样本数；K 为自相关系数最高的阶数；$|R_K|_{max}$ 为 K 阶自相关系数最大值；f 为自由度；$|R_K|_{2\alpha}$ 为以 f 为自由度的 F 分布检验。

运用 10 个基地县 1969—2005 年、1969—2006 年和 1969—2007 年的伏旱指数序列,对 2006 年、2007 年和 2008 年的伏旱指数作独立样本预测试验,结果显示预报准确率达 70.0%。

④连阴雨预报

连阴雨天气的定义为测站连续 4 天及以上,日降水量大于或等于 0.1 mm,且测站过程降水大于 20 mm 的降水天气。近十年来的苹果气象服务中发现在苹果摘袋、着色和采收时期,尤其是着色和采收期,持续 3 天的连阴雨,以及连阴雨或连阴天所带来的低温天气即可对苹果着色、果面光滑度产生影响,且影响程度随连阴雨天气长度的增加而增加,但与过程降水量的多寡关系不大。据此设计连阴雨指数为

$$L_u = N_{r\geqslant3}/N_{R=0}$$

其中 L_u 为连阴雨指数；$N_{r\geqslant 3}$ 为 9 月中旬—10 月上旬降水（$R\geqslant 0.1$ mm）连续 3 天及以上的日数，该日数越多，连阴雨危害越重；$N_{R=0}$ 为 9 月中旬—10 月上旬无降水日数，该日数越多，连阴雨危害越轻。

选取白水、彬县、澄城、淳化、凤翔、合阳、洛川、礼泉、蒲城、旬邑、宝塔区和耀州区 12 个站，通过计算近 40 年代表站连阴雨指数，根据各代表站历史连阴雨资料记载情况，将 10 个代表县的连阴雨指数分成强、偏强、中等、偏弱和弱 5 个等级（表 7.20）。

表 7.20　陕西苹果代表县连阴雨指数分级

连阴雨等级	连阴雨强度	白水	彬县	澄城	淳化
1	弱	$L_u\leqslant 0.10$	$L_u\leqslant 0.15$	$L_u\leqslant 0.10$	$L_u\leqslant 0.15$
2	偏弱	$0.10<L_u\leqslant 0.31$	$0.15<L_u\leqslant 0.35$	$0.10<L_u\leqslant 0.35$	$0.15<L_u\leqslant 0.30$
3	中等	$0.31<L_u\leqslant 0.5$	$0.35<L_u\leqslant 0.60$	$0.35<L_u\leqslant 0.60$	$0.30<L_u\leqslant 0.70$
4	偏强	$0.5<L_u\leqslant 1.0$	$0.60<L_u\leqslant 1.20$	$0.60<L_u\leqslant 1.0$	$0.70<L_u\leqslant 1.40$
5	强	$L_u>1.0$	$L_u>1.20$	$L_u>1.0$	$L_u>1.40$
连阴雨等级	连阴雨强度	凤翔	合阳	洛川	礼泉
1	弱	$L_u\leqslant 0.18$	$L_u\leqslant 0.10$	$L_u\leqslant 0.12$	$L_u\leqslant 0.15$
2	偏弱	$0.18<L_u\leqslant 0.50$	$0.10<L_u\leqslant 0.30$	$0.12<L_u\leqslant 0.28$	$0.15<L_u\leqslant 0.40$
3	中等	$0.50<L_u\leqslant 0.80$	$0.30<L_u\leqslant 0.58$	$0.28<L_u\leqslant 0.65$	$0.40<L_u\leqslant 0.78$
4	偏强	$0.8<L_u\leqslant 1.30$	$0.58<L_u\leqslant 1.20$	$0.65<L_u\leqslant 1.15$	$0.78<L_u\leqslant 1.20$
5	强	$L_u>1.30$	$L_u>1.20$	$L_u>1.15$	$L_u>1.20$
连阴雨等级	连阴雨强度	蒲城	旬邑	宝塔区	耀州区
1	弱	$L_u\leqslant 0.12$	$L_u\leqslant 0.15$	$L_u\leqslant 0.15$	$L_u\leqslant 0.12$
2	偏弱	$0.12<L_u\leqslant 0.30$	$0.15<L_u\leqslant 0.35$	$0.15<L_u\leqslant 0.32$	$0.12<L_u\leqslant 0.40$
3	中等	$0.30<L_u\leqslant 0.65$	$0.35<L_u\leqslant 0.70$	$0.32<L_u\leqslant 0.50$	$0.40<L_u\leqslant 0.65$
4	偏强	$0.65<L_u\leqslant 1.10$	$0.70<L_u\leqslant 1.20$	$0.50<L_u\leqslant 1.0$	$0.65<L_u\leqslant 1.10$
5	强	$L_u>1.10$	$L_u>1.20$	$L_u>1.0$	$L_u>1.10$

根据 12 个基地县 1961—2009 年 49 年连阴雨指数序列，利用气象要素自身年变化具有准周期性和自记忆性的自相关关系，用自回归统计方法建立各基地县连阴雨指数 K 阶预报模型（表 7.21）。

表 7.21　各基地县连阴雨指数 K 阶自回归预报模型

基地县	N	K	K 阶自回归预测模式	$|R_K|_{max}$	f	$|R_K|_{2a}$
白水	48	30	$\hat{y}=0.2021+0.8166x_{30}$	0.516	17	0.389
彬县	49	27	$\hat{y}=1.1935-0.5737x_{27}$	0.345	21	0.352
澄城	49	30	$\hat{y}=0.2552+0.8082x_{30}$	0.538	18	0.378
淳化	49	26	$\hat{y}=0.4964+0.4620x_{26}$	0.393	22	0.344
凤翔	49	30	$\hat{y}=0.7085+0.3614x_{30}$	0.457	18	0.378
合阳	48	30	$\hat{y}=0.3342+0.7576x_{30}$	0.459	17	0.389
洛川	49	29	$\hat{y}=1.0649-0.6950x_{29}$	0.504	19	0.369
礼泉	49	30	$\hat{y}=0.5228+0.4245x_{30}$	0.474	18	0.378

注：N 为样本数；K 为自相关系数最高的阶数；$|R_K|_{max}$ 为 K 阶自相关系数最大值；f 为自由度；$|R_K|_{2a}$ 为以 f 为自由度的 F 分布检验。

基地县	N	K	K 阶自回归预测模式	$|R_K|_{max}$	f	$|R_K|_{2a}$
蒲城	49	30	$\hat{y} = 0.4156 + 0.4947x_{30}$	0.508	18	0.378
旬邑	49	30	$\hat{y} = 0.4538 + 0.5416x_{30}$	0.389	18	0.378
宝塔区	49	26	$\hat{y} = 0.4151 + 0.4764x_{26}$	0.474	22	0.344
耀县	48	30	$\hat{y} = 0.4038 + 0.4290x_{30}$	0.383	17	0.389

为了检验自回归预测模式的预报效果,对 2007 年、2008 年和 2009 年的连阴雨指数作独立样本预测试验,连阴雨预报结果准确率达 83.3%。

（5）苹果气象灾害预警

在苹果主要生育期,参考第 5 章述及的苹果花期冻害、越冬冻害、高温热害、干旱、冰雹、大风、连阴雨等灾害预警指标体系,根据长期、中期、短期和短临等不同尺度天气形势和气象要素预报,及时制作和发布苹果主要气象灾害预警,开展苹果主要气象灾害预警服务。预警级别上低温冻害主要依据未来最低温度、高温热害依据未来最高气温和持续天数、连阴雨主要依据未来阴雨过程、伏旱主要依据未来最高气温和持续天数、冰雹主要依据冰雹云范围和厚度等确定。

（6）果品产量预报

陕西苹果果品产量预报服务业务是基于苹果产量调查预测模型、气象因子非线性预测模型和多因子线性回归预测模型综合分析结果的基础上开展的。苹果果品产量预报是建立基于调查数据的苹果产量调查预测模型,计算并预测陕西全省苹果气候产量,对苹果单产非线性预测模式以及多因子线性回归预测模式计算结果进行修订后的结果。陕西苹果果品产量预测业务服务技术与应用流程如图所示(图 7.1)。

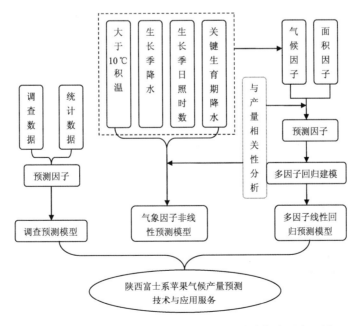

图 7.1　陕西苹果果品产量预测业务服务技术与应用流程图

①苹果产量调查预测模型

苹果产量调查预测模型是通过调查每年 8 月底苹果园定点定园定株获取的果树平均挂果量数据 $N_挂$、平均单果重数据 $G_单$，以及上一年《陕西省果业发展公报》等获取的当年苹果种植总面积 $S_总$、新增苹果挂果面积 $S_挂$ 等预测因子数据的基础上，建立苹果产量调查预测模型：$G_总＝(S_总＋S_挂)×N_挂×G_单$，计算获取苹果产量调查预测模型预报结果。苹果产量调查方法详见 7.1.2，此处不再赘述。

②苹果产量非线性预测模式

以气候条件、生态环境、产业规模、技术水平均具有代表性为原则，选取洛川（延安）、旬邑（渭北西部）、白水（渭北东部）、礼泉和凤翔（渭北东部）分别代表各果区，以各代表县主要生育期气象条件为基础，利用统计方法，分各果区及全省两级，建立主要气象因素与苹果产量的关系模型（表 7.22～7.28），以此对苹果气候产量单（总）产进行预测。

模型参数说明：

$\sum T \geqslant 10$：苹果生长季日平均气温≥10℃积温（℃·d）；

$R_{生长季}$：苹果生长季降水量（mm）；

$S_{生长季}$：苹果生长季日照时数（h）；

$R_{主要生长季}$：苹果主要生长季降水量（mm）；

$\hat{Y}_D$：苹果亩产量预测值（kg/亩）；

r：单产与气象因子间的线性相关系数；

r_a：r 的临界值，$\alpha＝0.05$，置信水平为 95%；

R_b：非线性相关比，R_b 越接近 1，非线性回归效果越显著。

表 7.22　洛川苹果单产气象因子非线性回归预测模式

因　子	预　测　方　程	r	$r_a(\alpha＝0.05)$	R_b
$\sum T \geqslant 10$	$\hat{Y}_D＝499.7813\exp(0.00033\sum T \geqslant 10)$	0.6177	0.5530	0.6256
$R_{生长季}$	$\hat{Y}_D＝920.4768\exp(0.00093R_{生长季})$	0.7148	0.5760	0.7203
$S_{生长季}$	$\hat{Y}_D＝421.4445\exp(0.00095S_{生长季})$	0.7105	0.7540	0.7266
$R_{主要生长季}$	$\hat{Y}_D＝1010.4012\exp(0.00083R_{主要生长季})$	0.6054	0.5760	0.6125

表 7.23　旬邑苹果单产气象因子非线性回归预测模式

因　子	预　测　方　程	r	$r_a(\alpha＝0.05)$	R_b
$\sum T \geqslant 10$	$\hat{Y}_D＝169.2463\exp(0.00072\sum T \geqslant 10)$	0.6873	0.6320	0.6744
$R_{生长季}$	$\hat{Y}_D＝1023.0272\exp(0.00055R_{生长季})$	0.7250	0.7070	0.7100
$S_{生长季}$	$\hat{Y}_D＝469.3712\exp(0.00068S_{生长季})$	0.7425	0.6320	0.7632
$R_{主要生长季}$	$\hat{Y}_D＝770.2022\exp(0.00017R_{主要生长季})$	0.8662	0.6660	0.8561

表 7.24　白水苹果单产气象因子非线性回归预测模式

因　子	预　测　方　程	r	$r_a(\alpha=0.05)$	R_b
$\sum T \geqslant 10$	$\hat{Y}_D=228.6950\exp(0.00052\sum T\geqslant 10)$	0.7006	0.5530	0.6748
$R_{生长季}$	$\hat{Y}_D=902.4154\exp(0.00119R_{生长季})$	0.8788	0.7070	0.8775
$S_{生长季}$	$\hat{Y}_D=372.9425\exp(0.00106S_{生长季})$	0.7777	0.8780	0.8036
$R_{主要生长季}$	$\hat{Y}_D=1023.2530\exp(0.00096R_{主要生长季})$	0.7741	0.7070	0.7696

表 7.25　礼泉苹果单产气象因子非线性回归预测模式

因　子	预　测　方　程	r	$r_a(\alpha=0.05)$	R_b
$\sum T \geqslant 10$	$\hat{Y}_D=875.0712\exp(0.00018\sum T\geqslant 10)$	0.5754	0.8780	0.5790
$R_{生长季}$	$\hat{Y}_D=1121.6462\exp(0.0017R_{生长季})$	0.8564	0.7070	0.8332
$S_{生长季}$	$\hat{Y}_D=571.3911\exp(0.00093S_{生长季})$	0.6441	0.6320	0.6375
$R_{主要生长季}$	$\hat{Y}_D=1093.7321\exp(0.0016R_{主要生长季})$	0.7190	0.7070	0.7262

表 7.26　凤翔苹果单产气象因子非线性回归预测模式

因　子	预　测　方　程	r	$r_a(\alpha=0.05)$	R_b
$\sum T \geqslant 10$	$\hat{Y}_D=122.6651\exp(0.00064\sum T\geqslant 10)$	0.8461	0.7070	0.8200
$R_{生长季}$	$\hat{Y}_D=286.1191\exp(0.0035R_{生长季})$	0.8486	0.7540	0.8723
$S_{生长季}$	$\hat{Y}_D=6.1297\exp(0.00581S_{生长季})$	0.7530	0.6660	0.7611
$R_{主要生长季}$	$\hat{Y}_D=1013.0567\exp(0.0017R_{主要生长季})$	0.6839	0.7540	0.6909

表 7.27　全省苹果平均单产气象因子非线性回归预测模式

因　子	预　测　方　程	r	$r_a(\alpha=0.05)$	R_b
$\bar{R}_4(主要生长季)$	$\bar{Y}_D=2283.8213\exp\left(-\dfrac{140.2427}{\bar{R}_{4(主要生长季)}}\right)$	0.8270	0.8780	0.889

· $\bar{R}_4(主要生长季)$：4 站(洛川、白水、旬邑、礼泉)主要生长季降水量；

$\bar{Y}_D$：全省苹果平均亩产量预测值(kg/亩)。

表 7.28　全省苹果总产量增(减)%气象因子非线性回归预测模式

因　子	预　测　方　程	r	$r_a(\alpha=0.05)$	R_b
$\bar{R}_4(主要生长季)$	$DS(\%)=1349.0695\exp\left(-\dfrac{1775.2666}{\bar{R}_{4(主要生长季)}}\right)$	0.9258	0.8780	0.775

$\bar{R}_4(主要生长季)$：4 站(洛川、白水、旬邑、礼泉)主要生长季降水量；

$DS(\%)$：全省苹果总产量增(减)产%预测值。

③苹果产量多因子线性回归预测模式

为了提高苹果产量预测水平,提高预测准确度及预测精度,设计了同时包括气候因子和面积因子等多因子定量的预测模式,利用多因子回归方法,实现对全省各基地县的分县定量预测。

模型参数说明:

X_1 —— $\sum \overline{T} \geqslant 10℃$,为苹果生长季日平均气温$\geqslant 10℃$的积温,热量条件的定量指标;

X_2 —— $R_{生长季}$,为苹果生长季降水量,水分条件的定量指标;

X_3 —— $S_{生长季}$,为苹果生长季日照时数,光照条件的定量指标;

X_4 —— $R_{主要生长季}$,为苹果主要生长季降水量,旺长期水分条件的定量指标;

X_5 —— $S_{挂}$,为挂果面积,使苹果增产的面积因素的定量指标;

X_6 —— $S_{盛}$,为进入盛果期的结果面积,是面积因子中对总产量贡献较大的定量指标。

a. 首先将各个因子与苹果产量进行相关分析,将通过显著性检验的因子,按 r 大小排序,找出 4～5 个因子。

单因子相关系数计算:

对于产量 Y 和因子 X 一组数据$(X_i, Y_i), i = 1, 2, \cdots, n, n$ 为资料样本数,

$$r = \frac{\sum_{i=1}^{n}(X_i - \overline{X})(Y_i - \overline{Y})}{\sqrt{\sum_{i=1}^{n}(X_i - \overline{X})^2} \sqrt{\sum_{i=1}^{n}(Y_i - \overline{Y})^2}}$$

其中,$\overline{X} = \frac{1}{X}\sum_{i=1}^{n} X_i$;$\overline{Y} = \frac{1}{n}\sum_{i=1}^{n} Y_i$。

相关系数显著性检验:

设 $\alpha = 0.05$,用 $n-2$ 查系数检验表得 r_a,若算得的 $r \geqslant r_a$,认为 Y_i 与 X_i 相关关系显著,否则不显著。

因子的确定:

将通过显著性检验的因子,按 r 大小排序,找出 4～5 个因子。

b. 筛选出预报因子后,对多因子进行回归建模

构造协方差矩阵:

以 5 因子为例,构造 $L_{5\times 5}$ 矩阵

$$L_{5\times 5} = \begin{pmatrix} L_{11} L_{12} L_{13} L_{14} L_{15} \\ L_{21} L_{22} L_{23} L_{24} L_{25} \\ L_{31} L_{32} L_{33} L_{34} L_{35} \\ L_{41} L_{42} L_{43} L_{44} L_{45} \\ L_{51} L_{52} L_{53} L_{54} L_{55} \end{pmatrix}$$

对角元素:

$$L_{11} = \sum_{i=1}^{n}(X_{1i} - \overline{X}_1)^2$$

$$L_{22} = \sum_{i=1}^{n}(X_{2i} - \overline{X}_2)^2$$

......

$$L_{55} = \sum_{i=1}^{n} (X_{5i} - \overline{X}_5)^2$$

其他元素：

$$L_{12} = \sum_{i=1}^{n} (X_{1i} - \overline{X}_1)(X_{2i} - \overline{X}_2)$$

$$L_{13} = \sum_{i=1}^{n} (X_{1i} - \overline{X}_1)(X_{3i} - \overline{X}_3)$$

$$\cdots\cdots\cdots\cdots\cdots\cdots\cdots\cdots\cdots\cdots\cdots$$

$$L_{54} = \sum_{i=1}^{n} (X_{5i} - \overline{X}_5)(X_{4i} - \overline{X}_4)$$

其中，n 为因子样本数，$\overline{X}_{1\sim5}$ 为因子平均值

$$\overline{X}_j = \frac{1}{n} \sum_{i=1}^{n} X_{ji}$$

$j=1,2,\cdots,5$ 为因子个数，$i=1,2,\cdots,n$ 为因子样本数。

5 因子与产量构造 $L_{5\times1}$ 矩阵

$$L_{5\times1} = \begin{pmatrix} L_{10} \\ L_{20} \\ L_{30} \\ L_{40} \\ L_{50} \end{pmatrix}$$

其中各元素

$$L_{10} = \sum_{i=1}^{n} (X_{1i} - \overline{X}_1)(Y_i - \overline{Y})$$

$$L_{20} = \sum_{i=1}^{n} (X_{2i} - \overline{X}_2)(Y_i - \overline{Y})$$

$$\cdots\cdots\cdots\cdots\cdots\cdots\cdots\cdots\cdots\cdots\cdots$$

$$L_{50} = \sum_{i=1}^{n} (X_{5i} - \overline{X}_5)(Y_i - \overline{Y})$$

产量平均值

$$\overline{Y} = \frac{1}{n} \sum_{i=1}^{n} Y_i$$

解 5 阶线性方程组：

设产量与 5 因子的线性回归方程为

$$\hat{Y} = b_0 + b_1 X_1 + b_2 X_2 + b_3 X_3 + b_4 X_4 + b_5 X_5$$

则 5 因子回归方程的正规方程组为

$$\begin{pmatrix} L_{11} L_{12} L_{13} L_{14} L_{15} \\ L_{21} L_{22} L_{23} L_{24} L_{25} \\ L_{31} L_{32} L_{33} L_{34} L_{35} \\ L_{41} L_{42} L_{43} L_{44} L_{45} \\ L_{51} L_{52} L_{53} L_{54} L_{55} \end{pmatrix} \begin{pmatrix} \hat{b}_1 \\ \hat{b}_2 \\ \hat{b}_3 \\ \hat{b}_4 \\ \hat{b}_5 \end{pmatrix} = \begin{pmatrix} L_{10} \\ L_{20} \\ L_{30} \\ L_{40} \\ L_{50} \end{pmatrix}$$

用 Guass/Jordan 消去法求解正规方程组得回归系数 $\hat{b}_{1\sim5}$，常数项

$$\hat{b}_0 = \overline{Y} - \hat{b}_1\overline{X}_1 - \hat{b}_2\overline{X}_2 - \hat{b}_3\overline{X}_3 - \hat{b}_4\overline{X}_4 - \hat{b}_5\overline{X}_5$$

回归效果显著性检验：

回归平方和：

$$U = \sum_{i=1}^{n}(\hat{Y}_i - \overline{Y})^2$$

残差平方和：

$$Q = \sum_{i=1}^{n}(Y_i - \hat{Y}_i)^2$$

统计量

$$F = \frac{U/m}{Q/(n-m-1)}$$

其中，n 为资料样本数，m 为因子个数。

取 $\alpha = 0.05$，依自由度 $f_1 = m$，$f_2 = n - m - 1$，查 F 的临界值得 F_a。若算得的 $F \geqslant F_a$，认为回归效果是显著的，否则是不显著的。

回归方程的标准差

$$S_r = \sqrt{\frac{1}{n-m-1}\sum_{i=1}^{n}(Y_i - \hat{Y}_i)^2}$$

S_r 越小，回归效果越好，S_r 越大回归效果越差。

独立样本预测试验：

用 2001—2008 年($n=8$)资料建模，对 2009 年 Y 进行预测试验，得预报误差 $\Delta Y_1 = Y_{2009} - \hat{Y}_{2009}$；

用 2001—2007 年($n=7$)资料建模，对 2008 年 Y 进行预测试验，得预报误差 $\Delta Y_2 = Y_{2008} - \hat{Y}_{2008}$；

用 2001—2006 年($n=6$)资料建模，对 2007 年 Y 进行预测试验，得预报误差 $\Delta Y_3 = Y_{2007} - \hat{Y}_{2007}$；

根据预报误差 ΔY_1、ΔY_2、ΔY_3 确定出正误差平均值 $+\Delta\overline{Y}$ 和负误差平均值 $-\Delta\overline{Y}$。

预测值的误差订正：

A 理论误差订正

$$\hat{Y} \pm U_a S_r$$

其中，U_a 是显著性水平为 α 时的系数，S_r 为回归方程的标准差。

$$\alpha = 0.1 \text{ 时}，U_a = 1.64；$$
$$\alpha = 0.05 \text{ 时}，U_a = 1.96；$$
$$\alpha = 0.01 \text{ 时}，U_a = 2.57；$$
$$\alpha = 0.001 \text{ 时}，U_a = 3.29。$$

B 理论置信区间估计

$$\hat{Y} \pm 1.64 S_r，\beta = 90\%，$$
$$\hat{Y} \pm 1.96 S_r，\beta = 95\%，$$
$$\hat{Y} \pm 2.57 S_r，\beta = 99\%，$$

$$\hat{Y} \pm 3.29\, S_r, \quad \beta = 99.9\%.$$

$\beta = 1 - \alpha$ 为置信水平。

样本数 n 与因子个数 m 的关系

理论上认为

$$n = (5 \sim 10)m$$

就是说为了保证回归方程有较好的稳定性,样本数应该足够大。

7.1.4　试验研究

近年来,随着苹果气象服务的不断深化,陕西省经济作物气象服务台不断加强苹果气象服务相关试验研究,为提升陕西苹果气象服务水平和能力奠定了坚实的技术与数据支撑。

(1)果园双覆盖试验设计及实现

陕西地处西北黄土高原中心地带,以渭北旱塬为代表的黄土高原苹果产业已成为促进该区域经济、社会发展,改善生态环境的支柱产业,然而该地区属半湿润半干旱气候类型,降水量偏少且时空分布不均,大部分果区为高原沟壑地貌,无灌溉条件,水资源短缺是制约着该区域果业生产提质增效的最主要因素。随着气候变暖加剧,苹果生长水分供需矛盾进一步突出。基于此,陕西省经济作物气象服务台通过近三年的田间试验与研究,设计了"黄土高原苹果园双覆盖调水节水技术"。通过对树盘两种覆盖方式相结合,集流调控自然降水和抑制水分蒸发,转化无效降水为有效降水,提高水资源利用效率,特别有利于缓解苹果关键生育期3—6月水分供需矛盾,减轻干旱威胁,从而发挥渭北光热资源优势,挖掘气候资源潜力,减轻灾害损失,促进资源的合理组合匹配,将黄土高原气候资源优势转化为苹果的产量、品质和商品优势。

根据有关研究对果树蒸腾量测定,生长期每亩果园需要 540 mm 的自然降水量,降水量在 500 mm 以下的果区,必须采取灌溉、集流、保墒等措施,缓解水分供需矛盾,确保果树正常生长。该技术在果树树盘周边覆膜、树盘内覆草,发挥集流调水和覆盖保墒的双重作用。通过倾斜覆盖的地膜,将<20 mm 的自然降水向树盘根区集流,转化无效降水为有效降水,起到调水作用,有利于缓解苹果生育期水分供需矛盾,尤其有利于缓解春季和初夏果区少雨干旱威胁;通过树盘覆草和地膜覆盖,抑制土壤水分蒸发达到抑蒸蓄水效果,可抑制土壤水分蒸发,尤其抑制夏季高温干旱时段的土壤水分蒸发,缓解高温热害和伏旱对苹果果实膨大的影响和危害。覆盖具体要点如下:①果园双覆盖调水节水技术中,双覆盖即里外两种覆盖方式,在树盘周围的方框形区域内,分为内外两盘,在内盘覆草,外盘覆膜。②选择管理较好的果园,株行距至少 3 米×4 米,便于操作,进行树盘双覆盖。③在树体周围 80 厘米的方框范围内覆草,4 个方向各 80 厘米,即内框覆草区域边长为 1.6 米,面积 1.6 米×1.6 米=2.56 平方米,2.56 平方米的范围的内框是覆草区域。④在覆草区域外侧,从 80 厘米后开始覆膜,覆膜宽度 100 厘米。覆膜的外框的边长为(80 厘米+100 厘米)×2=3.6 米。⑤覆膜时,要将覆膜区域内的土地整平,形成大致 5～10 度的坡度,向树体中心方向倾斜,铺设成方形的四边框的斜面。膜要拉平直,不能皱缩,膜的边缘和四周用土压实。⑥在树体 80 厘米范围内的树盘进行秸秆覆盖(麦草、玉米秸等),覆盖后,要适当拍压,并在覆盖物上压少量土,以防大风吹走覆盖物。覆盖物经一定周期的风吹、雨淋、日晒后,应继续加草覆盖,使覆盖厚度保持在 15 厘米左右。

该项试验研究取得阶段性成果后,从 2012 年开始,经过气象与当地政府及果业部门紧密结合开展服务与示范推广,通过技术培训会、科普宣传、果业技术现场会等多种方式,先后在渭北果区年降水量具有代表性的旬邑(550~600 mm)、耀州区(500~550 mm)、澄城(450~500 mm)、安塞和绥德(400~450 mm)等 5 个苹果种植区域推广应用。根据陕西各果区覆盖试验效益初步分析结果显示,按照各果区 3—6 月<10 mm 的过程雨量平均为 3.2~3.3 mm,平均月降水次数为 2~3 次统计,平均每次过程膜上集流水量为 33.3 千克,大致相当于每次灌溉了 1 桶水的量,该时间段内平均每月灌溉 2~3 次,预计投入产出比可达 1：5~8,调水效果相当显著。该技术适合在西北黄土高原苹果优势区进行示范推广,包括陕西、山西、河南、甘肃 4 个省的渭北、延安、运城、临汾、平凉、庆阳、三门峡等地,西北黄土高原果区有超过 133.3 万公顷的果园,这对于苹果大范围提质增效,增加果农收入具有显著的促进作用,具有广泛的推广价值和前景。

(2)苹果霜冻指标实验研究及实现

据近 10 年来陕西省果业发展统计公报显示,基本每年苹果种植区均有不同程度的晚霜冻发生和危害,晚霜冻已成为影响和制约陕西省苹果提质增效、增产增收的主要气象灾害。陕西果区晚霜冻发生时间主要出现在 4 月,正好与苹果开花幼果期相遇,气象服务中所采用的霜冻指标多为查阅文献资料所得,缺乏结合当地天气气候和果树生理特点,进行系统试验和灾情调查资料分析,气象服务和生产实际中发现现有霜冻指标与实际受灾情况有较大出入,不能满足科研及业务服务需求。基于此,陕西省经济作物气象服务台结合陕西富士系苹果开花期晚霜冻的天气气候特点,采用室内人工气候箱和野外霜冻试验箱对不同类型晚霜冻的降温强度、0℃以下温度持续时间及降升温的变幅特点等进行模拟试验,并结合霜冻灾害实地系列化调查和历史灾情资料反演等,最后确定比较适用的复合型富士系苹果开花幼果期霜冻指标体系,以便于及时准确地开展苹果霜冻气象服务,有效防灾减灾及相关科研提供科技支撑。

陕西苹果霜冻指标修订试验,从 2012 年开始,连续 3 年在旬邑县及周边地区苹果现蕾期—终花期时段进行,试验主要包括室内人工气候箱模拟试验、有效负积温验证试验和野外液氮活体霜冻试验三个方面的试验内容。其中,室内人工气候箱模拟试验是在对苹果基地县 1990—2013 年苹果开花—幼果期 63 个晚霜冻灾害个例气象资料、灾损程度等分析整理的基础上,结合低温强度、0℃以下温度持续时间及降升温速率等,划分为强降快升型(混合霜冻型)、快降慢升型(平流霜冻型)和慢降慢升型(辐射霜冻型)3 个霜冻天气过程类型,采用室内人工气候箱选择每一类型的典型个例进行低温强度、0℃以下温度持续时间和降升温速率进行模拟试验;有效负积温验证试验是找出花朵受冻的临界值,找出花朵受冻率与低温强度和持续时间之间的关系。试验时根据设定的试验时间,放入霜箱内相应级数的试验果枝,每隔 1 小时取出一个,进行受冻程度观测,统计受冻率。每一温度强度有不同的组数的果枝进行试验。霜冻处理后,立即进行观测,将试验花朵的子房剖开,观察子房受冻情况,以子房受冻作为该朵花受冻的标准,以此来计算受冻率;野外液氮活体霜冻试验是为了保证试验的受冻率统计的准确性,保持试验环境与自然的一致性。采取了人工液氮霜箱果枝活体试验,设计不同的低温强度,采用液氮为冷源的降温方法,模拟自然降温方法,在树体上进行活体试验,尽量不对果枝进行破坏,保持其正常生长,并在试验处理后定期进行观测,从而对室内人工霜箱试验进行验证和补充。通过连续 3 年的苹果霜冻指标修订试验,修正和建立适用的复合型陕西富士系苹果花期晚霜冻指标,初步取得了一些试验结果与结论。①苹果花受冻与其开放程度密切相关,开放程度越大,受冻越严重,受冻害程度与其是中心花还是边花关系不明显。雌蕊比雄蕊容易受冻,柱头比花药容易受冻;对于雄蕊来说,外围的较分散的花药受冻较多,内圈较集中的花药受冻较少。②对比 3 种霜冻天气类型,强降快升型受冻重,其次是快降快升型和慢降慢升型,剧烈的升降温变化,更易造成冻害。③温度越低、持续时间越长对苹果花朵的影响越大。当温度达−2～−3℃,0℃ 以下低温持续时间为 6～7 小时,苹果花朵出现受冻症状;当温度低于−5℃,0℃ 以下低温持续时间大于 4 小时,苹果花朵严重受冻。④同一株苹果树上花的受冻程度与其开放程度和在树体上所处位置密切相关。已开放的朵受冻最重,半开放较轻,未开放花蕾受冻最轻;果树下棚的花受冻重,果树中上棚的花受冻轻。并且不同果树花的受冻程度与果树地理位置及果园管理工作密切相关。果园管理好、树势强的果树,受冻害程度比果园管理差、树势弱的果树受冻明显减轻;不同地理环境的果园,平坦的区域受冻轻,凹地和塬边受冻重。根据试验结果,对陕西富士系苹果花朵晚霜冻指标进行了修订(表 7.29)。

表 7.29　陕西富士系苹果花朵晚霜冻指标修订结果

霜冻等级	极端最低气温 (℃)	0℃ 以下低温 持续时间(小时)	受冻率 (%)	受冻表现
轻度	−2	≤6	<30	花瓣呈黄褐色,内圈雄蕊花药、所有花丝、子房均完好。
	−3	≤5		
中度	−2	≥7	30～80	雌蕊轻微受冻发黄;部分外圈的雄蕊花药呈黄褐色,内圈雄蕊花药、所有花丝、子房均完好。
	−3	≥6		
	−4	≤4		
重度	−4	≥5	>80	雌蕊严重受冻,柱头全黑,花丝全黑、变形;雄蕊花粉头内部变黑,花丝变黑;子房内部全部变黑。
	−5	≥4		

7.2　服务体系

近年来,随着陕西苹果产业的发展,陕西省经济作物气象服务台紧密围绕新时期省政府提出的"果业提质增效,农民增收工程",以"提升陕西果业防灾减灾决策水平,提高气候资源利用效率"为目标,不断加强苹果气象服务,形成了一套较为完整的苹果气象服务体系。苹果气象服务根据服务内容与对象的不同,主要包括决策气象服务、公众气象服务和专业气象服务三个方面。

7.2.1　决策气象服务

决策气象服务是为政府领导和决策部门指挥生产、组织防灾减灾,以及在气候资源合理开发利用和调整产业结构等方面进行科学决策提供气象信息。主要以重要信息专报和专题报告的产品形式服务于政府决策层及管理部门。

(1)政府决策服务

政府决策服务的重点是根据苹果气候适宜性与气象灾害风险区划研究成果、苹果关键生育期气候资源条件及即将发生的气象灾害等情况,通过《气象信息专报》形式,为政府决策部门提供苹果产业规划布局及品种优化、苹果生产气候资源挖掘利用途径、灾害性天气对果业生产的影响等方面的评价与对策建议。同时,每年 7 月、9 月,通过前期资料收集、预测模型运算、实地调查修正,分别向政府部门提供陕西苹果产量定性预测和定量预报结论服务信息,为陕西苹果产业提前策划销售策略提供了科学依据。

例如,2008年9月,根据陕西省的气候变化特点,向省政府提供"陕北优质苹果种植区可适当北扩"决策服务信息,政府据此提出苹果北扩西进战略,该成果已正式出版并成为各级政府及管理部门决策产业布局调整的重要依据。近5年来,陕西省新增苹果园面积11.5万公顷,仅苹果产业结构调整面积达15万公顷,富士系品种比重调整幅度高达30%。

2013年4月,结合春季果树树势普遍较弱,气候波动较大,向省政府提供"苹果花期将提前两周 遭遇冻害风险极大 需高度重视防范果树花期冻害对果业生产的影响"决策服务信息,根据全省果区实地调查结果和前期气象条件分析,预计2013年苹果开花期将比2012年提前10~15天,2013年陕西省苹果花期冻害为偏重冻害发生年,建议各果区及早准备,做好苹果花期冻害防御工作。陕西省祝列克副省长对此作了重要批示,各级果业部门高度重视、提前部署,对2013年4月5—10日陕西苹果花期冻害防灾减灾工作的及时有效组织发挥了重要作用。

2013年9月,综合果园定点实地调查以及2013年苹果生育期气候资源、气象灾害、挂果面积等因素,向政府提供了"预计今年我省苹果总产907~926万吨"决策服务信息。通过2013年苹果生育期气候资源条件分析、影响2013年陕西省苹果产量的不利气象因素和果园实地调查呈减产趋势等三方面因素的综合分析结果,预计2013年我省苹果单产约为1418千克/亩,总产为907~926万吨,与上年相比减产4%~6%;优果率低于上年,为65%~70%。据2013年陕西省果业发展统计公报苹果产量统计结果显示,预报准确率达98.3%。苹果产量预报决策服务信息,为陕西苹果生产及早制定销售策略以及后期销售等环节统筹规划提供了科学依据。

(2)部门决策服务

及时利用野外调查与相关科研成果,以专题报告形式为果业管理部门提供重大气象灾害影响评估、关键生育期气候预测、影响苹果产量和品质的主要气象要素、当年苹果气象产量预测等服务材料,为果业管理部门对产业布局、苹果生产、防灾减灾和科学管理提供科学依据。

例如,2013年4月,针对4月5—10日陕西苹果果区连续遭遇两次较强寒潮天气,第一时间开展灾后调查,向政府提供了"我省主要经济林果冻害严重 需高度重视果园管理"和"4月上旬两次低温寒潮天气对部分县区经济作物影响评估"两期决策服务信息。第一份材料详细分析了两次低温冻害实况监测情况及灾情调查情况。调查结果显示渭北西部苹果区花序受冻率约65.7%,花朵受冻率约44.7%;延安南部苹果区花序受冻率约87.8%,花朵受冻率约57.8%;延安北部及以北苹果区正处于现蕾期,花蕾受冻率达80%以上;关中苹果区和渭北东部果区有轻度花期冻害,表现为部分花瓣边缘出现干枯变色。根据冻害实况,建议各果区高度重视后期果园管理,采取推迟疏花定果、加强人工授粉、增强树势等措施,以降低冻害影响。第二份材料根据实地调查并结合种植规模、气候敏感性和灾害指标分析,得出榆林的绥德,延安的洛川、宜川、黄龙,铜川的宜君,咸阳的旬邑、长武、彬县,宝鸡的凤翔、眉县、凤县,渭南的澄城、韩城,汉中的留坝受灾较为严重。此次苹果花期冻害天气过程提供的决策服务信息,为省政府对各市县下发严重灾害损失补贴、有效组织果业恢复生产提供技术支持。

2014年2月,针对2013年秋季以来,陕西省果区降水量较常年同期偏少,气温较常年同期偏高的气候特点,向政府部门提供了"秋冬春三季连旱可能性大 果园管理需重视旱情发展"

的决策服务信息,分析了入秋以来陕西果区降水、气温特点,结合果园旱情调查和 2 月降水仍偏少、气温偏高,果区旱情将进一步发展的情况,建议各果区要密切关注和重视旱情发展,适时做好灌溉和蓄水保墒工作,以减轻干旱的不利影响。该部门决策服务信息,在陕西苹果生产管理中及时有效地采取灾害防御措施,减轻灾害损失发挥了积极作用。

7.2.2　公众气象服务

公众气象服务是指气象部门使用各种公共资源或公共权力,向政府社会公众、生产部门、果农提供果业气象信息和技术的过程。

（1）预报服务

预报服务产品根据发送频次和内容的不同分为日预报和周预报,使服务对象能够及时了解天气形势,趋利避害,科学地开展果业生产指导及农事活动。日预报主要包括前期气候影响评价、未来 7 天果区天气预报、未来 3 天苹果主要农事活动指数预报、生长适宜性预报、苹果关键物候期预报等内容,并通过陕西农村广播、陕西农林卫视等方式服务于果农;周预报主要包括上周气候资源分析、土壤墒情状况、主要天气事件、果树物候期情况、未来一周天气展望以及影响和建议等内容,并通过传真、邮件、直通式服务等方式服务于果业管理部门和果农。

（2）预警服务

预警服务主要针对对果业生产影响较大的灾害性天气。在服务中依据苹果气象灾害服务指标体系和灾害性天气服务流程开展相关服务工作并制作相应的预警产品。果树萌芽开花期重点关注强降温天气、大风沙尘天气过程;6—8 月果实膨大期关注高温、伏旱和强对流天气;9—10 月果实着色成熟期关注连阴雨天气过程等。各类预警产品及时通过电视、广播、短信、气象大喇叭、电子显示屏、直通式服务等覆盖面较大的传播途径发布,使果农能够在灾害来临前及时采取有效的防范措施,最大限度地减轻灾害损失。

（3）情报服务

情报服务主要是向公众和管理部门及时提供各类重要天气过程后的天气实况信息。如明显降雨过程后的苹果基地县降水实况、时空分布以及不同层次土壤墒情;开花期最低温度通报、果实膨大期高温通报;灾害性天气实况及果园小气候观测实况资料及分析。情报类服务产品主要以《果业气象报告》形式通过传真、邮件等方式发送至果业管理部门,以便能全面了解天气信息,科学实施生产指导,提高全省种植效益。

7.2.3　专业气象服务

（1）苹果政策性农业保险气象服务

苹果政策性农业保险气象服务主要包含研制苹果风险等级和风险指数,为科学设计保险产品、确定保费和赔付标准提供依据;设计苹果气象灾害评估流程,通过保险服务平台共享预警灾情信息,参与灾后查勘定损,对保险工作人员开展技术培训等方面的内容。连续 4 年,由陕西省金融办、陕西省财政厅、陕西省保监局、陕西省农业厅、陕西省林业厅和陕西省气象局共同制定"陕西省政策性农业保险试点工作实施方案",以方案确定的对象及方式开展苹果政策性农业保险气象服务。

①加强风险区划和风险评估研究。在全省精细化的农业气候和气象灾害风险区划基础上,开展农业保险风险区划和农业保险风险评估工作,为科学地开发保险产品、合理确定保险

费率和赔付率提供依据。

②针对气象灾害过程进行跟踪评估,建立全面、科学、系统的苹果气象灾害损失评估指标体系,提供灾前预评估、灾中评估和灾后评估报告,为快速理赔、合理理赔提供科学依据。

③研究全球变暖背景下的灾害性天气事件发生分布规律及其对苹果的影响,开发新的气象灾害指数保险业务产品,提高保险服务水平。

例如,围绕苹果政策性农业保险对气象服务的需求,统计分析了陕西果区苹果花期物候和最低气温资料,确定了主要果区苹果花期冻害风险时段,结合有关文献和调查资料,依据低温强度,提出陕西苹果花期低温冻害农业保险的三个等级即低风险等级($T_{min} \leqslant 0℃$)、中风险等级($T_{min} \leqslant -2℃$)、高风险等级($T_{min} \leqslant -4℃$)和不同等级的风险指数空间分布特点,结合种植环境的复杂性和灾害等级的不确定性,提出了农业保险参保指数指标,并结合参保风险指数指标及首先关注高风险等级原则,对主要果区参保等级进行了分区评估:延安果区参保等级为高风险等级和中等风险等级,渭北西部果区参保等级以中风险等级为主,渭北东部和关中西部果区参保等级以低风险等级为主。同时设计了苹果气象灾害评估流程,为科学地确定保费和赔付标准提供依据。

(2)果品气候品质认证

为促进陕西从果业大省向果业强省转变,助力陕西精品果业发展,陕西省经济作物气象服务台自 2013 年 7 月获得中国气象局气候可行性论证资质以来,与陕西省果业管理局共同推进陕西果品气候品质工作。该工作包括认证调研、征集果品认证企业、实地勘察、技术分析论证、专家咨询、出具并颁发证书等环节。果品气候品质认证工作的开展,通过有气候认证资质的第三方对影响果品品质的气候条件优劣等级评定,利用认证结果对果品和其产地进行标识,为果品贴上"气候身份证",对促进果农标准化、规范化生产,提升陕西果品的知名度和市场竞争力具有重要意义。

2013 年,根据认证工作流程完成了以苹果为主的四类果品 8 个申报企业的气候可行性论证工作,并形成果品气候品质认证报告 9 份,在当年的果品品牌形象和市场销售方面取得了良好的经济和社会效益。

2014 年,完成了《陕西省果品气候品质认证办法(试行)》和《陕西省果品气候品质认证申报书》编制工作,对果品气候品质认证中的总则、职责分工、认证流程、等级规定,标志管理等内容进行了规定;通过实地测试获取品质数据,耦合品质与气象因子,构建了农产品气候品质指标体系和评价模型,通过深入研究气候可行性论证技术方法,完善气候可行性论证流程,建立了农产品气候品质认证业务流程、技术规范。同时积极拓展气候可行性论证业务领域,在认证品种上以苹果、猕猴桃和柑橘为主,兼顾梨、桃以及一些生产附加值较高的时令水果品种。

随着水果硬度计、水果糖度计、水果酸度计、色差计、叶面积测定仪及叶面积厚度仪等果树、果实品质检测仪器的引进,果品气候品质认证工作将趋于定量化和科学化,今后的果品气候品质认证工作也将随着工作的不断开展进一步深化与改进。

附录 1:陕西苹果气象服务周年历

附录 2:陕西优质苹果生产果园管理周年历

附录 3:2013 年苹果气候品质认证报告

参考文献

柏秦凤,王景红,郭新,等. 2013.基于县域单元的陕西苹果越冬冻害风险分布[J]. 气象,**39**(11):1507-1513.

柏秦凤,王景红,梁轶. 2013.基于县域单元的降尺度苹果花期冻害风险区划[J]. 中国农学通报,**29**(16):153-158.

柏秦凤,王景红,屈振江,等. 2013.陕西苹果花期预测模型研究[J].中国农学通报,**29**(19):164-169.

北京农业大学.1982.农业气象学[M].北京:科学出版社.

陈怀亮,邓伟,张雪芬.2006.河南小麦生产农业气象灾害风险分析及区划[J].自然灾害学报,**15**(1):135-143.

陈建文,刘耀武,徐小红,等.2003.陕北、渭北冬季负积温变化特征及趋势预测[J].中国农业气象,**24**(2):8-11.

陈尚谟,黄寿波,温福光.1988.果树气象学[M].北京:气象出版社.

陈同英.2002.“星座”聚类法在县级气候区划中的应用研究[J].农业技术经济,(1):15-17.

池再香,莫建国,康学良,等.2012.基于 GIS 的贵州西部春薯种植气候适宜性精细化区划[J].中国农业气象,**33**(1):93-97.

崔家升,李晓萍.2012.世界苹果种植概况与我国苹果生产前景展望[J].北方果树,**4**:1-3.

崔明学. 2006.农业气象学[M].北京:高等教育出版社.

丁丽佳,王春林,郑有飞,等.2011.基于 GIS 的广东荔枝种植气候区划[J].中国农业气象,**32**(3):382-387.

丁裕国,张耀存,刘吉峰.2007.一种新的气候分型区划方法[J].大气科学,**31**(1):129-136.

杜纪壮,秦立者,李学华.2007.河北省太行山区苹果生产气象条件评析[J].华北农学报,**22**(增刊):195-199.

杜乃凡.2009.辽宁果业及果业信息发展研究[J].农业科技与装备,**3**:149-151.

杜鹏,李世奎.1997.农业气象灾害风险评估模型及应用[J].气象学报,**55**(1):95-102.

杜尧东,毛慧勤,刘锦銮.2003.华南地区寒害概率分布模型研究[J].自然灾害学报,**12**(2):103-107.

冯秀藻,陶炳炎.1991.农业气象原理[M].北京:气象出版社.

高阳华,陈志军,李永华,等.2006.基于 GIS 的重庆市冬小麦生育进程精细化空间分布[J].中国农业气象,**27**(3):215-218.

顾本文,胡雪琼,吉文娟,等.2007.云南植烟区生态气候类型区划[J].西南农业学报,**20**(4):772-776.

郭文利,王志华,赵新平,等.2004.北京地区优质板栗细网格农业气候区划[J].应用气象学报,**15**(3):382-384.

郭兆夏,李星敏,朱琳,等.2010.基于 GIS 的陕西省年降水量空间分布特征分析[J],中国农业气象,**31**(增 1):121-123.

郭兆夏,朱琳,李星敏,等.2010.基于 GIS 技术的陕西砂梨气候区划[J].经济林研究,**28**(21):88-91.

韩湘玲,曲曼丽.1991.作物生态学[M].北京:气象出版社.

何燕,苏永秀,李政,等.2006.基于 GIS 的广西香蕉种植生态气候区划研究[J].西南农业大学学报(自然科学版),**28**(4):573-576.

贺文丽,李星敏,朱琳,等.2011.基于 GIS 的关中猕猴桃气候适宜性区划[J].中国农学通报,**27**(22):202-207.

黄崇福,刘新立,周国贤.1998.以历史灾情资料为依据的农业自然灾害风险评估方法[J].自然灾害学报,**7**(2):1-9.

黄崇福.1999.自然灾害风险分析的基本原理[J].自然灾害学报,**8**(2):21-30.

黄崇福.2005.自然灾害风险评价理论与实践[M].北京:科学出版社.

黄淑娥,殷剑敏,王怀清.2001."3S"技术在县级农业气候区划中的应用—万安县脐橙种植综合气候区划[J].
　　中国农业气象,22(4):40-42.

霍治国,李世奎,王素艳,等.2003.主要农业气象灾害风险评估技术及其应用研究[J].自然资源学报,18(6):
　　692-703.

吉中礼.1986.对农业气候区划中水分指标的改进[J].干旱地区农业研究,4(1):14-19.

姜会飞.2007.农业气象学[M].北京:科学出版社.

康锡言,马辉杰,徐建芬.2007.因子分析在农业气候区划建立模型中的应用[J].中国农业资源与区划,28
　　(4):40-43.

李华龙,赵西社.2010.陕西黄土高原果业气候生态条件研究及应用[M].北京:气象出版社.

李健,刘映宁,李美容,等.2008,陕西果树花期低温冻害特征分析及防御对策探讨[J].气象科技,36(3):
　　318-322.

李美荣,李星敏,李艳莉,等.2011.基于连阴雨灾害指数的陕西省苹果生长风险分析[J],干旱气象,29(1):
　　106-109.

李美荣,刘映宁,李艳莉.2006.陕西省果业主要气象灾害及其防御对策[J].陕西农业科学,(1):60-62.

李美荣.2008.陕西省果区气候变化及苹果花期冻害风险分析与区划[D].兰州:兰州大学.

李世奎,朱佳满,周远明,等.1885.我国苹果种植区划研究[J].山西果树,2-7.

李世奎.1999.中国农业灾害风险评价与对策[M].北京:气象出版社.

李世奎.1998,中国农业气候区划研究[J].中国农业资源与区划,19(3):49-52.

李淑平,原永兵.2006.世界苹果产业及主产国家的生产成本[J].落叶果树,5:12-15.

李树勇,周顺亮,徐巧初,等.2007.江西省农业气候资源区划[J].江西农业学报,19(2):102-105.

李星敏,朱琳,贺文丽,等.2013.基于GIS的陕西省农业气候资源与区划[M].西安:陕西科学技术出版社.

李艳莉,贾毅萍.2009.陕西果区近50年降水变化特征及影响分析[J].陕西气象,6:19-21.

李艳莉,刘映宁,李美荣.2007.陕西果树高温热害气象特征分析[J].陕西农业科学,(3):65-70.

李志斌,陈佑启,姚艳敏,等.2007.基于GIS的区域性耕地预警信息系统设计[J].农业现代化研究,28(1):57-
　　60.

梁平,王洪斌,龙先菊,等.2008.黔东南州种植太子参的气候生态适宜性分区[J].中国农业气象,29(3):
　　329-332.

梁轶,柏秦凤,李星敏,等.2011.基于GIS的陕南茶树气候生态适宜性区划[J],中国农学通报,27(13):79-85.

梁轶,李星敏,周辉,等.2013.陕西油菜生态气候适宜性分析与精细化区划[J]中国农业气象,34(1):50-57.

刘锦銮,杜尧东,毛慧勤.2003.华南地区荔枝寒害风险分析与区划[J].自然灾害学报,12(3):126-130.

刘璐,柏秦凤,梁轶.2014.陕西苹果膨大期高温热害精细化风险评估及区划研究[J].西北农林科技大学学报
　　(自然科学版),42(3):215-219.

刘璐,李艳莉.2010.陕西苹果基地县9-10月连阴雨气候特征分析[J].陕西气象,6:18-20.

刘璐,王景红,张泰.2014.基于灾情数据的陕西富士系苹果高温热害指标修订研究[J].干旱地区农业研究,
　　32(2):29-32.

刘敏,向华,杨卉,等.2003.GIS支持下的三峡库区湖北段农业气候资源评估与区划[J],中国农业气象,24
　　(2):39-42.

刘荣花,朱自玺.2003.华北平原冬小麦干旱区划初探[J].自然灾害学报,12(1):140-144.

刘天军,范英.2012.中国苹果主产区生产布局变迁及影响因素分析[J].农业经济问题,10:36-42.

刘映宁,贺文丽,李艳莉,等.2010.陕西果区苹果花期冻害农业保险风险指数的设计[J].中国农业气象,31
　　(1):125-129.

刘映宁,李艳莉,李美荣,等.2009.气候变暖对陕西果业的影响[J].中国农业气象,30(增1):47-50.

陆秋农,贾定贤.1999.中国果树志·苹果卷[M].北京:中国农业科技出版社.

马力文,叶殿秀,曹宁,等.2009.宁夏枸杞气候区划[J].气象科学,**29**(4):546-551.

马树庆,裴祝香,王琪.2003.中国东北地区玉米低温冷害风险评估研究[J].自然灾害学报,**12**(3):137-141.

马树庆,王琪,王春乙,等.2008.东北地区玉米低温冷害气候和经济损失风险分区[J].地理研究,**27**(5):1169-1176.

马晓群,陈晓艺,盛绍学.2003.安徽省冬小麦渍涝灾害损失评估模型研究[J].自然灾害学报,**12**(1):158-162.

乔丽,杜继稳,江志红,等.2009.陕西省生态农业干旱区划研究[J].干旱区地理,**32**(1):112-118.

陕西省气象局监测网络处.2006.陕西省生态气候观测规范(试行)[M].陕西省气象培训中心印制.

陕西灾害性天气气候图集编委会.2009.陕西灾害性天气气候图集[M].西安:陕西科学技术出版社.

盛绍学,柳军.2003.江淮地区冬小麦涝渍对籽粒灌浆的影响及致灾指标的研究[J].自然灾害学报,**12**(2):230-237.

盛绍学,马晓群,陈晓艺,等.2003.江淮地区冬小麦、油菜涝渍灾害识别及其指标[J].自然灾害学报,**12**(2):175-181.

束怀瑞.1999.苹果学[M].北京:中国农业科技出版社.

苏永秀,李政,孙涵.2006.基于GIS的广西甘蔗种植气候区划[J].中国农业气象,**27**(3):252-255.

苏永秀.2002.GIS支持下的芒果种植农业气候区划[J].广西气象,**23**(1):46-48.

孙建设,曹克强,刘俊峰.2011.日本苹果栽培技术现状[J].烟台果树,**2**:3-4.

孙儒泳,李博,诸葛阳,等.1993.普通生态学[M].北京:高等教育出版社.

孙云蔚.1983.中国果树史与果树资源[M].上海:上海科学技术出版社.

王春乙,王石立,霍治国,等.2005.近10年来中国主要农业气象灾害监测预警与评估技术研究进展[J].气象学报,**63**(5):659-671.

王春乙,张雪芬,赵艳霞.2010.农业气象灾害影响评估与风险评价[M].北京:气象出版社.

王春乙.2007.重大农业气象灾害研究进展[M].北京:气象出版社.

王慧,刘学忠.2013.世界苹果生产与贸易格局分析—兼论中国苹果产业策略调整[J].世界农业,**2**:64-69.

王建林.2009.现代农业气象业务[M].北京:气象出版社.

王金政,韩明玉,李丙智,等.2010.苹果产业防灾减灾与安全生产综合技术[M].济南:山东科学技术出版社.

王景红,柏秦凤,梁轶,等.2014.陕西苹果干旱指数研究及基于县域单元的苹果干旱风险分布[J].气象科技,**42**(3):516-523.

王景红,李艳莉,刘璐,等.2010.果树气象服务基础[M].北京:气象出版社.

王景红,梁轶,柏秦凤,等.2011.陕西主要果树气候适宜性与气象灾害风险区划图集[M].西安:陕西省科学技术出版社.

王景红,张勇,刘璐.2013.基于多尺度标准化降水指数的陕西苹果主产区气象干旱分析[J].气象,**39**(12):1656-1663.

王利溥.1995.经济林气象[M].昆明:云南科技出版社.

王连喜,陈怀亮,李琪,等.2010.农业气候区划方法研究进展[J].中国农业气象,**31**(2):277-281.

王连喜,李欣,陈怀亮,等.2010.GIS技术在中国农业气候区划中的应用进展[J],中国农学通报,**26**(14):361-364.

王连喜,苏占胜,陈晓光,等.2006.GIS技术在宁夏枸杞气候区划中的应用[J].资源科学,**28**(6):68-72.

王连喜.2009.宁夏农业气候资源及其分析[M].银川:宁夏人民出版社.

王素艳,霍治国,李世奎,等.2005.北方冬小麦干旱灾损风险区划[J].作物学报,**31**(3):267-274.

魏丽,殷剑敏,王怀清.2002.GIS支持下的江西省优质早稻种植气候区划中国农业气象,**23**(2):27-31.

吴东丽,王春乙,薛红喜,等.2011.华北地区冬小麦干旱风险区划[J].生态学报,**31**(3):0760-0769.

吴林荣.2009.陕西太阳总辐射的计算及分布特征[J].气象科学,**29**(2):187-191.

谢志明.1985.湖南省种植制度气候分析与区划[J].中国农业气象,**6**(2):6-10.

辛树帜,伊钦恒.1983.中国果树史研究[M].北京:中国农业科技出版社.

宣景宏,吕德国,李志霞.2012.辽宁苹果产业发展现状与对策建议[J].北方园艺,**6**:181-183.

薛昌颖,霍治国,李世奎.2003.华北北部冬小麦干旱和产量灾损的风险评估[J].自然灾害学报,**12**(1):
　　131-139.

薛生梁,刘明春,张惠玲.2003.河西走廊玉米生态气候分析与适生种植气候区划[J].中国农业气象,**24**(2):
　　12-15.

杨凤瑞,孟艳静,高桂芹,等.2008.用 DTOPSIS 方法评价内蒙古中西部农业气候资源[J].气象,**34**(11):
　　106-110.

杨庆山,杨朝选,宋宏伟,等.2007.果品无公害生产技术[M].郑州:中原农民出版社.

杨昕,汤国安,王春等.2007.基于 DEM 的山区气温地形修正模型—以陕西耀县为例[J].地理科学,**27**(4):
　　525-530.

殷剑敏,缪启龙,李迎春,等.2008.南丰蜜橘冻害的气候指标及风险评估[J].中国农业气象,**29**(4):507-510.

尹东,尹红,张旭东.2011.基于 GIS 的甘肃省纹党种植气候区划[J].中国农业气象,**32**(2):246-249.

于希志.2011.山东苹果生产中存在的问题和解决途径[J].落叶果树,**4**:16-20.

张丽娟,李文亮,张冬有.2009.基于信息扩散理论的气象灾害风险评估方法[J].地理科学,**29**(2):250-254.

张明洁,赵艳霞.2012.近10年我国农业气候区划研究进展概述[J].安徽农业科学,**40**(2):993-997.

张维敏,李艳莉,刘耀武,等.2012.近50a陕西苹果果区积温变化趋势及突变特征分析[J].陕西农业科学,**5**:
　　60-63.

张旭阳,李星敏,杜继稳.2009.农业气候资源区划研究综述[J],江西农业学报,**21**(7):120-122.

赵军,李旺平,李飞.2008.黄土高原太阳总辐射气候学计算及特征分析[J].干旱区研究,**25**(1):53-58.

郑昌淦.1989.明清农村商品经济[M].北京:中国人民大学出版社.

郑长庚,李绾,赵汝成,等.1993.陕西省志·农牧志[M].西安:陕西人民出版社.

中国气象局编.2007.农村气象灾害避险指南[M].北京:气象出版社.

中国气象局气候司.1993.农业气象观测规范[M].北京:气象出版社.

朱琳,陈明彬,范建忠,等.2008.陕南秦巴山区中药材气象服务手册[M].北京:气象出版社,

朱琳,郭兆夏,李怀川,等.2001.陕西省富士系苹果品质形成气候条件分析及区划[J].中国农业气象,**22**(4):
　　50-53.

朱琳,郭兆夏,朱延年,等.2007.基于 GIS 陕南商洛地区农业气候资源垂直分层[J].应用气象学报,**18**(1):
　　108-113.

朱琳,郭兆夏,朱延年.2005.基于 GIS 气候资源评价及区划研究—以陕西省苹果气候区划为例[J],陕西气象,
　　(3):23-36.

朱琳,李星敏,朱延年,等.2011.基于 GIS 的陕南柑橘气候生态适宜性区划,中国农业气象[J],**32**(1):
　　122-128.

朱延年,朱琳,郭兆夏,等.2004.基于 GIS 商洛山区日照时数模拟[J].陕西气象,(4):10-13.

附录1 陕西苹果气象服务周年历

物候期	月份	灾害	生产建议	服务方式	服务产品
越冬期	12月—2月	低温冻害	低温冻害防御	公众气象服务	苹果树萌动期预报
萌芽显蕾期	3月	低温霜冻	花蕾期冻害防御	1.公众气象服务 2.决策气象服务	1.日最低气温≤0℃预报 2.花期预报 3.果区稳定通过5℃的日预报 4.≥5℃的积温预报
花期	4月	1.低温 2.霜冻 3.花蕾期:-2.8～-2.2℃ 4.开花期:-1.6～-2.2℃ 5.大风、沙尘暴 6.病虫害	1.防御花期冻害 2.人工授粉 3.防治病虫害	1.公众气象服务 2.决策气象服务	1.日最低气温<0℃的分区预报 2.果区稳定通过5℃,10℃的日预报;≥5℃,10℃的积温预报 3.病虫害预报 4.透雨预报 5.大风、沙尘暴预警报
幼果发育、春梢速长期	5月	1.冻害 2.幼果:-1.1～-2.2℃ 3.冰雹 4.干旱	1.防御冻害 2.人工防雹 3.灌溉、保墒	公众气象服务	1.冰雹预报 2.病虫害预报 3.各果区极端气温≥30℃的日预报 4.坐果及幼果发育趋势预报
果实膨大、春梢停长期	6月	1.冰雹 2.干旱 3.病虫害预报 4.高温预报	1.抗旱预报 2.高温预报 3.人工防雹 4.防治病虫害	1.公众气象服务 2.决策气象服务	1.冰雹预报 2.病虫害预报 3.果园土壤湿度分区预报 4.各果区极端气温≥30℃的日预报
果实膨大、花芽分化期	7月(适宜温度22～28℃)	1.干旱 2.高温热害(日均) 3.冰雹	1.抗旱保果、促花 2.防御高温热害 3.人工防雹 4.防治病虫害	1.公众气象服务 2.决策气象服务	1.果园土壤湿度分区预报 2.冰雹警报 3.各果区极端气温≥35℃及日数(月、旬)预报 4.病虫害预报 5.产量趋势预报

续表

物候期	月份	灾害	生产建议	服务方式	服务产品
果实膨大、早熟品种采收期	8月（适宜温度22~28℃）	1. 干旱 2. 高温热害（日灼） 3. 冰雹	1. 抗旱保果 2. 防御高温热害 3. 人工防雹 4. 排水防涝 5. 防治病虫害	1. 公众气象服务 2. 决策气象服务	1. 果园土壤湿度分区预报 2. 高温预报 3. 冰雹预报 4. 病虫害预报 5. 早熟品种收获期预报
果实着色、中熟品种采收期	9月	低温阴雨	1. 增光着色 2. 预防裂果、落果 3. 施肥	1. 公众气象服务 2. 决策气象服务	1. 日平均温度20℃、15℃的终日分区预报 2. 低温阴雨预报 3. 着色指数的预报 4. 产量预报及品质评估 5. 喷打农药终止期预报 6. 产量定量预报
晚熟品种成熟期	10月	1. 早霜冻 2. 连阴雨	1. 预防早霜冻 2. 预防连阴雨 3. 防治病虫害 4. 施肥保墒	1. 公众气象服务 2. 决策气象服务	1. 全年气候评价 2. 日平均温度10℃的终日分区预报 3. 连阴雨预报 4. 晚熟品种收获期预报 5. 初霜冻预报
落叶期	11月	1. 越冬病虫害 2. 冻害	1. 彻底清园、消灭越冬病虫 2. 培土、涂白	公众气象服务	1. 翌年冷暖趋势预报 2. 土壤20 cm冻结日预报

附录 2　陕西优质苹果生产果园管理周年历

月份	物候期	管理内容	技术操作要求
1 月 (小寒、大寒)	休眠	制定计划 整形修剪 (大改形)	1. 制定本年度生产计划,准备生产资金和物资,整修农具和器械。 2. 根据不同品种、加粗和定植密度,分别按照"细长纺锤形""高纺锤形""变侧主干-小冠开心形"的树形标准整形修剪。要求做到:①提高主干,加粗主干,单轴直线延伸,捅空排列,加大枝级差。②控制树高,缩小冠幅。③减少大枝,轮生枝,对生枝,重叠枝,交叉枝,并生枝及病虫枝。④保持中干直顺,主枝或较大侧生枝间距 10～30 cm,单轴直线延伸,捅空排列,螺旋上升。⑤疏除竞争枝,轮生枝,对生枝,重叠枝,交叉枝,并生枝及病虫枝。⑥纺锤形培养中、小型结果枝组(同距 20～35 cm;小冠开心形培养大、中型单轴羽状枝组为主、小型枝组为辅;且呈斜、垂、斜分布,同距 35～50 cm。⑦较大的剪锯口宜削平,后涂保护剂。(8)对郁闭的成龄果园实行隔行或隔株间伐;对部分光照较差果园可逐年实行提干、落头、疏大枝进行改造。
2 月 (立春、雨水)	休眠	整形修剪 清洁果园 查刮腐烂病	1. 按照以上技术要求,对幼树——初果期树开始进行整形修剪。渭北果区冬剪可于 2 月中、下旬结束。 2. 再次清除树上的挂枝、残叶;园地内外的落枝、烂果、僵果、果袋及包装弃物,诱虫带、粘虫板、杂草等,集中园外烧毁,深用用做肥料。 3. 下旬开始检查主干、枝杈、剪锯口及腐烂病的旧病疤周边,对于新病斑实施"一刮净、二涂药、三抹泥、四包缠"的技术要求。选择药剂:1.5%噻霉酮水剂 150 倍液、5%菌毒清水剂 30 倍液、10%果康宝乳剂 10 倍液、波美 5 度石硫合剂等。
3 月 (惊蛰、春分)	萌芽	检查刮治 腐烂病 防控病虫 刻芽促枝 追肥保墒	1. 按照上述技术要求,陕北果区冬剪可于 3 月上旬结束。 2. 加强检查,刮治腐烂病。对已刮治的病疤相隔 10 日左右再涂一次上述药,或用"木美土里"生物菌肥,净表土按 1：1 比例混匀和泥巴涂抹病部 1.5 cm 厚,用塑料薄膜、地膜包缠。 3. 控治腐烂病、白粉病、轮纹病、蚜虫、卷叶虫等。选用:1.5%噻霉酮(菌立天)水剂 400 倍液、45%施纳宁水剂 300 倍液、12.5%烯唑醇可湿性粉剂 2500 倍液、50%多菌灵可湿性粉剂 800 倍液加 10%吡虫啉可湿性粉剂 3000 倍液、70%艾美乐水分散粒剂 6000 倍液(如叶螨危害较重,蚧壳虫严重可喷波美 5 度石硫合剂)。有小叶黄化病的果园加喷 0.3%硫酸锌或硫酸亚铁溶液,相隔 10～15 日再喷一次。 4. 对主干、大枝上有 30 cm 以上无芽部位的树,按照需萌生旺长枝者宜"早、近、深、长";需萌生中、短壮枝者宜"迟、近、浅、短"要求,在芽上方或用小手锯锯条或刻芽木空,尤其在正在大改形成龄园十分必要。 5. 根据品种、树龄、树势、目标产量复合施基肥量,执行"准、巧、适、浅、匀"要求,分别采用"浅放射沟""树盘撒施"方法追施尿素+磷酸铵三元素复合肥(幼树 20～30 kg/亩、结果树 60～80 kg/亩),增施"木美土里"等生物菌肥(40～80 kg/亩),衰老果园或有生理、病毒病的果园采用"环沟"或"六施"方法施人"木美土里"菌肥 1.5～2 升/株+硅镁钾 0.8～1 升/株。 6. 追肥后即可继续使用小水沟灌或及时做好沟耕作,覆膜保墒增温。

续表

月份	物候期	管理内容	技术操作要求
4月（清明、谷雨）	显蕾开花	花前复剪 高接换种 防倒春霜冻 疏蕾疏花 防控病虫 加强授粉 播种绿肥	1. 显蕾期，对花量多的果树采取修剪取长花枝，回缩弱花枝、疏除弱花枝或衰老枝组，减少花量。 2. 结合改形和增配授粉树采取树冠盘灌水，树冠喷布有机叶肥 500 倍液（花）作业，并对冠喷水冲洗枝芽。 3. 提前防霜或除尘天气发生后暂停疏蕾（花）作业，天达 2116 防冻剂或石灰 100 倍液，霜冻当晚约 12 时熏烟保温防霜；霜前或地面喷约 12 时熏烟保温。 4. 花序伸长—花朵分离期，如气候正常，先对顶花芽花叶比 1∶3～4 或花序间距 16～23 cm（红富士品种 20～23 cm，其他品种 16～20 cm）隔码随除过多的花序，后对选留下的花序保留中心花朵近发育好的侧花朵，将过多的侧花和腋花序全部疏除。 5. 花前一周，悬挂诱虫灯，架设糖醋液诱杀害虫，结合复剪和疏蕾摘除病叶和卷叶，剪除病枝。 6. 开花前 2～3 天，果园每 5～10 亩放置 1 箱蜜蜂或摆放每亩 1 箱蜜蜂；初花期早 8～10 时须喷布花营养液（0.3%硼砂＋0.1%尿素＋1%蜂蜜或糖）再加抗 120 水抗 800 倍液或 70%丙森锌 800 倍液（安泰生）促进坐果，防治花腐病和果实霉心病。 7. 中、下旬树皮易剥离时，采取"膊接"主干腐烂严重的树，"桥接"主干、中干和大枝上较大的腐烂病疤，尽快恢复树势，延长树体经济寿命。 8. 首场春雨前后，于树行间开浅沟（沟距 25～30 cm，深约 8 cm）播种三叶草等绿肥。
5月（立夏、小满）	幼果发育新梢旺长	防控病虫 疏果定果 叶面喷肥 拉枝开角（强拉枝） 种植绿肥	1. 落花后 8～10 日，选喷 70%丙森锌（安泰生）可湿性粉剂 800 倍液、68.75%代森锰锌（易保）水分散粒剂 1200 倍加 15%三唑酮（粉锈宁）可湿性粉剂 1200 倍液（如叶喷可湿性粉剂 4000 倍液，40%杀铃脲乳油 1500 倍液等）再加 20%啶虫脒 10%吡虫啉 20%啶虫脒净胶悬剂 2500 倍液、70%吡虫啉水分散粒剂 7000 倍液等。为提高药效再加柔水通 4000 倍液。悬挂粘虫板、捕食螨等。相隔 10～12 日将上述药可复喷一次。 2. 花后 2～3 周疏果，选留果个大、果形好、果柄长，易下垂的顶花果、中心果，病虫基数大。如阴雨多，病虫基数大。相隔雨多，病虫基数大。疏除腋花芽果、双果、小果、畸形果、背上果，梢头果及病虫果；花后 4～5 周定果，按留果标准（初果期 2500～5000 个、盛果期 10000～15000 个）将过多的幼果疏除。 3. 花后 3～5 周（相隔 10～15 日）喷布 0.3%～0.5%氨基酸钙、美林高效钙、0.3%腐殖酸（黄腐酸）液肥，补充营养，防治苦痘病、水心病。 4. 结合疏果、定果，抹除空间小、枝叶小、剪锯口、梢头等过多和不能利用的萌芽，并再次除病虫枝梢。 5. 套袋前，对未拉枝的幼树或盛果期树的骨干枝不到位的大枝按树形不同树的要求，采取"一活动、二下压、三打桩、四固定"方法；拉枝 80°～105°；对盛果期树的初果树的骨干枝拉开的大枝采取"一拉"方法进行采取"一拉"方法采取"三挂土袋"方法"一活动、二下压、三打桩、四固定"方法，对生长直立的大枝采取"一拉"方法，拉至 110°～130°；对生长中庸的 1～2 年营养枝采取"三揉"方法；对生长旺盛的 2～3 年生营养枝采取"一将、二曲、三捋空"的较大角度，二揉，三捋"方法采取"一捋、二揉、三捋泥球"或用"E"型开角器加大角度开角，对萌生可补空的枝可采取"一捋、二揉、三捋"方法控制旺长。总的要求：栽植密度大、枝龄大、部位上和长势强的均开大角度；反之，开角宜小，保持树势平衡。 6. 旱地果园宜种植豆类绿肥、水浇地果园选种毛苕子、豌豆等绿肥；利用麦草覆盖树盘。

续表

月份	物候期	管理内容	技术操作要求
6月 （芒种 夏至）	幼果发育 春梢停长	防控病虫 果实套袋 追肥保墒 防雹防御灾害	1. 套袋前，选喷43%戊唑醇（好力克）悬浮剂4000倍液、12.5%烯唑醇（速保利）可湿性粉剂2500倍液，苯醚甲环唑（世高）水分散颗粒剂3000倍液＋4%农抗120水剂600倍液＋0.3%营养螯合钙或美林高效钙600倍液＋木通4000倍液，30%烟碱乳油600倍液，30%螨螨灵可湿性粉剂2000倍液＋氨基酸螯合钙＋氨基酸高效钙或美林酸螯合钙600倍液＋木水通4000倍液。 2. 适时套袋。首先选管理较好的果园，增值高的品种，生长健壮的树，形正个大无病虫的幼果和符合陕西地方《育果纸袋》标准的双层三色木浆纸袋。于落花后45日左右开始套袋，10天内结束套袋。其次，规范操作：即先将敞袋子，打开通气孔，将扎丝绳成"∨"形夹紧。由上往下套，果柄置于纵切口基部，幼果应悬于袋中央，不能将叶枝及幼果、和树叶枝及幼果装入袋内。将袋好的袋口折向无病虫的一侧，将袋口朝下。顺序：先冠下、后冠上，先内膛、后外膛。 3. 麦收前及"字浅沟每"穴施"追肥；施肥种类及用量：旺树；中庸树；高甜树。追肥或留果偏多的树，高氮高钾型三元素复合肥50～60 kg/亩＋生物菌肥40～60 kg/亩。弱树或留果偏多的树，高氮高钾型三元素复合肥70～80 kg/亩＋有机钾肥或0.3%磷酸氢钾。喷施0.2%有机钾肥。 4. 雨后及时中耕保墒，生草果园刈割草覆盖树盘。 5. 冰雹多发期，积极开展人工防雹作业；入伏后重视防御伏旱和高温热害。
7月 （小暑 大暑）	花芽分化 果实发育	防控病虫 刮粗翘皮 叶面喷肥 防雹抗旱	1. 保叶、护枝于是病虫防控的重点。套袋后相隔10～15天（干降雨前）选喷70%甲基硫菌灵（甲托）可湿性粉剂800倍液，40%氟唑硅（福星）乳油8000倍液，25%腈菌唑乳油4000倍液＋2.5%高效氯氟氰菊酯（功夫）乳油4000倍液＋苏云金杆菌（BT）乳剂800倍液。中、下旬加遇多雨宜喷1：2：200倍波尔多液。 2. 彻底刮除刮成龄树主干、中干下部、大枝及旧腐烂枝围的粗老翘皮，集中园外销毁并深埋，预防后期侵染。 3. 喷康宝10倍液，10%康宝宝10倍液，5%菌毒清50倍液。清除病原菌、预防后期侵染。 4. 喷布0.4%磷酸氢钾或0.2%有机钾肥。促进果实膨大。 5. 继续加强人工防御作业和防御高温高热害；清耕园雨后中耕保墒，生草果园刈割草覆盖树盘。
8月 （立秋 处暑）	花芽分化 果实膨大 秋梢生长 早熟果成熟	拉枝秋剪 摘叶转果 防控落叶 采早熟果	1. 对3～5年生幼树，初果期果树的骨干大枝未拉或拉力不到的再次实施拉枝（比春季角度再大些）对骨干大枝两侧强旺的1～2年生营养枝采取揉将、揉或泥球"压枝"，"吕"型牙角器完成枝向缓势，再次剪除竞争枝、萌生枝、密生枝、病虫枝；2个果台枝，再次剪除粗老翘者，剪而留长宜中庸；1个果台留者，保留8～10片叶防保护。初、盛果期对树高达标准的实行拉枝封顶。以果控高。继续刮除粗老翘皮，并涂上述药剂保护。 2. 早熟品种在于采前7～10天除袋；结合除袋摘除果实周围的"贴果叶"，经7～8日、果实的阳面着色达到商品要求时、再轻托果实扭转90°～180°、促使全面着色。中、下旬雨来临前，依据天气预报，配喷1：2：200倍盆式波尔多液，40%多菌灵锰可湿性粉剂800倍液。 3. 中熟品种于采前12～14天，先除外袋，并摘除果实周围"贴果叶"，再轻托果实旋转90°～180°，相隔4～5日再除粗老袋。当果实阳面着色达到商品要求时，再轻托果实周围果实5cm范围的"遮光叶"和果实3 cm范围的"遮光叶"摘除，边采收、边分级。成熟后做到分批采收。成熟后波尔多液、40%多菌灵锰可湿性粉剂1000倍液，70%甲基硫菌灵可湿性粉剂800倍液。

续表

月份	物候期	管理内容	技术操作要求
9 月（白露，秋分）	花芽分化 秋梢停长 中熟果成熟	采中熟果 秋施基肥 晚熟果除袋 铺反光膜 摘叶转果 叶面喷肥	1. 中旬，分期、分批采收中熟品种，先上后下，先外后内。按品种（中熟品种采收后开始）、肥量："熟、旱、饱、全、深、匀"技术要求，边采收、边分级；及时预冷销肥。 2. 早施基肥（沟深、宽各40～50 cm）施入基肥，肥量：幼施入有机肥1000～1500 kg，过磷酸钙30～50 kg，尿素5～8 kg/亩；结果树按"开放射沟"或"井字沟"（沟深、宽各40～50 cm）施入基肥，肥量：幼树每株施优质有机肥1 kg以上、过磷酸钙00.7 kg、碳酸氢铵0.01磷酸氢铵0.04 kg或50%生物有机复混肥0.1 kg，十生物复合肥60～80 kg/亩计算。肥料与果主按1：5比例混匀填入，再覆底土。 3. 晚熟品种于果实采收前18～22天先除外袋，并摘除内袋"贴果叶"和距果实12～15 cm范围内的"遮光叶"，相隔4～5日再除内袋。宜阴天、多云或阴天的上午8～11时，下午3～7时除袋。当果实阳面充分着色达到商品要求时，手托果实轻轻旋转，促其全面着色。 4. 内袋除后即可沿树行两侧冠下带状平铺银色反光膜，随后冠上喷布0.4%磷酸二氢或0.25%有机钾液，促进着色。
10 月（寒露，霜降）	晚熟果成熟	秋施基肥 采晚熟果 叶面施肥 防控病虫	1. 继续按上述要求抓紧施入基肥，不宜过于晚月底。 2. 中、下旬，分期、分批采收晚熟果。先采冠上、冠外着色符合商品要求的果实，相隔8日左右再采冠下，内膛果实，边采收、边分级。 3. 采果后可于下午采冠冷预冷一昼夜再入库贮藏。 4. 再次检查刮治腐烂病斑并涂药。
11 月（立冬，小雪）	落叶	防控害虫 秋耕保墒 清园涂白	1. 入冬前，树体喷布美5度石硫合剂或1.5%噻霉酮水剂300倍液美5%菌毒清水剂30倍液加腐殖酸整合肥100倍液，主干基部培土堆防冻。同时，主干基部培土浅翻保墒。 2. 清耕园浅耕地10 cm以上；把平保墒；生草园保墒。 3. 彻底清除树上拉枝绳、粘虫板、诱虫带和残叶，诱杀带出上的落枝、落叶和烂果及包装弃物，集中园外烧毁并用作肥料深理。 4. 封冻前①有灌溉条件的果园根据土壤情摘灌足"封冻水"；旱地果园树应整平拍实保墒。②主干、中干（距离地面约1.7 m）部位和大枝权剧涂白（水5千克、生石灰0.8 kg、生石灰0.5 kg、豆浆0.5 kg、食盐0.5 kg、石硫合剂原浆0.5 kg或硫磺粉30 g）。
12 月（大雪，冬至）	休眠	调查总结 防控腐烂病 制定冬剪方案 修剪冬成龄树	1. 上旬，调查当年树体长势，成花情况，结算全年收入和支出，核算生产成本和经济效益，总结管理经验。 2. 冬剪前，先查挖腐烂树，剪锯腐烂大枝，随即用麦草烧焦病部的树皮，清除病原菌。 3. 技术培训；制定冬季整形修剪实施方案。 4. 下旬开始进行成龄园冬剪，重点是疏除，回缩大枝和衰老枝组，并及时保护伤收锯口。

注：由于陕西苹果主产区纵横跨度大，各地果园管理作业时期应以当地物候期为准。

附录 3　2013 年苹果气候品质认证报告

咸阳市旬邑县咸阳佰群贸易有限公司
苹果气候品质认证报告

认证编号:2013029004

陕西省经济作物气象服务台

1　认证区域和认证产品概况

咸阳佰群贸易有限公司优质苹果生产基地位于旬邑县太村镇张家村(图1),基地面积约1000亩,年生产优质苹果2000余吨,为该村农民增收的支柱产业。基地周边10千米内无工矿企业,空气清新,果园没有灌溉条件,以自然降水为主,果园施肥主要以农家厩肥为主,适量购施有机复合肥。主要病虫害防控重点采用农业、物理、生物措施,个别病虫害选用高效低毒化学农药防治。基地统一执行《鲜苹果》(GB/T10651-2008)国家标准、《绿色食品-苹果生产技术规程》(NY/T441-2001)行业标准和《绿色食品产品质量标准》。

认证作物名称:苹果,主栽品种为红富士,采用"开心形"和甩拉剪法。基地生产的苹果果个大,果形正,色泽艳、肉脆,汁多,香甜可口。物候期的主要灾害有:花期低温冻害、干旱,果实膨大期冰雹,着色期连阴雨天气。

图1　旬邑县苹果气候品质认证区域示意图

2　主要(关键)天气气候条件分析

2.1　气象资料来源

本认证书所用气象资料均来源于旬邑县气象局自动气象观测站。观测项目有:气压、气温、湿度、降水量、风、地温。所用日照资料为人工观测。

自动气象观测站位于旬邑县太村镇屯庄,地处北纬:35°10′,东经:108°18′,海拔高度:1277米。站址处于基地生产区域中心,观测资料具有很好的代表性;多年平均值采用1981—2010

年统计平均值。

2.2　生长期气候条件分析

2.2.1　生产地常年气候条件分析

咸阳佰群贸易有限公司苹果生产基地处暖温带,属大陆性季风气候,气候凉爽,昼夜温差大,光照充足,四季分明,雨热同季。年平均气温 9.2℃,最热 7 月,月平均温度 21.6℃;最冷 1 月,月平均温度—4.6℃,气温年较差 26.2℃;极端最高气温 35.7℃,极端最低气温—28.2℃。年总降水量 589.4 mm,年均降水日数 103.2 天,一日最大降水量 112.5 mm;6—9 四个月降水量 382.7 mm,占年总降水量的 64.9%。年日照时数 2270.4 小时,日照百分率 52%。平均无霜日数 181 天。

2.2.2　本年度关键生育期气候条件分析

开花期:2013 年 4 月 5 日,咸阳佰群贸易有限公司苹果生产基地果树进入开花开始期,4 月 6 日出现低温冻害天气,日最低气温达—4.1℃,低温造成顶花芽的大部分花朵雌蕊、花瓣受冻,对苹果坐果有一定影响,但对部分边花和腋花尚未造成伤害而坐果正常,对产量影响较小,但对商品质量影响较大。

果实膨大期:4 月中下旬,开始进入幼果发育期。4 月中旬至 5 月中旬末,果区气温偏高、降水偏少,干旱(冬春连旱)发生,干旱胁迫水能供应,直接影响着幼果细胞分裂,尤其纵径发育较慢,导致幼果膨大速度减缓,幼果横径普遍维持在 1~2 厘米之间,果径明显小于常年同期。5 月中、下旬果区普降透雨,前期干旱基本解除,有效降水为果树、果实生长发育创造了良好的条件。

6 月上旬至 7 月上旬,虽降水偏少,由于前期果园保墒管理到位,土壤墒情好,树体和果实发育正常。7 月中旬,旬降水量接近 80 mm,充沛雨量为果园土壤贮墒创造了条件。7 月上旬至 8 月上旬,温度接近常年,由于前期果园土壤贮墒充足,基本满足了苹果正常生长发育的需要。8 月中旬至 9 月上旬,由于降水偏少,温度偏高,形成轻度干旱气候,直接影响果实第二次膨大(细胞体积膨大),虽使苹果径增大速度减缓,但充足的光照对果汁糖分增加十分有利。另外,这种干旱气候条件抑制了果园多种病菌滋生和蔓延,因此苹果早期落叶病、果实轮纹病等病害和裂果发生较常年偏轻。

着色期:9 月 24 日以后,基地果园开始解袋,苹果进入着色期,此期天气晴好,日照良好,为苹果糖度增加促使着色增进品质提供了很好的气象条件。

(1)热量条件对比分析

2013 年度截至 9 月底≥10℃积温为 3303.0℃·d,与常年同期值比较偏多 290.1℃·d,由此可见,2013 年度苹果关键生育期的热量条件优于历年平均值(图 2)。

(2)温度条件对比分析

进入 4 月,上旬 6 日受强冷空气影响,温度剧降,日最低温度降至—4.1℃,此期苹果正处开花初期,强降温导致顶花芽中大部分花朵受冻,但对果树适量挂果影响不大。中旬以后,旬平均气温均高于 12℃,且与历年值相比偏高。4 月至 9 月份,除 4 月上旬、5 月下旬和 7 月中、下旬、9 月上旬外,其余均高于累年同期平均值。特别值得一提的是 8 月中、下旬平均气温明显高于累年同期,高温天气对苹果第二次膨大有一定影响,但对果实糖度增加有利(图 3)。

(3)降水条件对比分析

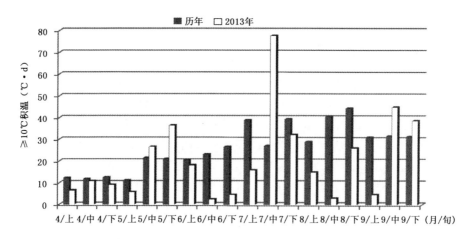

图 2　2013 年苹果关键生育期热量条件与历年比较

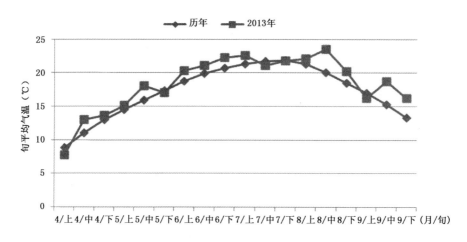

图 3　2013 年苹果关键生育期温度条件与历年比较

2013 年 4—9 月降水量 377.9 mm,与累年同期值比较偏少 20%。从各旬看,4 月上旬至 5 月上旬,各旬降水量均少于历年同期,但这一段时间,苹果尚处幼果期,生长发育需水较少,影响不大。5 月中、下旬、7 月中旬、9 月中下旬降水集中且偏多,及时补充了果园土壤水分,为后期果实生长提供了有利条件。然而,4 月上旬到 5 月上旬降水量均少于历年同期,对果实纵径发育影响明显,导致该年果形偏扁;8 月上旬至 9 月上旬降水量明显少于历年同期,对果实第二次膨大也带来一定影响,2013 年果个普遍较小(图 4)。

(4)日照条件对比分析

2013 年 4—9 月日照时数为 1184.1 小时,比累年平均值偏少 53.7 小时。从各月日照比较看:4 月、6 月、8 月偏多,5 月、7 月偏少,9 月略少,偏多与偏少交替出现,减轻了日照变化对果树发育的影响程度。7 月份日照时数比历年同期偏少 87.9 小时,而此时正值苹果迅速膨大期,加之果树营养生长较旺盛,弱光影响导致光合作用强度降低,对果实体积增大有一定影响(图 5)。

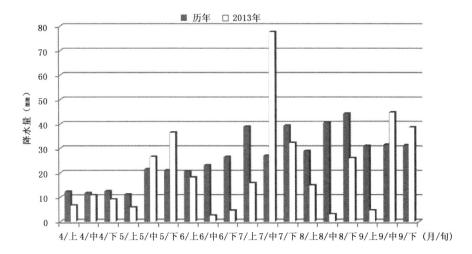

图 4　2013 年苹果关键生育期降水条件与历年比较

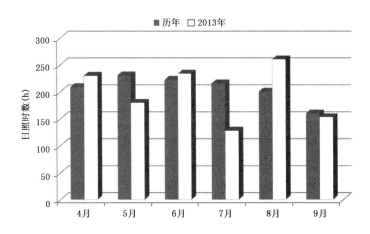

图 5　2013 年苹果关键生育期日照条件与历年比较

3　认证结论

3.1　按照认证指标体系得分情况

$$W = 0.3X_1 + 0.5X_2 + 0.2X_3$$

根据区划结论,认证区域为最适宜区,$0.3X_1$ 项得分 30 分;

$$X_2 = \alpha - 0.2\beta$$

表 1　α 评分情况表(采用 6—8 月资料)

项目	≥10℃积温(℃·d)	降水量(mm)	日照时数(h)	日较差累积值(℃·d)	α 得分
累年平均值	1881.4	288.9	637.7	980.0	
2013 年值	2003.4	194.6	621.7	999.2	
比较值	+6.5%	−32.6%	−2.5%	+2.0%	
得分	90	80	90	90	87

表 2　β 评分情况表(采用 1—9 月资料)

灾害名称	花期冻害	高温热害	干旱	越冬冻害	冰雹	连阴雨	β 得分
出现时间	4 月 6 日最低气温−4.1℃	无	3—5 月中春季干旱	无	5 月 22 日冰雹	5 月 1 次、7 月 1 次、9 月 1 次	
得分	20	0	10	0	10	10	2.2

$0.5X_2$ 项得分为 42.4 分；

表 3　X_3 评分评分情况表

执行标准情况	产地环境条件	标准化生产技术	质量安全技术规范	品质抽查
	优越	有　严格执行	有　严格执行	实地调查
得分	100	90	90	90

$0.2X_3$ 项得分为 18.8 分；

综合以上三项得分,生产基地苹果品质认证总得分 91.2 分。

3.2　认定的结论

按照果品气候品质认证标准,认定区域内果品的气候品质等级为特优。

4　报告使用范围

本报告仅适用于咸阳佰群贸易有限公司 2013 年度苹果生产基地所产苹果,超出产地、时间范围无效。

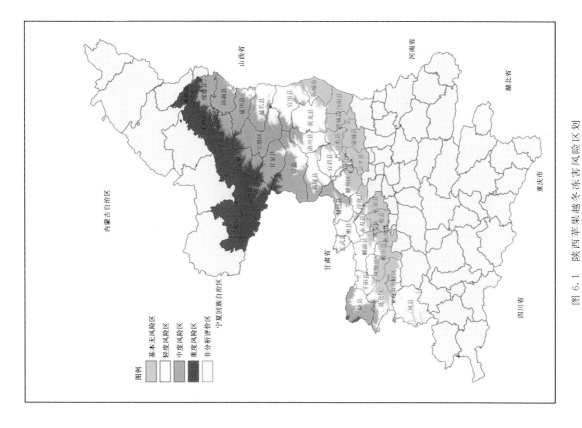

图 6.1　陕西苹果越冬冻害风险区划

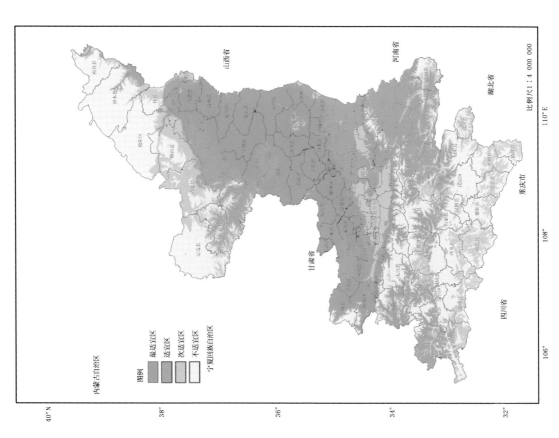

图 4.1　陕西省苹果气候适宜性区划图

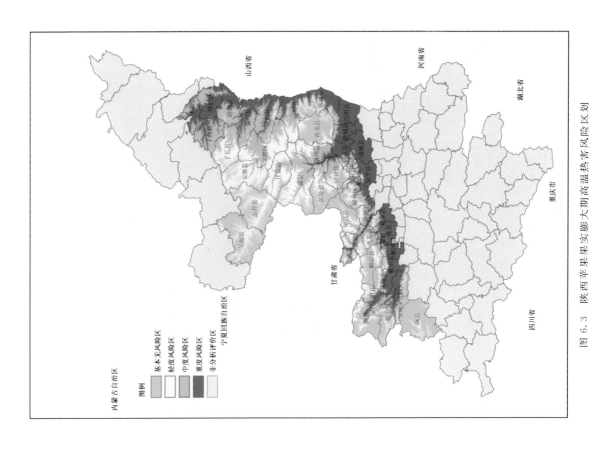

图 6.3 陕西苹果实膨大期高温热害风险区划

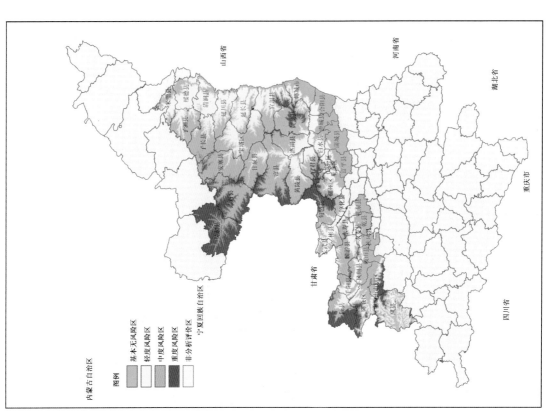

图 6.2 陕西苹果花期冻害风险区划

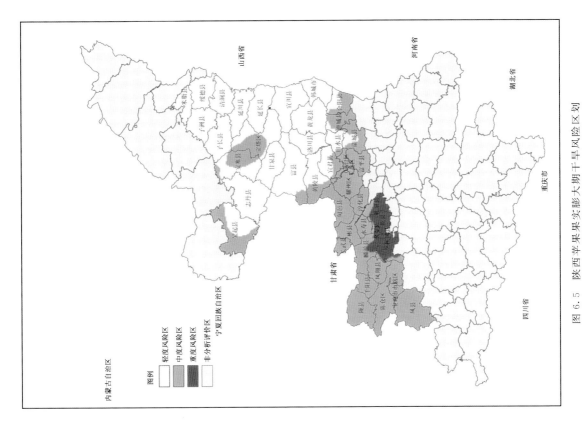

图 6.5 陕西苹果果实膨大期干旱风险区划

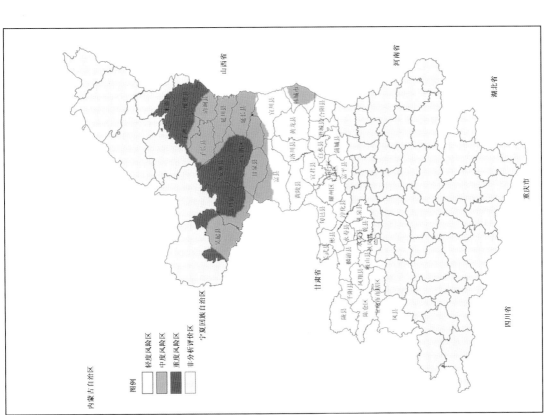

图 6.4 陕西苹果萌芽—幼果期干旱风险区划

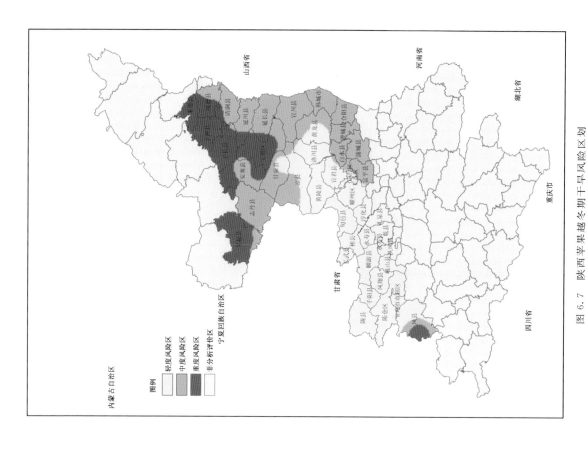

图 6.7 陕西苹果越冬期干旱风险区划

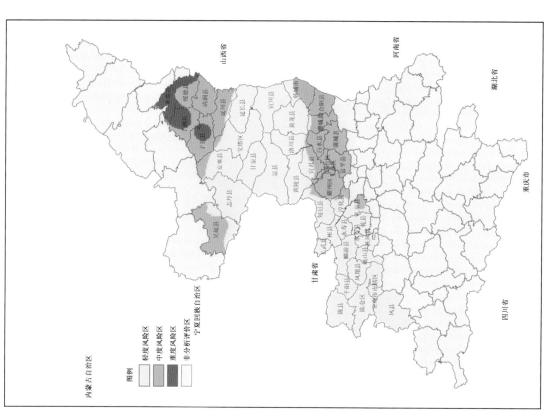

图 6.6 陕西苹果着色—成熟期干旱风险区划

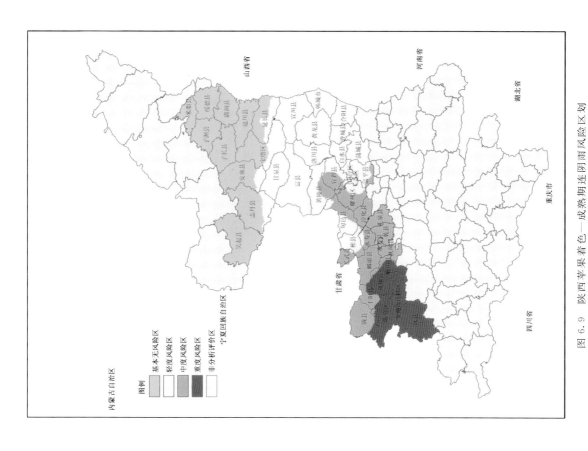

图 6.9 陕西苹果着色—成熟期连阴雨风险区划

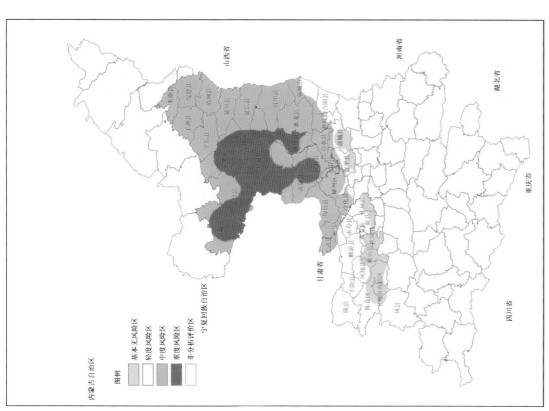

图 6.8 陕西苹果冰雹灾害风险区划

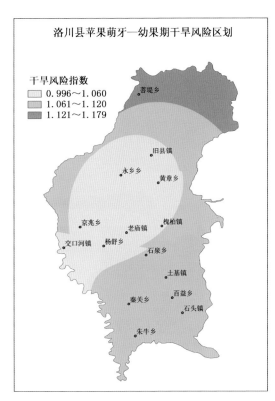

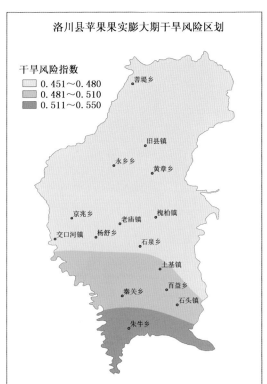

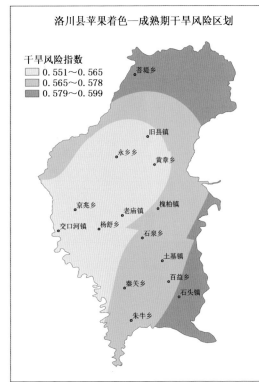

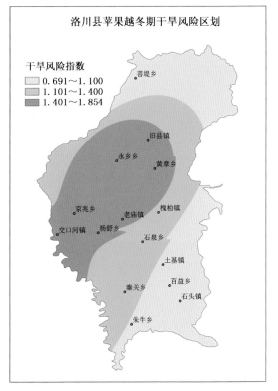

图 6.19　洛川县苹果干旱风险区划

图 6.20　旬邑县苹果干旱风险区划

图 6.21　白水县苹果干旱风险区划

图 6.22　凤翔县苹果干旱风险区划